JN133901

理論統計学教程
吉田朋広 / 栗木 哲 / 編
数理統計の枠組み

代数的統計モデル

青木 敏・竹村彰通・原 尚幸 著

共立出版

「理論統計学教程」編者

吉田朋広（東京大学大学院数理科学研究科）
栗木　哲（統計数理研究所数理・推論研究系）

「理論統計学教程」刊行に寄せて

理論統計学は，統計推測の方法の根源にある原理を体系化するものである．その論理は普遍的であり，統計科学諸分野の発展を支える一方，近年統計学の領域の飛躍的な拡大とともに，その体系自身が大きく変貌しつつある．新たに発見された統計的現象は新しい数学による表現を必要とし，理論統計学は数理統計学にとどまらず，確率論をはじめとする数学諸分野と双方向的に影響し合い発展を続けており，分野の統合も起きている．このようなダイナミクスを呈する現代理論統計学の理解は以前と比べ一層困難になってきているといわざるをえない．統計科学の応用範囲はますます広がり，分野内外での連携も強まっているため，そのエッセンスといえる理論統計学の全体像を把握することが，統計的方法論の習得への近道であり，正しい運用と発展の前提ともなる．

統計科学の研究を目指している方や応用を試みている方に，現代理論統計学の基礎を明瞭な言語で正確に提示し，最前線に至る道筋を明らかにすることが本教程の目的である．数学的な記述は厳密かつ最短を心がけ，数学科および数理系大学院の教科書，さらには学生の方の独習に役立つよう編集する．加えて，各トピックの位置づけを常に意識し，統計学に携わる方のハンドブックとしても利用しやすいものを目指す．

なお，各巻を (I)「数理統計の枠組み」ならびに (II)「従属性の統計理論」の二つのカテゴリーに分けた．前者では全冊を通して数理統計学と理論多変量解析を俯瞰すること，また後者では急速に発展を遂げている確率過程にまつわる統計学の系統的な教程を提示することを目的とする．

読者諸氏の学習，研究，そして現場における実践に役立てば，編者として望外の喜びである．

編者記す

まえがき

統計学において，代数的な方法は以前から用いられてきた．例えば多変量解析や統計的推定理論において，群の作用にともなう不変性の概念は重要な役割を果たしてきた．ところで，1990年代の半ばに現れた「計算代数統計」の分野は，統計学におけるそれ以前の代数学の応用と比較して，以下の2点において新たな展開をもたらしたと言える．1) グレブナー基底の理論とアルゴリズムを用いることによって，マルコフ基底の計算など，統計学の応用にも直接役に立つ代数的な（非数値的な）計算が可能となった，2) 統計学のさまざま問題から，代数学，特に可換環論においても新たな理論的展開をもたらし，統計学と代数学の双方向的な発展をうながした．

本書では，統計モデルに対する計算代数的アプローチについて，これまでの筆者達の研究成果をもとに紹介する．本書は統計理論に興味を持つ学部上級の学生から，統計科学を専攻する大学院生，統計科学諸分野に携わる研究者や大学教員などの方々を対象として書かれている．前提とする数理的知識は，学部レベルの初等的な微積分，線形代数，確率・統計のみである．

本書の内容は以下のとおりである．

序章（第1章）では，本書でとり上げる計算代数統計の三つの話題について概観する．第I部（第2章から第6章）はマルコフ基底を用いた正確検定に関する内容であり筆者達による著書 [3] の主な内容を示したものである．第II部（第7章から第11章）はグラフィカルモデルや条件つき独立性に関する筆者達の研究成果をまとめたものである．第III部（第12章から第14章）は実験計画法へのグレブナー基底の応用やその他の代数的なアプローチについて説明している．付録では，本書を読む上で必要となるグレブナー基底の理論とアルゴリズムに関する基礎事項をまとめている.

計算代数統計は本書で扱った話題にとどまらず，微分作用素環のグレブナー基底の統計への応用など，現在でも大きな展開を見せている．この話題については [51, 第 6 章] を参照されたい.

以下，本書で用いる記法について簡単にまとめておく．$\mathbb{R}$, $\mathbb{Q}$, $\mathbb{Z}$ はそれぞれ実数，有理数および整数の集合を表す．また $\mathbb{N}$ は非負整数の集合を表す．これらを要素とする n 次元ベクトルの集合を $\mathbb{R}^n$, $\mathbb{Q}^n$, $\mathbb{Z}^n$, $\mathbb{N}^n$ と表す．ベクトルは $\boldsymbol{x}$ のように原則として太文字で表し，列ベクトルとする．$\boldsymbol{x}$ の転置は $\boldsymbol{x}'$ と表す.

最後に，本書執筆の機会をくださった吉田朋広先生（東京大学），栗木哲先生（統計数理研究所），グレブナー基底についてご教示いただいた日比孝之先生（大阪大学），また最後まで執筆にご支援いただいた共立出版編集部の方々に深い感謝の意を表する.

2019 年 4 月

青木　敏
竹村彰通
原　尚幸

目　　次

第 III 部 実験計画法におけるグレブナー基底

第1章 序　章

本章では，本書のタイトルにもなっている代数的統計モデルとは何かを定義し，本書で扱う計算代数統計学の手法を概観しながら，本書の構成について述べる．

次のような2次元離散確率変数 (X, Y) に対する 2×2 分割表を考えよう．

$X \backslash Y$	1	2
1	x_{11}	x_{12}
2	x_{21}	x_{22}

p_{ij} を $X = i, Y = j$ のセルの生起確率

$$p_{ij} := p(X = i, Y = j), \quad i = 1, 2, \ j = 1, 2$$

とする．2元分割表における最も基本的な興味は，2変数 X と Y の独立性である．p_{i+}, p_{+j} を X, Y の周辺確率としたときに，X と Y の独立性は

$$p_{ij} = p_{i+}p_{+j}$$

と表すことができる．このモデルは2元完全独立モデルと呼ばれる．実は，このモデルは

$$p_{11}p_{22} - p_{12}p_{21} = 0 \tag{1.1}$$

という表現と等価であることが知られている．これはモデルの全体が多項式連

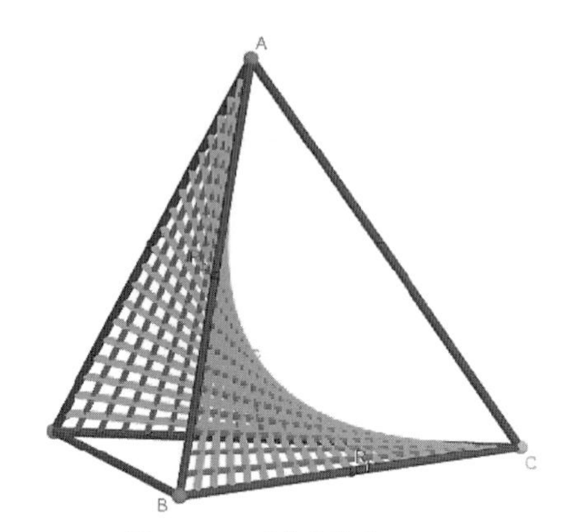

図 1.1　2 元完全独立モデル

立方程式の解の集合，すなわち代数多様体として表されることを示している．図 1.1 は，このモデルの代数多様体を図示したものである．

一般に，実用的なパラメトリック統計モデルの多くは代数多様体と見なすことが可能である．本書では，このようなパラメトリック統計モデルを**代数的統計モデル**と呼ぶことにする．

計算代数統計学とは，代数的統計モデルを代数幾何学的な研究対象と考え，その推測理論を代数幾何学的なツールを用いて研究するための体系である．1990 年代以降，多項式イデアルやグレブナー基底のような代数的な量を計算するためのアルゴリズムの発展やハードウェアの進歩に伴い，計算代数統計学は急速に進歩をとげ，実データ解析への応用も進んできた．本書では，近年の計算代数統計学の話題の中で，マルコフ基底を用いた階層モデルの正確検定，グラフィカルモデルと条件つき独立性の推論，実験計画におけるグレブナー基底の応用という三つの話題を取り上げる．

以下に本書の構成を簡単にまとめる．

第 I 部（第 2 章〜第 6 章）では，マルコフ基底を用いた多元分割表の階層モデルの正確分布に基づいた適合度検定について解説する．階層モデルは第 5 章で定義されるが，第 I 部で中心的な役割を果たす代数的統計モデルである．式(1.1)の 2 元完全独立モデルも階層モデルの一種である．

階層モデルの適合度検定には，通常ピアソンのカイ二乗検定や尤度比検定が用いられる．これらの検定は，検定統計量の帰無分布が漸近的にカイ二乗分布に従うことを利用した仮説検定である．したがって，標本サイズが必ずしも大きくない場合には，検定統計量の分布のカイ二乗分布への近似の精度が保証されず，検定の信頼性も低下する．第2章でも示すように，階層モデルのような指数型分布族の場合，十分統計量を条件づけたときの分割表の条件つき分布は超幾何分布になることが知られている．この事実を用いれば，理論上は検定統計量を正確な帰無分布に基づいて評価することが可能である．しかしながら，分割表の次元や標本のサイズが大きくなるにつれ，超幾何分布の標本点の数が指数的に増加することが知られており，したがって，検定統計量の超幾何分布に基づく評価も困難になる．

Diaconis and Sturmfels [15] はこの問題を代数的な視点から考察し，マルコフ連鎖モンテカルロ法を用いて分割表を超幾何分布からサンプリングする方法を提案した．彼らは代数的統計モデルが定義するトーリックイデアルの生成系としてマルコフ基底を定義した．そして，マルコフ基底の各要素に対応して，分割表と同じサイズの整数配列を定義し，それらを足し引きすることによって超幾何分布を定常分布として持つようなマルコフ連鎖からのサンプリングが可能になることを示した．この論文は，計算代数統計学の起源の一つである．

このサンプリングのアルゴリズムは，マルコフ基底さえ求まってしまえば容易に実装が可能である．マルコフ基底の計算は，4ti2 [29] のような計算代数ソフトウェアに実装されている．しかし，計算負荷が高く，モデルの次元や分割表のサイズが少し大きくなるだけで実用時間内での計算は困難になる．そこで，実用的なさまざまな代数的統計モデルのマルコフ基底を理論的に導出し，それらの理論的性質を明らかにするとともに，実装可能な正確検定アルゴリズムを導出することが第I部の目的となる．

第II部の第7章～第10章では，分割表の階層モデルや離散グラフィカルモデルの統計的推測理論の基礎概念を，グラフ理論的な視点から整理する．前述のとおり，階層モデルは代数的統計モデルである．第7章で定義されるように，離散グラフィカルモデルとは階層モデルの特殊形であることから，やはり代数的統計モデルである，これらのモデルは，近年の計算代数統計学では中心的な役割を果たしてきたモデルでもある．グラフィカルモデルは，変数間の条件つき独立関係を表すグラフによって定義されるモデルである．より一般に，階層モデルは交互作用項がハイパーグラフによって既定されるモデルと言うことができる．これらのモデルは変数間の関係がグラフとして視覚的に表されることからも，実用上も有用なモデルと考えられている．階層モデルやグラフィカルモデルのグラフ理論の視点からの考察は，実用上有用である．例えば，最尤推定量やマルコフ基底の計算は，モデルを定義するグラフやハイパーグラフの構造を用いることにより効率化が可能である．近年ではグラフィカルモデルの書籍は多いが，こうした視点からの考察がまとめられたものは少ないため，今後のグラフィカルモデルにおける計算代数統計学の研究にも有益と考え，本書では解説を加えた．

また，第II部の第11章では，imsetという概念を用いた条件つき独立性に関する推論の基礎的な事項を概説する．Imsetとは確率モデルにおける変数間の条件つき独立性の関係を代数的に扱うための方法論で，Studený [43] によって導入された比較的新しい概念である．Imsetを用いると，ある確率モデルにおいて，いくつかの条件つき独立性が成立していることがわかっているときに，それと同時に成り立ち得る条件つき独立性を確定することが可能になる．

第III部（第12章〜第14章）では実験計画法におけるグレブナー基底の役割について解説を行う．歴史的には，計算代数統計の起源となった論文は二つあり，その一つは第I部で扱った [15] であった．ほぼ同時期に発表されたもう一方の起源が，Pistone and Wynn による論文 [40] である．この論文では，実験計画により得られるデータに対して多項式モデルを当てはめる際の母数の識別性の問題と，多項式環のイデアルのイデアル所属問題との関係を明らかにしており，これはグレブナー基底の理論の実験計画法への最初の応用である．まずこの結果を第12章で概説する．第12章で扱われる計画とは，水準が有理数である繰り返しのない計画であり，有理数の点集合として一般的に定義される．計画のこのような一般的な扱いは，代表的な実験計画法の教科書では必ずしも標準的ではない．例えば2水準計画であれば，理論の中心は実験回数が組合せ配置計画の $1/2, 1/4, \ldots$ となるようなレギュラーな一部実施計画である．実用上もこれらの計画のクラスは重要であり，特に，田口玄一氏を中心に整備され広く普及した，直交表や線点図などの技術は，実務現場で広く利用されている．一方で，[40] の定式化においては，計画は単なる点集合であり，それがレギュラーか否かを最初に区別する必要はない．つまり，グレブナー基底の理論により，従来よりも一般的な枠組みでの，実験計画法の新たな理論体系が構築できる可能性があるといえる．

第 13 章では，Fontana, Pistone and Rogantin [19] により提案された，2 水準計画の指示関数の理論を説明する．一部実施計画の指示関数とは，それを含む組合せ配置計画上で定義される多項式関数で，一部実施計画上で値 1 を，それ以外では 0 をとるものをいう．多項式環のグレブナー基底の理論は，任意の一部実施計画に対する指示関数の存在とその一意性を保証する．特に，2 水準計画については，指示関数の係数と，計画の直交性や分解能の概念には，直接的な関係があり，これを概説するのが第 13 章の目的である．一方で，2 水準とは限らない一般的な設定での指示関数の構造は複雑であり，本書の執筆時点では解明されていない部分が多い．前述したように，指示関数は計画と 1 対 1 に対応づけることができるから，実験計画法における既存の概念，例えばレギュラー計画に対する分解能の概念などは，対応する指示関数の性質に置き換えることができれば，それを一般の計画に対する概念に拡張することができる．このような方向性の研究も，代数学による統計理論の一般化であり，魅力的な研究テーマであるといえよう．

最後に第 14 章では，第 I 部で扱ったマルコフ基底による検定の問題を，実験計画法で得られる離散データに対して適用する方法論について説明する．特に，計画がレギュラーな一部実施計画の場合は，得られる離散データは多元分割表と同一視することができ，第 I 部で考えたような階層モデルを考えることができる．そのモデリングの際に，第 12 章で説明した母数の識別性を考慮することが理論のポイントである．

第I部

マルコフ基底と正確検定

第I部ではマルコフ基底を用いた正確検定について説明する．まず第2章で2元分割表の独立性の正確検定の例を用いて，マルコフ基底の概念とマルコフ基底を用いた正確検定の方法を導入する．次に第3章でマルコフ基底の定義を与え，また推移確率の調整法を説明する．第4章ではマルコフ基底の諸性質を論じ，第5章では分割表のいくつかのモデルのマルコフ基底の具体形を示す．最後に第6章で，マルコフ基底が得られない場合に格子基底を用いてマルコフ連鎖を走らせる方法について論じる．

第2章 マルコフ基底を用いた正確検定の考え方

本章では2元分割表の独立性の仮説に対するフィッシャーの正確検定の例を用いて，マルコフ基底の考え方を説明する．まずは2元表の例を通じて正確検定とマルコフ基底の考え方を理解することが重要である．

2.1 2×2 の場合のフィッシャーの正確検定

ここではフィッシャーの正確検定をまず二つの二項分布の同等性の検定として導入する．その後に 2×2 分割表の独立性の検定，さらにポアソン分布のパラメータの主効果モデルの検定にもフィッシャーの正確検定が共通に現れることを説明する．それは，これらのモデルにおいて十分統計量と，十分統計量を与えたときの条件つき分布が同一となっているからである．

いま X を**二項分布** $\mathrm{Bin}(n_1, p_1)$ に従う確率変数とする．ここで n_1 は試行総数，p_1 は成功確率を表す．また Y を $\mathrm{Bin}(n_2, p_2)$ に従う確率変数とし，X と Y は独立とする．X と Y の**同時確率関数**は

$$p(x, y) = \binom{n_1}{x} p_1^x (1 - p_1)^{n_1 - x} \binom{n_2}{y} p_2^y (1 - p_2)^{n_2 - y}$$

と表される．二つの**二項分布の同等性**の帰無仮説は

$$H_0: \ p_1 = p_2$$

である．ここで $t = X + Y$, $n = n_1 + n_2$ として，X と Y を次のように 2×2 の分割表に表示してみる．

X	$n_1 - X$	n_1
Y	$n_2 - Y$	n_2
t	$n - t$	n

帰無仮説 H_0 のもとでの同時確率関数は

$$p(x, y) = \binom{n_1}{x}\binom{n_2}{y} p_1^{x+y}(1 - p_1)^{n-(x+y)} = \binom{n_1}{x}\binom{n_2}{y} p_1^t (1 - p_1)^{n-t} \tag{2.1}$$

であり，パラメータに関する部分が $t = x + y$ のみに依存している．したがって**十分統計量**に関する分解定理（[50, 第 6 章]）により，$T = X + Y$ が H_0 のもとでの十分統計量であることがわかる．$T = t$ を与えたときの X の条件つき分布は $p_1 = p_2$ の値には依存しないから，X 自体を検定統計量として用いることより，有意水準が $p_1 = p_2$ の値に依存しない**相似検定**が得られる．帰無仮説 H_0 のもとで $T = X + Y$ の分布は二項分布 $\mathrm{Bin}(n, p_1)$ である．したがって $T = t$ を与えたときの X の条件つき分布は

$$\begin{aligned} P(X = x \mid T = t) &= \frac{\binom{n_1}{x}\binom{n_2}{t-x} p_1^t (1 - p_1)^{n-t}}{\binom{n_1+n_2}{t} p_1^t (1 - p_1)^{n-t}} = \frac{\binom{n_1}{x}\binom{n_2}{t-x}}{\binom{n}{t}} \\ &= \frac{n_1! n_2! t! (n - t)!}{n! x! (n_1 - x)! (t - x)! (n_2 - t + x)!} \end{aligned} \tag{2.2}$$

となり，これは**超幾何分布**である．超幾何分布は，n_1 個の白球と n_2 個の赤球が入った壺から t 個の球を非復元抽出したときに，その中に白球が x 個，赤球が $t - x$ 個入っている確率と解釈することができる．このような考え方を，**壺のモデル**という．

さて，この分布は確かに $p_1 = p_2$ の値には依存していない．帰無仮説 H_0 は，帰無仮説のもとでの期待頻度 $n_1 t/n$ と比較して X が大きすぎるあるいは小さすぎる場合に棄却される．この確率の計算を超幾何分布に基づいて行うのがフィッシャーの正確検定である．二項分布の同等性に関する統計学の初等的

な説明では，n_1, n_2 がいずれも大きいとして正規近似を用いた検定法が紹介されている．

さて，以上の説明では十分統計量を成功総数 $T = X + Y$ としたが，失敗の総数 $n - X - Y$ としても同等である．さらには十分統計量に無駄を許せば $(X + Y, n - X - Y)$ を十分統計量としてもよい．十分統計量の定義は，条件つき分布が母数に依存しないというものであるから，$(X + Y, n - X - Y)$ に無駄があっても条件つき分布が同じであればよい．さらにこの考え方を進めると n_1, n_2 も十分統計量に含んでもよいであろう．これらは二項分布の同等性の検定においては確率変数ではなく，もともと固定されているが，$T = (X + Y, n - X - Y, n_1, n_2)$ を固定することは $X + Y$ を固定することと同値であるから，$T = (X + Y, n - X - Y, n_1, n_2)$ を十分統計量と考えてもよい．

ここまでの説明では，確率変数 X, Y を大文字，それらの実現値 x, y を小文字で表すという統計学の慣習に従ってきたが，記法の簡便のため以下では必ずしもそのような区別を行わないこととする．

2番目の設定として分割表の独立性の検定を考える．この場合確率分布としては**多項分布**を考える．x_{ij}, $i = 1, 2$, $j = 1, 2$ を 2×2 の分割表の4個の**セル**の頻度とする．行和および列和，すなわち周辺頻度を x_{i+}, x_{+j}, $i, j = 1, 2$ と表す．総頻度あるいはサンプルサイズを $n = x_{11} + x_{12} + x_{21} + x_{22}$ で表す．このとき，データは次のように表示される．

$$
\begin{array}{|c|c|c}
\hline
x_{11} & x_{12} & x_{1+} \\
\hline
x_{21} & x_{22} & x_{2+} \\
\hline
\multicolumn{1}{c}{x_{+1}} & \multicolumn{1}{c}{x_{+2}} & n
\end{array}
\qquad (2.3)
$$

ここで分割表の用語を整理しておこう．2×2 分割表は，それぞれ2値をとる二つの確率変数からなるベクトル $Y = (Y_1, Y_2)$ の同時頻度と見ることができる．例えば Y_1 を性別を表す変数として，1を男性，2を女性に対応させれば，式(2.3)の1行目は男性の頻度であり，2行目は女性の頻度を表す．それぞれの変数 Y_1, Y_2 を分割表の**軸**と呼ぶことがある．各変数のとる値は**水準**と呼ばれる．例えば性別という軸は男性と女性という二つの水準をとる．

いま

$$p_{ij} \geq 0,\ i = 1, 2,\ j = 1, 2, \quad \sum_{i,j=1}^{2} p_{ij} = 1$$

を各セルの生起確率とする．単一の多項ベルヌーイ試行においては，各セルがこれらの確率で観測される．また n 回の独立な多項ベルヌーイ試行を行うと，セル頻度のベクトル $\boldsymbol{X} = (X_{11}, X_{12}, X_{21}, X_{22})$ の同時確率関数は

$$p(\boldsymbol{x}) = \binom{n}{x_{11}, x_{12}, x_{21}, x_{22}} p_{11}^{x_{11}} p_{12}^{x_{12}} p_{21}^{x_{21}} p_{22}^{x_{22}} \tag{2.4}$$

と与えられる．この例のように本書ではベクトルは太文字で表すこととする．$\boldsymbol{x}$ を**頻度ベクトル**と呼ぶ．また必要に応じて列ベクトルと行ベクトルの区別を行う．例えば $\boldsymbol{x}$ が列ベクトルであることを明示するには

$$\boldsymbol{x} = (x_{11}, x_{12}, x_{21}, x_{22})'$$

のように表す．ここで $'$ はベクトルや行列の転置を表す．

またこの例では頻度ベクトル $\boldsymbol{x}$ は実際には 2×2 の行列の要素をベクトルに並べたものである．本書では多元分割表を必要に応じて 1 列のベクトルと考えたり，また多元分割表のままで考えたりする．文脈に応じてどちらで考えているかが明らかな場合には一々述べないので，その点を注意されたい．

1 番目の変数の周辺確率を $p_{i+} = p_{i1} + p_{i2},\ i = 1, 2$ と表し，同様に 2 番目の変数の周辺確率を $p_{+j} = p_{1j} + p_{2j},\ j = 1, 2$ と表す．このとき，独立性の帰無仮説 H_0 は

$$H_0 :\ p_{ij} = p_{i+}p_{+j}, \quad i = 1, 2,\ j = 1, 2 \tag{2.5}$$

と表される．対立仮説としては確率ベクトル $\boldsymbol{p} = (p_{11}, p_{12}, p_{21}, p_{22})$ に何も制約を置かない飽和モデルを考えることとする．$r_i = p_{i+}$ および $c_j = p_{+j}$ と書けば H_0 のもとで $p_{ij} = r_i c_j$ である．$\boldsymbol{x}$ の同時確率は

$$
\begin{aligned}
p(\boldsymbol{x}) &= \binom{n}{x_{11}, x_{12}, x_{21}, x_{22}} (r_1c_1)^{x_{11}}(r_1c_2)^{x_{12}}(r_2c_1)^{x_{21}}(r_2c_2)^{x_{22}} \\
&= \binom{n}{x_{11}, x_{12}, x_{21}, x_{22}} r_1^{x_{1+}} r_2^{x_{2+}} c_1^{x_{+1}} c_2^{x_{+2}} \\
&= \binom{n}{x_{11}, x_{12}, x_{21}, x_{22}} p_{1+}^{x_{1+}} p_{2+}^{x_{2+}} p_{+1}^{x_{+1}} p_{+2}^{x_{+2}} \qquad (2.6)
\end{aligned}
$$

と書けるから，再び十分統計量の分解定理により

$$
T = (x_{1+}, x_{2+}, x_{+1}, x_{+2})
$$

が H_0 のもとでの十分統計量である．ただし，この場合も $n = x_{1+} + x_{2+} = x_{+1} + x_{+2}$ であるから T には冗長性がある．二項分布の同等性の検定における冗長性とは異なるが，T が二項分布の同等性の検定のときにも十分統計量になっていたことに注意する．

2×2 の分割表の場合，T を与えると頻度ベクトル $\boldsymbol{x} = (x_{11}, x_{12}, x_{21}, x_{22})'$ の四つの要素の中で自由に動けるものは1個しかない．すなわち条件つき分布の自由度は1である．実際 T の他に x_{11} が与えられると他の要素は

$$
x_{12} = x_{1+} - x_{11}, \quad x_{21} = x_{+1} - x_{11}, \quad x_{22} = n - x_{1+} - x_{+1} + x_{11}
$$

のように決まってしまう．

帰無仮説 H_0 のもとでは2個の確率変数 Y_1, Y_2 は互いに独立であり，それぞれが二項分布 $\mathrm{Bin}(n, p_{1+})$, $\mathrm{Bin}(n, p_{+1})$ に従う．したがって (x_{1+}, x_{+1}) の同時分布は

$$
p(x_{1+}, x_{+1}) = \binom{n}{x_{1+}} p_{1+}^{x_{1+}} p_{2+}^{x_{2+}} \binom{n}{x_{+1}} p_{+1}^{x_{+1}} p_{+2}^{x_{+2}} \qquad (2.7)
$$

と表される．これより十分統計量 T を与えたときの X_{11} の条件つき分布は

$$
\begin{aligned}
p(x_{11} \mid x_{1+}, x_{2+}, x_{+1}, x_{+2}) &= \frac{\binom{n}{x_{11}, x_{12}, x_{21}, x_{22}} p_{1+}^{x_{1+}} p_{2+}^{x_{2+}} p_{+1}^{x_{+1}} p_{+2}^{x_{+2}}}{\binom{n}{x_{1+}} p_{1+}^{x_{1+}} p_{2+}^{x_{2+}} \binom{n}{x_{+1}} p_{+1}^{x_{+1}} p_{+2}^{x_{+2}}} \\
&= \frac{\binom{n}{x_{11}, x_{12}, x_{21}, x_{22}}}{\binom{n}{x_{1+}} \binom{n}{x_{+1}}} = \frac{x_{1+}!\, x_{2+}!\, x_{+1}!\, x_{+2}!}{n!\, x_{11}!\, x_{12}!\, x_{21}!\, x_{22}!} \qquad (2.8)
\end{aligned}
$$

となり，やはり超幾何分布となる．したがってこの場合にも式(2.5)の超幾何分布を用いて独立性の帰無仮説を行うのがFisherの正確検定である．

最後にポアソン分布のパラメータの主効果モデルを考える．2×2 の分割表の各セルごとにポアソン分布に従う確率変数 $X_{ij},\ i, j = 1, 2$ が観測されるとしよう．例えば性別と二つの地域別にある病気の発症数をカウントするような場合である．ポアソン分布の期待値を $\lambda_{ij} = E(X_{ij})$ と表す．頻度ベクトルの同時確率関数は

$$
p(\boldsymbol{x}) = \prod_{i,j=1}^{2} \frac{\lambda_{ij}^{x_{ij}}}{x_{ij}!} e^{-\lambda_{ij}}
$$

と表される．ここで主効果モデルとは期待値 λ_{ij} がそれぞれの軸の効果の積に表される次のモデルをいう．

$$
H_0 :\ \lambda_{ij} = r_i \times c_j, \quad i, j = 1, 2. \qquad (2.9)
$$

対数をとると

$$
\log \lambda_{ij} = \log r_i + \log c_j, \quad i, j = 1, 2,
$$

のように2元配置分散分析における主効果モデルのように表すことができる．主効果モデルの帰無仮説のもとでの同時確率関数は

$$
p(\boldsymbol{x}) = r_1^{x_{1+}} r_2^{x_{2+}} c_1^{x_{+1}} c_2^{x_{+2}} \frac{1}{\prod_{i,j=1}^{2} x_{ij}!} e^{-(r_1 + r_2)(c_1 + c_2)}
$$

と表されるから，この場合にも $T = (x_{1+}, x_{2+}, x_{+1}, x_{+2})$ が十分統計量をなす．ポアソンモデルの場合には T には冗長性はないことに注意する．T を与えたもとでの $\boldsymbol{x}$ の条件つき確率関数は $1/\prod_{i,j=1}^{2} x_{ij}!$ に比例するからやはり超幾何分布である．したがってポアソン分布の主効果モデルのもとでもFisher

の正確検定を行うことができる．

以上いずれのモデルでも十分統計量は共通で，十分統計量 T と頻度ベクトル $\boldsymbol{x}$ の関係は

$$\begin{pmatrix} x_{1+} \\ x_{2+} \\ x_{+1} \\ x_{+2} \end{pmatrix} = \begin{pmatrix} 1 & 1 & 0 & 0 \\ 0 & 0 & 1 & 1 \\ 1 & 0 & 1 & 0 \\ 0 & 1 & 0 & 1 \end{pmatrix} \begin{pmatrix} x_{11} \\ x_{12} \\ x_{21} \\ x_{22} \end{pmatrix} \tag{2.10}$$

と線形の形に表される．本書ではこれを

$$\boldsymbol{t} = A\boldsymbol{x} \tag{2.11}$$

と書き，行列 A を**配置行列**と呼ぶ．

以上三つのやや異なる標本抽出の状況において Fisher の正確検定が共通に現れることを説明した．これは，これらのモデルが十分統計量および十分統計量を与えたもとでの条件つき分布を共有するからである．3 元以上の分割表など複雑なモデルでも同様な状況が生じる．そこで本書の第 I 部では，主に 2 番目の設定である多項分布のモデルを念頭においてマルコフ基底の理論を説明する．

2.2　一般の 2 元分割表の独立性の検定

次に一般の $I \times J$ の 2 元分割表の独立性の検定を考える．各セルの生起確率を p_{ij}, $i = 1, \ldots, I$, $j = 1, \ldots, J$ と表す．また周辺確率を p_{i+}, p_{+j} などと表す．独立性の帰無仮説は

$$H_0: \ p_{ij} = p_{i+}p_{+j}, \quad i = 1, \ldots, I, \ j = 1, \ldots, J$$

と表される．各セルの頻度を x_{ij} で表し，行和 x_{i+} および列和 x_{+j} を

$$x_{i+} = \sum_{j=1}^{J} x_{ij}, \ i = 1, \ldots, I, \quad x_{+j} = \sum_{i=1}^{I} x_{ij}, \ j = 1, \ldots, J$$

と表す．2×2 の場合と同様に，独立性の帰無仮説のもとでの十分統計量は

$$\boldsymbol{t} = (x_{1+}, \ldots, x_{I+}, x_{+1}, \ldots, x_{+J})$$

である．

独立性の帰無仮説 H_0 のもとでの頻度ベクトル $\boldsymbol{x} = \{x_{ij}\}$ の同時確率関数は

$$\begin{aligned} p(\boldsymbol{x}) &= \binom{n}{x_{11}, \ldots, x_{IJ}} \prod_{i=1}^{I} \prod_{j=1}^{J} (p_{i+}p_{+j})^{x_{ij}} \\ &= \binom{n}{x_{11}, \ldots, x_{IJ}} \prod_{i=1}^{I} p_{i+}^{x_{i+}} \prod_{j=1}^{J} p_{+j}^{x_{+j}} \end{aligned}$$

と表される．また 2×2 の場合と同様に，帰無仮説のもとで，行和からなる確率ベクトル $\{x_{i+}\}$ と列和からなる確率ベクトル $\{x_{+j}\}$ は独立に多項分布に従う：

$$\begin{aligned} p(\{x_{i+}\}) &= \binom{n}{x_{1+}, \ldots, x_{I+}} p_{1+}^{x_{1+}} \cdots p_{I+}^{x_{I+}}, \\ p(\{x_{+j}\}) &= \binom{n}{x_{+1}, \ldots, x_{+J}} p_{+1}^{x_{+1}} \cdots p_{+J}^{x_{+J}}. \end{aligned}$$

このことより $\boldsymbol{t}$ を与えたもとでの $\boldsymbol{x} = \{x_{ij}\}$ の条件つき分布は

$$\begin{aligned} p(\boldsymbol{x} \mid \boldsymbol{t}) &= \frac{p(\{x_{ij}\})}{p(\{x_{i+}\})p(\{x_{+j}\})} = \frac{\binom{n}{x_{11}, \ldots, x_{IJ}}}{\binom{n}{x_{1+}, \ldots, x_{I+}}\binom{n}{x_{+1}, \ldots, x_{+J}}} \\ &= \frac{\prod_{i=1}^{I} x_{i+}! \prod_{j=1}^{J} x_{+j}!}{n! \prod_{i,j} x_{ij}!} \end{aligned} \tag{2.12}$$

である．この確率分布は**多項超幾何分布**と呼ばれることも多い．しかし，多項超幾何分布としては，壺の中に 3 色以上からなるボールが入っているモデルを考える場合もあり用語にゆれがある．また本書ではこの種のさまざまな分布を考えるため，式(2.12)を単に超幾何分布と呼ぶこととする．超幾何分布については次節でより正確に定義する．

行和と列和を与えたとき，$\boldsymbol{x}$ の中で自由に動ける要素の数は $(I-1) \times (J-1)$

である．このことは $\boldsymbol{x}$ の要素の中で最下行および最右列の要素が他の要素から一意的に定まってしまうことからわかる．このように自由度が1より大であるために，2×2 の場合と異なり，用いるべき検定統計量としてはさまざまなものが考えられる．対立仮説として $\{p_{ij}\}$ に確率ベクトルであること以外の制約を置かない飽和モデルを考えるときには，ピアソンのカイ二乗統計量あるいは尤度比検定統計量を検定統計量として用いることが多い．

帰無仮説のもとでのセルの期待頻度を

$$\hat{m}_{ij} = n\hat{p}_{ij} = \frac{x_{i+}x_{+j}}{n}$$

と置く．ただし，$\hat{p}_{ij}$ は p_{ij} の最尤推定値である．ピアソンのカイ二乗統計量は

$$\chi^2(\boldsymbol{x}) = \sum_i \sum_j \frac{(x_{ij} - \hat{m}_{ij})^2}{\hat{m}_{ij}}$$

と定義される．また尤度比検定統計量（より正確には対数尤度比検定統計量の2倍）は

$$G^2(\boldsymbol{x}) = 2 \sum_i \sum_j x_{ij} \log \frac{x_{ij}}{\hat{m}_{ij}}$$

と定義される．これらはいずれも棄却限界 c_α を越えたときに帰無仮説が棄却される．各セル頻度が大きいときの漸近理論に基づけば，$\chi^2(\boldsymbol{x})$ についても $G^2(\boldsymbol{x})$ についても，c_α は自由度 $(I-1)(J-1)$ のカイ二乗分布の上側 α 点で近似すればよいことが知られている．しかしながら各セルの頻度が小さいときにはこの近似の精度は保証されないから，超幾何分布に基づいた正確検定を行うことが望ましい．正確検定を行うには式(2.12)のもとでの $\chi^2(\boldsymbol{x})$ ないしは $G^2(\boldsymbol{x})$ の分布関数を評価し，c_α としてそれぞれの分布の上側 α 点を用いればよい．

対立仮説として，飽和モデルより制限されたモデルを考えた場合には，対立仮説に応じて適切な検定統計量 $\phi(\boldsymbol{x})$ を選ぶ必要がある．例えばこの場合でも尤度比検定の考え方を用いることができる．どの検定統計量 ϕ を用いるにせよ，ϕ の超幾何分布のもとでの分布関数を評価することにより検定を行うこと

ができるから，検定統計量の選び形にかかわらず，重要な点は超幾何分布のもとでの分布の評価である．以下では棄却域が

$$\phi(\boldsymbol{x}) \geq c_\alpha \ \Rightarrow \ H_0 \text{ を棄却}$$

の形で表されているとする．

いま十分統計量 $\boldsymbol{t}$ を与えたもとでの条件つき標本空間

$$\mathcal{F}_{\boldsymbol{t}} = \{\boldsymbol{x} \mid x_{ij} \in \mathbb{N}, \text{ かつ } \boldsymbol{t} \text{ が所与}\} \tag{2.13}$$

を定義する．以下では $\mathcal{F}_{\boldsymbol{t}}$ を **$\boldsymbol{t}$-ファイバー**と呼ぶ．検定統計量を ϕ とするとき，離散分布にともなう離散化の誤差を無視すれば，有意水準 α に対して c_α は

$$\alpha = \sum_{\boldsymbol{x} \in \mathcal{F}_{\boldsymbol{t}} : \phi(\boldsymbol{x}) \geq c_\alpha} p(\boldsymbol{x} \mid \boldsymbol{t})$$

を満たす．ただし $p(\boldsymbol{x} \mid \boldsymbol{t})$ は式(2.12)の超幾何分布の確率関数を表す．また p-値の考え方を用いれば検定を行うときに実際に得られているデータを $\boldsymbol{x}^o$（上つき添字の ^{o} は observed の意味）に対して，

$$p\text{-値} = \sum_{\boldsymbol{x} \in \mathcal{F}_{\boldsymbol{t}} : \phi(\boldsymbol{x}) \geq \phi(\boldsymbol{x}^o)} p(\boldsymbol{x} \mid \boldsymbol{t})$$

として

$$p\text{-値} \leq \alpha \ \Rightarrow \ H_0 \text{ を棄却}$$

の形で検定を行えばよい．いずれにしても $\mathcal{F}_{\boldsymbol{t}}$ の部分集合

$$E = \{\boldsymbol{x} \in \mathcal{F}_{\boldsymbol{t}} \mid \phi(\boldsymbol{x}) \geq c\}$$

の超幾何分布のもとでの確率

$$P(E \mid \boldsymbol{t}) = \sum_{\boldsymbol{x} \in E} p(\boldsymbol{x} \mid \boldsymbol{t}) \tag{2.14}$$

が評価できればよい．

この確率 $P(E \mid \boldsymbol{t})$ を評価するために次の三つの方法が考えられる．

(1)　ファイバー $\mathcal{F}_{\boldsymbol{t}}$ の要素を列挙し，E に属する $\boldsymbol{x}$ 全部について実際に和をとる方法

(2)　超幾何分布からの直接のモンテカルロサンプリングが容易な場合には，$\boldsymbol{x}_1, \ldots, \boldsymbol{x}_N$ をモンテカルロ標本として $\sum_{\boldsymbol{x} \in E} p(\boldsymbol{x} \mid \boldsymbol{t})$ を

$$\frac{1}{N}\left(\boldsymbol{x}_1, \ldots, \boldsymbol{x}_N \text{ のうち } E \text{ に属するものの数}\right)$$

と近似する方法

(3)　超幾何分布を定常部分とするマルコフ連鎖を構成して，マルコフ連鎖をシミュレーションして $\boldsymbol{x}_1, \ldots, \boldsymbol{x}_N$ を発生させ，このうち始めの N_0 個を burn-in 標本として捨て，$\sum_{\boldsymbol{x} \in E} p(\boldsymbol{x} \mid \boldsymbol{t})$ を

$$\frac{1}{N - N_0}\left(\boldsymbol{x}_{N_0+1}, \ldots, \boldsymbol{x}_N \text{ のうち } E \text{ に属するものの数}\right)$$

により近似する方法

1 番目の列挙が可能ならば，もちろんそれが最も望ましい方法である．しかしながらファイバー $\mathcal{F}_{\boldsymbol{t}}$ の要素数が非常に大きいときは列挙は実際上不可能となる．実は，ここで考えている 2 元分割表の独立性のモデルのもとでは，壺のモデルの考え方によって超幾何分布からの直接のモンテカルロサンプリングが容易であり，2 番目の方法も用いることができる．しかしながら，より複雑なモデルになると，対応する超幾何分布からの直接のモンテカルロサンプリングは困難となる．そのようなときでも，超幾何分布を定常分布とするマルコフ連鎖の一般的な構成法が知られている．したがって汎用性の観点から本書では 3 番目の方法を主に説明する．

ファイバー $\mathcal{F}_{\boldsymbol{t}}$ 上に超幾何分布を定常分布とするマルコフ連鎖を構成するには，次の二つのステップが必要となる．

(1)　各ファイバーに既約な，すなわちファイバー上のどの点同士も互いに到達可能であるようなマルコフ連鎖を一つ構成する．

(2)　構成したマルコフ連鎖の推移確率を変更することによって，定常分布を超幾何分布に一致させる．

後者のステップは Metropolis-Hastings 法によって容易に実現できることが 1970 年代よりよく知られている．マルコフ基底の理論が必要とされるのは前

者のステップである．

Metroplis-Hastings 法については次章で述べることとする．次節では2元表の独立モデルを用いてマルコフ基底を説明する．

2.3　2元分割表の独立性のモデルのマルコフ基底

ファイバー $\mathcal{F}_{\boldsymbol{t}}$ 上を動き回るマルコフ連鎖を作るには，現在の頻度ベクトル $\boldsymbol{x}$（実際には2元表）から近くの他の頻度ベクトル $\boldsymbol{y}$ に移ることを繰りかえすことが考えられる．ファイバーの要素は行和および列和が固定されていることを考えると，任意の2行 i_1, i_2 と2列 j_1, j_2 を選んで

$$
\boldsymbol{z}(i_1, i_2; j_2, j_2) = \begin{array}{c} \\ i_1 \\ i_2 \end{array} \begin{array}{cc} j_1 & j_2 \\ \hline \multicolumn{1}{|c}{+1} & \multicolumn{1}{c|}{-1} \\ \multicolumn{1}{|c}{-1} & \multicolumn{1}{c|}{+1} \\ \hline \end{array} \tag{2.15}
$$

のような「**移動**」(move)$\boldsymbol{z} = \boldsymbol{z}(i_1, i_2; j_2, j_2)$ を作って，この移動を $\boldsymbol{x}$ に加えることが考えられる．例えば 3×3 表の場合に $\boldsymbol{x} + \boldsymbol{z} = \boldsymbol{y}$ を

$$
\begin{array}{|c|c|c|c}
\hline
2 & 1 & 1 & 4 \\
\hline
2 & 0 & 2 & 4 \\
\hline
1 & 2 & 0 & 3 \\
\hline
\multicolumn{1}{c}{5} & \multicolumn{1}{c}{3} & \multicolumn{1}{c}{3} &
\end{array}
+
\begin{array}{|r|r|r|}
\hline
1 & -1 & 0 \\
\hline
-1 & 1 & 0 \\
\hline
0 & 0 & 0 \\
\hline
\end{array}
=
\begin{array}{|c|c|c|c}
\hline
3 & 0 & 1 & 4 \\
\hline
1 & 1 & 2 & 4 \\
\hline
1 & 2 & 0 & 3 \\
\hline
\multicolumn{1}{c}{5} & \multicolumn{1}{c}{3} & \multicolumn{1}{c}{3} &
\end{array}
$$

のように置けば，行和および列和 $(4, 4, 3, 5, 3, 3)$ をくずすことなしに，$\boldsymbol{y}$ に移動できる．行和および列和をくずさない移動としては，$\boldsymbol{z}(i_1, i_2; j_2, j_2)$ の形の移動は最も単純なものなので，これを2元分割表に対する**基本移動** "basic move" と呼ぶ．

さて，同じ例で $\boldsymbol{x} - \boldsymbol{z} = \boldsymbol{w}$ を作ると

$$
\begin{array}{|c|c|c|c}
\hline
2 & 1 & 1 & 4 \\ \hline
2 & 0 & 2 & 4 \\ \hline
1 & 2 & 0 & 3 \\ \hline
\multicolumn{1}{c}{5} & \multicolumn{1}{c}{3} & \multicolumn{1}{c}{3} &
\end{array}
-
\begin{array}{|r|r|r|}
\hline
1 & -1 & 0 \\ \hline
-1 & 1 & 0 \\ \hline
0 & 0 & 0 \\ \hline
\end{array}
=
\begin{array}{|c|r|c|c}
\hline
1 & 2 & 1 & 4 \\ \hline
3 & -1 & 2 & 4 \\ \hline
1 & 2 & 0 & 3 \\ \hline
\multicolumn{1}{c}{5} & \multicolumn{1}{c}{3} & \multicolumn{1}{c}{3} &
\end{array}
$$

のように，$\boldsymbol{w}$ の $(2,2)$ 要素が負となり，ファイバーの外に出てしまうことに注意しなければならない．この点に注意すると，基本移動を足したり引いたりするだけで既約性が確保できるか，すなわちすべてのファイバーで，どの頻度ベクトル同士も途中でファイバーの外に出ることなく互いに到達可能となるか，という疑問が生じる．実は，次の定理で示すように基本移動によってすべてのファイバーの既約性が保証される．

[定理 2.1]　$I \times J$ 分割表に対する式(2.15)の形の基本移動の集合を

$$\mathcal{B} = \{\boldsymbol{z}(i_1, i_2; j_1, j_2) \mid 1 \leq i_1 < i_2 \leq I,\ 1 \leq j_1 < j_2 \leq J\} \tag{2.16}$$

と置く．任意のファイバー $\mathcal{F}_{\boldsymbol{t}}$ の任意の 2 個の頻度ベクトル $\boldsymbol{x}, \boldsymbol{y} \in \mathcal{F}_{\boldsymbol{t}}$ に対して，$\mathcal{B}$ の要素 $\boldsymbol{z}_1, \ldots, \boldsymbol{z}_L$ と符号 $\epsilon_1, \ldots, \epsilon_L \in \{1, -1\}$ がとれて

$$\boldsymbol{y} = \boldsymbol{x} + \sum_{i=1}^{L} \epsilon_i \boldsymbol{z}_i, \quad \boldsymbol{x} + \sum_{i=1}^{l} \epsilon_i \boldsymbol{z}_i \in \mathcal{F}_{\boldsymbol{t}},\ l = 1, \ldots, L \tag{2.17}$$

とできる．

式(2.17)の 2 番目の条件は，$\boldsymbol{x}$ から $\boldsymbol{y}$ に移る途中で負のセルが現れないことを意味している．この定理にあるように，任意のファイバーの任意の二つの頻度ベクトルの到達可能性を保証する移動の集合を**マルコフ基底**と呼ぶ．より正確な定義は次章で与える．

証明　背理法を用いる．いまあるファイルバー $\mathcal{F}_{\boldsymbol{t}}$ 内の頻度ベクトル $\boldsymbol{x} \in \mathcal{F}_{\boldsymbol{t}}$ に対し，$\mathcal{B}$ の要素を足し引きすることによって到達可能でない頻度ベクトル $\boldsymbol{y}$ の集合を

$$\mathcal{N}_{\boldsymbol{x}} = \{\boldsymbol{y} \in \mathcal{F}_{\boldsymbol{t}} \mid \mathcal{B} \text{ の要素の足し引きでは } \boldsymbol{x} \text{ から到達できない } \boldsymbol{y}\}$$

と定義する．このとき仮定により $\mathcal{N}_{\boldsymbol{x}}$ は空ではない．

ここで，整数を要素とするベクトル $\boldsymbol{w} = \{w_{ij}\}$ の L_1-ノルムを

$$|\boldsymbol{w}| = \sum_{i=1}^{I}\sum_{j=1}^{J}|w_{ij}|$$

と定義し

$$\boldsymbol{y}^* \in \underset{\boldsymbol{y}\in\mathcal{N}_{\boldsymbol{x}}}{\arg\min}\,|\boldsymbol{x}-\boldsymbol{y}| \tag{2.18}$$

を $\mathcal{N}_{\boldsymbol{x}}$ の中で L_1-ノルムの意味で $\boldsymbol{x}$ から最も近い頻度ベクトル（の一つ）とする．ここで $\boldsymbol{w} = \boldsymbol{x} - \boldsymbol{y}^* \neq \boldsymbol{0}$ の要素の符号を考える．$\boldsymbol{x}$ と $\boldsymbol{y}^*$ は行和および列和を共有する分割表であるから，$\boldsymbol{w}$ には正の要素が存在しなければならない．これを $w_{i_1j_1} > 0$ と置く．さらに $\boldsymbol{x}$ と $\boldsymbol{y}^*$ は行和および列和を共有することから，$w_{i_1j_2} < 0$ となる $j_2 \neq j_1$ および $w_{i_2j_1} < 0$ となる $i_2 \neq i_1$ も存在しなければならない．したがって $\boldsymbol{y}^* = \{y^*_{ij}\}$ において $y^*_{i_1j_2} > 0$, $y^*_{i_2j_1} > 0$ である．このとき

$$\boldsymbol{y}^* + \boldsymbol{z}(i_1, i_2; j_1, j_2) \in \mathcal{F}_{\boldsymbol{t}}$$

は負の要素を含まない．また $\mathcal{B}$ の要素の足し引きでは $\boldsymbol{y}^*$ は $\boldsymbol{x}$ から到達できないと仮定したから $\boldsymbol{y}^* + \boldsymbol{z}(i_1, i_2; j_1, j_2)$ も $\boldsymbol{x}$ からは到達できず，したがって $\boldsymbol{y}^* + \boldsymbol{z}(i_1, i_2; j_1, j_2) \in \mathcal{N}_{\boldsymbol{x}}$ でなければならない．ここで $|\boldsymbol{x} - (\boldsymbol{y}^* + \boldsymbol{z}(i_1, i_2; j_1, j_2))|$ を考察すると

- $w_{i_2j_2} > 0$ のときは $|\boldsymbol{x} - (\boldsymbol{y}^* + \boldsymbol{z}(i_1, i_2; j_1, j_2))| = |\boldsymbol{x} - \boldsymbol{y}^*| - 4$,
- $w_{i_2j_2} \leq 0$ のときは $|\boldsymbol{x} - (\boldsymbol{y}^* + \boldsymbol{z}(i_1, i_2; j_1, j_2))| = |\boldsymbol{x} - \boldsymbol{y}^*| - 2$

である．したがってどちらの場合でも $|\boldsymbol{x} - (\boldsymbol{y}^* + \boldsymbol{z}(i_1, i_2; j_1, j_2))| < |\boldsymbol{x} - \boldsymbol{y}^*|$ となるが，これは式(2.18)の $\boldsymbol{y}^*$ の最小性に矛盾する．　■

この証明では二つの頻度ベクトル間の距離（L_1-ノルム）を用いて既約性を証明した．このような議論を距離減少論法と呼んでいる．

2.4 離散指数形分布族とトーリックモデル

前節までは2元分割表を考えてきたが，以上のような議論はより一般に離散指数型分布族に拡張することができる．まず 2×2 の分割表のモデルを指数型分布族の形に表そう．

これまでと同様に，セルの生起確率を $p_{ij},\ i,j = 1,2$ で表す．ここで次のようなパラメータの変換を考える：

$$\phi_1 = \log \frac{p_{12}}{p_{22}}, \quad \phi_2 = \log \frac{p_{21}}{p_{22}}, \quad \lambda = \log \frac{p_{11}p_{22}}{p_{12}p_{21}}. \tag{2.19}$$

確率ベクトル $\boldsymbol{p} = (p_{11}, p_{12}, p_{21}, p_{22})$ の要素がすべて正となる領域でこの変換は1対1であり，逆変換は

$$\begin{aligned} p_{11} &= \frac{e^{\phi_1+\phi_2+\lambda}}{1 + e^{\phi_1} + e^{\phi_2} + e^{\phi_1+\phi_2+\lambda}}, \\ p_{12} &= \frac{e^{\phi_1}}{1 + e^{\phi_1} + e^{\phi_2} + e^{\phi_1+\phi_2+\lambda}}, \\ p_{21} &= \frac{e^{\phi_2}}{1 + e^{\phi_1} + e^{\phi_2} + e^{\phi_1+\phi_2+\lambda}}, \\ p_{22} &= \frac{1}{1 + e^{\phi_1} + e^{\phi_2} + e^{\phi_1+\phi_2+\lambda}} \end{aligned} \tag{2.20}$$

と表される．これを式(2.4)に代入すると頻度ベクトル $\boldsymbol{x}$ の同時確率関数が

$$\begin{aligned} p(\boldsymbol{x}) = \binom{n}{x_{11}, x_{12}, x_{21}, x_{22}} \exp\bigl(&(x_{11} + x_{12})\phi_1 + (x_{11} + x_{21})\phi_2 + x_{11}\lambda \\ &- n\log(1 + e^{\phi_1} + e^{\phi_2} + e^{\phi_1+\phi_2+\lambda})\bigr) \end{aligned} \tag{2.21}$$

の形に表される．このような書き換えは一見面倒だが，一般的な議論のために有用である．

いま $\boldsymbol{\theta} \in \Theta$ をパラメータとする確率関数の族（分布族）$p(\boldsymbol{x}) = p(\boldsymbol{x}; \boldsymbol{\theta})$ が次の形に表されるとき，（離散）指数型分布族をなすという（[50, 6.3 節]）．

$$p(\boldsymbol{x}; \boldsymbol{\theta}) = h(\boldsymbol{x}) \exp\left(\sum_{j=1}^{k} T_j(\boldsymbol{x})\phi_j(\boldsymbol{\theta}) - \psi(\boldsymbol{\theta}) \right). \tag{2.22}$$

十分統計量に関する分解定理により $T = (T_1(\boldsymbol{x}), \ldots, T_k(\boldsymbol{x}))$ がこの分布族の十分統計量をなす．また，$\boldsymbol{\phi}(\boldsymbol{\theta}) = (\phi_1(\boldsymbol{\theta}), \ldots, \phi_k(\boldsymbol{\theta}))$ を自然母数という．ここで $p(\boldsymbol{x};\boldsymbol{\theta})$ の基準化定数 $\psi(\boldsymbol{\theta})$ が $\boldsymbol{\phi}$ を通じてのみ $\boldsymbol{\theta}$ に依存しているから，基準化定数を $\psi(\boldsymbol{\phi})$ と書いてもかまわないことに注意する．式(2.21)と式(2.22)を見比べると，式(2.21)が指数型分布族をなすことがわかる．

独立性の帰無仮説 $H_0:\ p_{ij} = p_{i+}p_{+j}$ は式(2.19)のパラメータ変換を用いると

$$H_0:\ \lambda = 0$$

と書くことができる．独立性の帰無仮説のもとでは式(2.21)は

$$p(\boldsymbol{x}) = \binom{n}{x_{11}, x_{12}, x_{21}, x_{22}} \exp\bigl((x_{11} + x_{12})\phi_1 + (x_{11} + x_{21})\phi_2 - n\log(1 + e^{\phi_1} + e^{\phi_2} + e^{\phi_1+\phi_2})\bigr) \tag{2.23}$$

の形に表され，これも指数型分布族をなす．

さて式(2.20)の逆変換において $\lambda = 0$ と置き，セル確率の対数をとってベクトルに表示すると

$$\begin{aligned}\log \boldsymbol{p} &= (\log p_{11}, \log p_{12}, \log p_{21}, \log p_{22})\\ &= (\phi_1, 0, \phi_2, 0)\begin{pmatrix}1 & 1 & 0 & 0\\ 0 & 0 & 1 & 1\\ 1 & 0 & 1 & 0\\ 0 & 1 & 0 & 1\end{pmatrix} - \psi(\phi_1, \phi_2) \times (1, 1, 1, 1)\end{aligned} \tag{2.24}$$

と表される．ただし

$$\psi(\phi_1, \phi_2) = \log(1 + e^{\phi_1} + e^{\phi_2} + e^{\phi_1+\phi_2})$$

と置いた．式(2.10)と式(2.24)を見比べると，式(2.24)の右辺に現れる行列が頻度ベクトルと十分統計量を結びつける配置行列となっていることが見てとれる．

以上の 2×2 の分割表の例を念頭において，本書で扱う離散指数型分布族

の一般形を以下のように定式化する．セルの集合を $\mathcal{I}$ と表し，個々のセルを $\boldsymbol{i}$ と表す．セルを太文字としているのは，多元（m 元）分割表の場合にセル $\boldsymbol{i}=(i_1,\ldots,i_m)$ が多重添字で表されることを念頭に置いているからである．セルの総数を $\eta=|\mathcal{I}|$ と置く．十分統計量のベクトルの次元を ν とする．ただし，すでに論じたように，十分統計量には冗長性を許すものとする．$\boldsymbol{\theta}=(\theta_1,\ldots,\theta_\nu)$ を分布のパラメータベクトルとする．各セル $\boldsymbol{i}$ について ν 個の非負整数 $a_j(\boldsymbol{i})$, $j=1,\ldots,\nu$ を用いてセル $\boldsymbol{i}$ の確率の対数が

$$\log p(\boldsymbol{i};\boldsymbol{\theta})=\sum_{j=1}^{\nu}\theta_j a_j(\boldsymbol{i})-\psi(\boldsymbol{\theta}) \tag{2.25}$$

と表せるとする．ただし $\exp(-\psi(\boldsymbol{\theta}))$ は分布の基準化定数である．この分布のもとで n 回の多項ベルヌーイ試行を行ったときのセル $\boldsymbol{i}$ の頻度を $x(\boldsymbol{i})$ と置くと，頻度ベクトル $\boldsymbol{x}=\{x(\boldsymbol{i})\}_{\boldsymbol{i}\in\mathcal{I}}$ の同時確率関数は

$$p(\boldsymbol{x})=\frac{n!}{\prod_{\boldsymbol{i}\in\mathcal{I}}x(\boldsymbol{i})!}\exp(\sum_{j=1}^{\nu}T_j(\boldsymbol{x})\theta_j-n\psi(\boldsymbol{\theta})),\quad T_j(\boldsymbol{x})=\sum_{\boldsymbol{i}\in\mathcal{I}}a_j(\boldsymbol{i})x(\boldsymbol{i})$$

と指数型分布族の形に書ける．ここで $\nu\times\eta$ の配置行列 A を

$$A=\{a_j(\boldsymbol{i})\}_{j=1,\ldots,\nu;\boldsymbol{i}\in\mathcal{I}}$$

と置けば十分統計量 $\boldsymbol{t}=(t_1,\ldots,t_\eta)$ と頻度ベクトル $\boldsymbol{x}$ の関係は式(2.11)の $\boldsymbol{t}=A\boldsymbol{x}$ の形に表される．$\boldsymbol{x}$ の同時確率関数も

$$p(\boldsymbol{x})=\frac{n!}{\prod_{\boldsymbol{i}\in\mathcal{I}}x(\boldsymbol{i})!}\exp(\boldsymbol{\theta}'A\boldsymbol{x}-n\psi(\boldsymbol{\theta}))=\frac{n!}{\prod_{\boldsymbol{i}\in\mathcal{I}}x(\boldsymbol{i})!}\exp(\boldsymbol{\theta}'\boldsymbol{t}-n\psi(\boldsymbol{\theta})) \tag{2.26}$$

と簡潔な形に表される．

同時密度関数を指数型分布族の形に表すのは統計学では伝統的であるが，代数統計では確率そのものを**単項式**の形に表すことも有用である．$q_j=\exp(\theta_j)$, $j=1,\ldots,\nu$ と置き，$\boldsymbol{q}=(q_1,\ldots,q_\nu)$ をパラメータと考えると，基準化定数を無視してセル確率は

$$p(\boldsymbol{i}) = p(\boldsymbol{i};\boldsymbol{\theta}) \propto \exp(\sum_{j=1}^{\nu} \theta_j a_j(\boldsymbol{i})) = \prod_{j=1}^{\nu} q_j^{a_j(\boldsymbol{i})} \tag{2.27}$$

と表される．右辺は単項式であり

$$\prod_{j=1}^{\nu} q_j^{a_j(\boldsymbol{i})} = \boldsymbol{q}^{\boldsymbol{a}(\boldsymbol{i})}$$

と略記することも多い．ただし $\boldsymbol{a}(\boldsymbol{i}) = (a_1(\boldsymbol{i}), \ldots, a_\nu(\boldsymbol{i}))$ は非負整数ベクトルある．単項式の形に表したモデルを**トーリックモデル**と呼ぶことが多い．指数型分布族の場合には，対数をとるためにセル確率が正であることを要請するが，単項式の形に表したときにはセル確率が 0 も許される点が一つの利点である．

2.5　トーリックモデルのもとでの条件つき分布

前節では 2×2 の分割表の独立モデルが式(2.21)のように指数型分布族あるいは式(2.27)のトーリックモデルの形に書けることを見た．一般に帰無仮説 H_0 のもとで頻度ベクトルの確率関数が式(2.26)で与えられる場合を考える．帰無仮説のもとでの正確検定を行うには，$\boldsymbol{t}$ を与えたもとでの $\boldsymbol{x}$ の条件つき分布を用いればよい．

十分統計量 $\boldsymbol{t}$ を固定すると，可能な頻度ベクトル $\boldsymbol{x}$ の集合は

$$\mathcal{F}_{\boldsymbol{t}} = \{\boldsymbol{x} \in \mathbb{N}^{\eta} \mid \boldsymbol{t} = A\boldsymbol{x}\} \tag{2.28}$$

と書ける．$\mathcal{F}_{\boldsymbol{t}}$ を **$\boldsymbol{t}$-ファイバー**と呼ぶ．また $\boldsymbol{t}$ を与えたもとでの $\boldsymbol{x}$ の条件つき分布は

$$p(\boldsymbol{x} \mid \boldsymbol{t}) = c \times \frac{1}{\prod_{\boldsymbol{i} \in \mathcal{I}} x(\boldsymbol{i})!} \tag{2.29}$$

で与えられる．ただし

$$c = c_{\boldsymbol{t}} = \left[\sum_{\boldsymbol{x} \in \mathcal{F}_{\boldsymbol{t}}} \frac{1}{\prod_{\boldsymbol{i} \in \mathcal{I}} x(\boldsymbol{i})!} \right]^{-1} \tag{2.30}$$

は条件つき分布の基準化定数である．この条件つき分布を $\mathcal{F}_{\boldsymbol{t}}$ 上の超幾何分布と呼ぶこととする．一般には式(2.30)の基準化定数 $c_{\boldsymbol{t}}$ を明示的に評価することは困難である．次章で説明するように，マルコフ連鎖法の一つの利点は，基準化定数 $c_{\boldsymbol{t}}$ が明示的に評価できなくても，確率の相対的な値のみから超幾何分布を定常分布とするマルコフ連鎖が容易に構成できる点にある．

第3章 マルコフ基底の定義とマルコフ連鎖の構成

本章では，マルコフ基底を定義し，マルコフ基底を用いたマルコフ連鎖の構成について説明する．また Metropolis-Hastings 法により，ファイバー上の超幾何分布を定常分布に持つようにマルコフ連鎖の推移確率を調整する方法を説明する．

3.1 マルコフ基底の定義

前章の 2.5 節まで定式化を進めると，正確検定を行うには $\boldsymbol{t}$-ファイバー $\mathcal{F}_{\boldsymbol{t}}$ 上の超幾何分布に従う標本を発生できればよいことがわかる．そして，本書では標本をマルコフ連鎖を用いて発生させる方法を考える．定常分布が超幾何分布となるようにマルコフ連鎖の推移確率を調整する方法は以下の 3.4 節で扱うこととし，まずは各ファイバー上に既約なマルコフ連鎖を一つ構成することを考えよう．

前章で述べたように A の要素は非負整数であると仮定する．またもう一つ技術的な仮定として，A の行空間に行ベクトル $(1, 1, \ldots, 1)$ が含まれること，すなわちある η 次元行ベクトル $\boldsymbol{c}$ がとれて

$$(1, 1, \ldots, 1) = \boldsymbol{c}A \tag{3.1}$$

と書けることを仮定する．この仮定を斉次性の仮定と呼ぶこととする．

整数ベクトル $\boldsymbol{z}$ で $A\boldsymbol{z} = 0$ を満たすものを A に関する移動と呼ぶ．移動の集合を

$$\ker_{\mathbb{Z}} A = \{\boldsymbol{z} \in \mathbb{Z}^\eta \mid A\boldsymbol{z} = 0\}$$

と表す．$\ker_{\mathbb{Z}} A$ は A の整数カーネルと呼ばれる．任意の頻度ベクトル $\boldsymbol{x} \in \mathcal{F}_{\boldsymbol{t}}$ に移動 $\boldsymbol{z}$ を加えると

$$A(\boldsymbol{x} + \boldsymbol{z}) = A\boldsymbol{x}$$

であるから，$\boldsymbol{x} + \boldsymbol{z}$ に負のセルが現れない限り $\boldsymbol{x} + \boldsymbol{z} \in \mathcal{F}_{\boldsymbol{t}}$ である．したがって移動を加えたときに負のセルが現れないならば，ファイバー $\mathcal{F}_{\boldsymbol{t}}$ 内で $\boldsymbol{x}$ から $\boldsymbol{x} + \boldsymbol{z}$ に移ることができる．特に $\ker_{\mathbb{Z}} A$ から L_1-ノルム $|\boldsymbol{z}|$ の小さな要素を選んで順次足し引きしていくと，ファイバーの中で $\boldsymbol{x}$ の近くを局所的に動き回る感じになる．

いま $\mathcal{B} \subset \ker_{\mathbb{Z}} A$ を移動の集合とする．ファイバー $\mathcal{F}_{\boldsymbol{t}}$ の二つの要素 $\boldsymbol{x}, \boldsymbol{y}$ について，$\mathcal{B}$ の要素を足し引きすることによって $\mathcal{F}_{\boldsymbol{t}}$ 内で $\boldsymbol{x}$ から $\boldsymbol{y}$ に移れると仮定しよう．すなわち，定理 2.1 においてこの $\mathcal{B}$ について式(2.17)が成り立つ状況を考える．このとき $\boldsymbol{y}$ は $\boldsymbol{x}$ から $\mathcal{B}$ によって到達可能と呼ぶ．逆順に移動を引き足しすることを考えると，$\boldsymbol{x}$ は $\boldsymbol{y}$ から到達可能にもなるから，$\mathcal{B}$ による到達可能性は対称的である．そこでこの場合，$\boldsymbol{x}$ と $\boldsymbol{y}$ は $\mathcal{B}$ によって相互に到達可能であると呼び $\boldsymbol{x} \sim \boldsymbol{y} \pmod{\mathcal{B}}$ と表すこととする．すなわち

$$\begin{aligned}\boldsymbol{x} \sim \boldsymbol{y} \pmod{\mathcal{B}} \ &\overset{\text{def}}{\Leftrightarrow}\ \exists L, \boldsymbol{z}_i \in \mathcal{B},\ \epsilon_i = \pm 1,\ i = 1, \ldots, L, \\ &\text{s.t. } \boldsymbol{y} = \boldsymbol{x} + \sum_{i=1}^{L} \epsilon_i \boldsymbol{z}_i,\ \boldsymbol{x} + \sum_{i=1}^{l} \epsilon_i \boldsymbol{z}_i \in \mathcal{F}_{\boldsymbol{t}},\ l = 1, \ldots, L \end{aligned} \tag{3.2}$$

と定義する．ここで $\boldsymbol{z}_1, \ldots, \boldsymbol{z}_L$ には重複があってもよい．自分自身とは到達可能（すなわち $\boldsymbol{x} \sim \boldsymbol{x} \pmod{\mathcal{B}}$）と定義しておけば，相互到達可能性は同値関係となる．したがって $\mathcal{B}$ による到達可能性によって，各ファイバー $\mathcal{F}_{\boldsymbol{t}}$ は互いに到達可能な要素同士を集めた同値類（$\mathcal{B}$-同値類と呼ぶ）に排反に分割されることとなる．ファイバー $\mathcal{F}_{\boldsymbol{t}}$ 全体が一つの $\mathcal{B}$-同値類になることと，$\mathcal{F}_{\boldsymbol{t}}$ のすべての頻度ベクトルが互いに $\mathcal{B}$ によって到達可能であることは同値となる．

ここまでは，特定のファイバー $\mathcal{F}_{\boldsymbol{t}}$ における到達可能性の考察であった．$\mathcal{X} = \{\boldsymbol{x} \in \mathbb{Z}^\eta \mid \boldsymbol{x} \geq \boldsymbol{0}\}$ をすべての頻度ベクトルの集合とすると，すべて

のファイバーの集合 $\mathcal{F}$ は

$$\mathcal{F} = \{\mathcal{F}_{\boldsymbol{t}} \mid \boldsymbol{t} = A\boldsymbol{x},\ \boldsymbol{x} \in \mathcal{X}\}$$

と表すことができる．このとき，マルコフ基底は次のように定義される．

[定義 3.1]　$\mathcal{B}$ がマルコフ基底であるとは，すべてのファイバー $\mathcal{F}_{\boldsymbol{t}} \in \mathcal{F}$ と，すべての $\boldsymbol{x}, \boldsymbol{y} \in \mathcal{F}_{\boldsymbol{t}}$ について $\boldsymbol{x} \sim \boldsymbol{y} \pmod{\mathcal{B}}$ となることである．

この定義について注意すべきこととして，$\mathcal{B}$ がすべてのファイバーを同時に連結にすることを要求している点があげられる．特定のファイバー $\mathcal{F}_{\boldsymbol{t}}$ のみを連結にする移動の集合は，一般的にはマルコフ基底より小さい集合となる．またこの定義では $\mathcal{B}$ が有限集合であることを要求していない．例えば $\ker_{\mathbb{Z}} A$ は無限集合であり，これ自体が自明なマルコフ基底であるが，代数学におけるヒルベルトの基底定理を用いることにより，有限なマルコフ基底は必ず存在することを示すことが可能である（詳細は A.6 節を参照）．したがって，マルコフ基底の定義として $\mathcal{B}$ が有限集合であることを要求してもよい．

マルコフ基底の定義は次のように理解することもできる．いま各ファイバーの頻度ベクトルを頂点とするグラフを考え，$\boldsymbol{y} = \boldsymbol{x} \pm \boldsymbol{z}, \exists \boldsymbol{z} \in \mathcal{B}$ となっているときに $\boldsymbol{x}$ と $\boldsymbol{y}$ の間に辺（枝）を引く．このグラフの連結成分が $\mathcal{B}$ による同値類である．したがって $\mathcal{B}$ がマルコフ基底であるとは，各ファイバーが連結なグラフとなる場合を言う．

3.2　マルコフ基底の基本的な構成法

ここではマルコフ基底の基本的な構成法について述べる．グレブナー基底の理論に基づくマルコフ基底の構成法については次章で説明する．

移動 $\boldsymbol{z} = \{z(\boldsymbol{i})\}_{\boldsymbol{i} \in \mathcal{I}} \in \ker_{\mathbb{Z}} A$ に対して，正の要素と負の要素を分けて，正部分および負部分を

$$\boldsymbol{z}^+ = \{\max(z(\boldsymbol{i}), 0)\}_{\boldsymbol{i} \in \mathcal{I}}, \quad \boldsymbol{z}^- = \{-\min(z(\boldsymbol{i}), 0)\}_{\boldsymbol{i} \in \mathcal{I}}$$

と定義する．このとき

$$\boldsymbol{z} = \boldsymbol{z}^+ - \boldsymbol{z}^-$$

である．また $A\boldsymbol{z} = 0$ より $A\boldsymbol{z}^+ = A\boldsymbol{z}^-$ となり $\boldsymbol{z}^+$ と $\boldsymbol{z}^-$ は同一のファイバーに属する．逆に $\boldsymbol{x}, \boldsymbol{y}$ が同一のファイバーに属せば $A\boldsymbol{x} = A\boldsymbol{y}$ より $A(\boldsymbol{y} - \boldsymbol{x}) = 0$ となるから，$\boldsymbol{z} = \boldsymbol{y} - \boldsymbol{x}$ は移動である．

頻度ベクトル $\boldsymbol{x}$ について頻度が正のセルの集合を $\boldsymbol{x}$ の台あるいはサポートと呼び

$$\mathrm{supp}(\boldsymbol{x}) = \{\boldsymbol{i} \mid x(\boldsymbol{i}) > 0\}$$

と書く．定義より移動 $\boldsymbol{z}$ の正部分 $\boldsymbol{z}^+$ と負部分 $\boldsymbol{z}^-$ は台を共有しない

$$\mathrm{supp}(\boldsymbol{z}^+) \cap \mathrm{supp}(\boldsymbol{z}^-) = \emptyset$$

が，$\boldsymbol{x}, \boldsymbol{y} \in \mathcal{F}_{\boldsymbol{t}}$ について $\boldsymbol{z} = \boldsymbol{y} - \boldsymbol{x}$ と置いたときには一般には

$$\mathrm{supp}(\boldsymbol{x}) \cap \mathrm{supp}(\boldsymbol{y}) \neq \emptyset$$

となる．いま頻度ベクトルの要素ごとの最小値をとって

$$\min(\boldsymbol{x}, \boldsymbol{y}) = \{\min(x(\boldsymbol{i}), y(\boldsymbol{i}))\}_{\boldsymbol{i} \in \mathcal{I}}$$

と置くと，$\boldsymbol{y} - \boldsymbol{x}$ の正部分と負部分は

$$(\boldsymbol{y} - \boldsymbol{x})^+ = \boldsymbol{y} - \min(\boldsymbol{x}, \boldsymbol{y}), \quad (\boldsymbol{y} - \boldsymbol{x})^- = \boldsymbol{x} - \min(\boldsymbol{x}, \boldsymbol{y})$$

となることがわかる．また以下では移動 $\boldsymbol{z}$ の台を

$$\mathrm{supp}(\boldsymbol{z}) = \mathrm{supp}(\boldsymbol{z}^+) \cup \mathrm{supp}(\boldsymbol{z}^-)$$

と定義する．

いま移動の有限集合 $\mathcal{B}$ が与えられているとする．もし $\mathcal{B}$ がマルコフ基底でなかったとすると，あるファイバー $\mathcal{F}_{\boldsymbol{t}}$ が存在して，$\mathcal{F}_{\boldsymbol{t}}$ は2個以上の同値類からなる：

$$\mathcal{F}_{\boldsymbol{t}} = \mathcal{F}_{\boldsymbol{t},1} \cup \cdots \cup \mathcal{F}_{\boldsymbol{t},K_{\boldsymbol{t}}}, \quad K_{\boldsymbol{t}} \geq 2.$$

ここで二つの異なる同値類 $\mathcal{F}_{\boldsymbol{t},i}, \mathcal{F}_{\boldsymbol{t},j}$ からそれぞれ頻度ベクトル $\boldsymbol{x}_i, \boldsymbol{x}_j$ を選んで

$$\boldsymbol{z}_{i,j} = \boldsymbol{x}_i - \boldsymbol{x}_j$$

と置くと $\boldsymbol{z}_{i,j}$ は移動である．そこで $\boldsymbol{z}_{i,j}$ を $\boldsymbol{z}$ に追加して

$$\tilde{\mathcal{B}} = \mathcal{B} \cup \{\boldsymbol{z}_{i,j}\}$$

と置くと，$\tilde{\mathcal{B}}$ については $\mathcal{F}_{\boldsymbol{t},i}$ と $\mathcal{F}_{\boldsymbol{t},j}$ はもはや異なる同値類ではない．すなわち異なる同値類を結ぶ移動を追加することにより，各ファイバーの同値類の個数は減り，連結性が増大することがわかる．そこで今度は $\tilde{\mathcal{B}}$ をマルコフ基底の候補 $\mathcal{B}$ として同様の操作をすることが考えられる．論理的にはこの操作が永遠に終わらないことも考えられるが，すでに定義 3.1 について述べたように，有限なマルコフ基底の存在は保証されており，この操作も有限回で終わることがわかる．したがって異なる同値類を結ぶ移動を順次加えることによって，やがてマルコフ基底が求められる．実際に，いくつかの具体的な問題では，簡単な集合 $\mathcal{B}$ から始めて，$\mathcal{B}$ では連結にならないファイバーを考察し，異なる同値類を結ぶ移動の具体的な形を求めて $\mathcal{B}$ に加えることによって，マルコフ基底を求めることができる．

以上の操作を，移動の次数を定義することによって，より具体的に考察しよう．式(3.1)の斉次性の仮定のもとで $A\boldsymbol{x} = A\boldsymbol{y}$ の左から $\boldsymbol{c}$ を掛けると

$$\sum_{\boldsymbol{i} \in \mathcal{I}} x(\boldsymbol{i}) = \sum_{\boldsymbol{i} \in \mathcal{I}} y(\boldsymbol{i})$$

を得る．すなわち同じファイバーの頻度ベクトルはすべて標本サイズ $n = \sum_{\boldsymbol{i} \in \mathcal{I}} x(\boldsymbol{i})$ を共有している．移動 $\boldsymbol{z} = \boldsymbol{z}^+ - \boldsymbol{z}^-$ の次数 (degree) $\deg \boldsymbol{z}$ を

$$\deg \boldsymbol{z} = \sum_{\boldsymbol{i} \in \mathcal{I}} \boldsymbol{z}^+(\boldsymbol{i})$$

で定義する．例えば 2 元分割表の独立モデルの基本移動は次数 2 の移動である．また十分統計量の次数 $\deg \boldsymbol{t}$ を

$$\deg \boldsymbol{t} = \sum_{\boldsymbol{i} \in \mathcal{I}} x(\boldsymbol{i}), \qquad \boldsymbol{x} \in \mathcal{F}_{\boldsymbol{t}}$$

と定義する.

まず $\deg \boldsymbol{t} = 1$ となるファイバー $\mathcal{F}_{\boldsymbol{t}}$ を考察しよう. 次数が1であるから, $\boldsymbol{t}$ は配置行列 A のある列に一致する. したがって次数1の移動が存在するのは A の列に全く同じ列が2回以上現れる場合に限られる. そして次数1の移動はそれらの列の差である. 通常配置行列 A としては全く同じベクトルが異なる列として2回以上現れないものを考える. あるいは, 同一のベクトルが2回以上現れた場合には, その中の1列のみを残すこととする. そうすれば次数1の移動は存在しないこととなる. このように次数1の移動が存在しない場合には, 候補となる移動の集合 $\mathcal{B}$ を空集合と置いて, 次に $\deg \boldsymbol{t} = 2$ となるファイバー $\mathcal{F}_{\boldsymbol{t}}$ を考察する. $\mathcal{F}_{\boldsymbol{t}}$ に含まれる頻度ベクトル $\boldsymbol{x}$ はすべて標本サイズが2であり, 異なる頻度ベクトルの差は次数2の移動となる. そこでこのような移動を集めて $\mathcal{B}$ と置く. 2.3節の2元分割表の基本移動はこのようにして得られたものと理解することができる. 定理2.1では距離減少論法によってこの $\mathcal{B}$ がすでにマルコフ基底となっていることを示した. もしこの段階で $\mathcal{B}$ がマルコフ基底でなければ, この後順次, 次数3の移動, 次数4の移動などを考察し, 異なる同値類を結ぶ移動を加えていくことにより, やがてマルコフ基底が得られる.

いまこの手続きで, 次数 k のファイバーの同値類を結ぶ移動をすべてつけ加えたときの移動の集合を $\mathcal{B}_k$ と置く. また次数が k 以下の移動の集合を $\bar{\mathcal{B}}_k$ で表す:

$$\bar{\mathcal{B}}_k = \{\boldsymbol{z} \in \ker_{\mathbb{Z}} A \mid \deg \boldsymbol{z} \leq k\}. \tag{3.3}$$

もちろん $\mathcal{B}_k \subset \bar{\mathcal{B}}_k$ であるが, $\mathcal{B}_k$ が $\bar{\mathcal{B}}_k$ の真部分集合となることもあり得る. それは, 例えば次数 k のファイバーの $\mathcal{B}_{k-1}$-同値類を一つ考えたときに, その同値類の二つの要素 $\boldsymbol{x}, \boldsymbol{y}$ で台を共有しないものが存在し得るからである. この場合 $\deg(\boldsymbol{y} - \boldsymbol{x}) = k$ であり $\boldsymbol{y} - \boldsymbol{x} \in \bar{\mathcal{B}}_k$ であるが以上の手続きでは $\boldsymbol{y} - \boldsymbol{x} \notin \mathcal{B}_k$ である.

さて, 次数が $k+1$ の特定のファイバーの $\mathcal{B}_k$-同値類を考察する. いまある $\mathcal{B}_k$-同値類 E を考える. 実は E が $\bar{\mathcal{B}}_k$-同値類ともなっていることを示そう. $\mathcal{B}_k \subset \bar{\mathcal{B}}_k$ より E は $\bar{\mathcal{B}}_k$ のある同値類 E' の部分集合となっている. いま E が

E' の真部分集合になっているとして矛盾を導こう．$E \subsetneq E'$ とすると，ある $\boldsymbol{x} \in E$ と $\boldsymbol{z} \in \bar{\mathcal{B}}_k$ が存在して

$$\boldsymbol{x} + \boldsymbol{z} \in E', \quad \boldsymbol{x} + \boldsymbol{z} \notin E$$

となるはずである．ここで $\boldsymbol{y} = \boldsymbol{x} + \boldsymbol{z}$ と置くと，

$$\boldsymbol{z} = \boldsymbol{y} - \boldsymbol{x} = (\boldsymbol{y} - \min(\boldsymbol{x}, \boldsymbol{y})) - (\boldsymbol{x} - \min(\boldsymbol{x}, \boldsymbol{y})) = \boldsymbol{z}^+ - \boldsymbol{z}^-$$

において，$\boldsymbol{z}^+$ と $\boldsymbol{z}^-$ は次数が k 以下であるから，$\mathcal{B}_k$ の要素を用いて $\boldsymbol{z}^-$ から $\boldsymbol{z}^+$ まで負のセルを避けながら移動することができる．このとき $\min(\boldsymbol{x}, \boldsymbol{y})$ の余裕があるから，同じ移動の列を用いて，負のセルを避けながら $\boldsymbol{x}$ から $\boldsymbol{y}$ に移動することができる．これは $\boldsymbol{y} \notin E$ に矛盾である．この議論から次数 $k+1$ のファイバーの連結性を考察するときには $\bar{\mathcal{B}}_k$-同値類を考えればよいことがわかる．

ところで，次数 $k+1$ のファイバー $\mathcal{F}_{\boldsymbol{t}}$ の $\bar{\mathcal{B}}_k$-同値類は，次のようなグラフの連結成分として理解できる．再び $\mathcal{F}_{\boldsymbol{t}}$ の要素を頂点とするグラフを考える．$\boldsymbol{x}, \boldsymbol{y} \in \mathcal{F}_{\boldsymbol{t}}$ について，これらの台が共通部分を持つ，すなわち

$$\mathrm{supp}(\boldsymbol{x}) \cap \mathrm{supp}(\boldsymbol{y}) \neq \emptyset$$

のとき $\boldsymbol{x}$ と $\boldsymbol{y}$ の間に辺を引く．このとき $\mathcal{F}_{\boldsymbol{t}}$ の $\bar{\mathcal{B}}_k$-同値類は明らかにこのグラフの連結成分である．

以上の考え方は簡明であり，いくつかの問題では以上の方針でマルコフ基底が求められる．しかしながら，アルゴリズムの観点からは，異なる同値類を求める有効なアルゴリズムが存在しないことが問題である．また，マルコフ基底に含まれる移動の次数の理論的な上限は知られているものの，すでにマルコフ基底が得られていることの効率的な判定アルゴリズムも存在しない状況である．一方で，次章および付録で述べるように，グレブナー基底に関する一般的なアルゴリズムを用いることによってマルコフ基底を求めることができる．

3.3 グレーバー基底とロジスティック回帰

マルコフ基底の理論においては，マルコフ基底以外にも重要な基底が登場する．第6章で扱う格子基底は最も単純なものである．ここでは，ロジスティック回帰モデルとの関連で重要なグレーバー基底について述べる．

ある移動 $\boldsymbol{z}$ を二つのゼロでない移動 $\boldsymbol{z}_1, \boldsymbol{z}_2$ の和として

$$\boldsymbol{z} = \boldsymbol{z}_1 + \boldsymbol{z}_2 \tag{3.4}$$

と表したときに，右辺の和で符号の相殺が起きない状況を考えよう．すなわち

$$z_1(\boldsymbol{i})z_2(\boldsymbol{i}) \geq 0, \quad \forall \boldsymbol{i} \in \mathcal{I}$$

とする．このとき式(3.4)の分解を共符号的 (conformal) と呼ぶ．$\boldsymbol{z}$ が共符号的な分解を持たないとき，$\boldsymbol{z}$ を符号原始的 (conformally primitive) と呼ぶ．符号原始的な移動の集合をグレーバー基底と呼ぶ．この定義からではグレーバー基底が有限集合であるかどうかは不明であるが，実はグレーバー基底は有限集合である．この点については，本節の最後で再度触れる．いま式(3.4)の分解において $\boldsymbol{z}_1$ ないしは $\boldsymbol{z}_2$ が符号原始的でなければ，それらをさらに共符号的に分解することができる．これを繰り返すと，任意の移動 $\boldsymbol{z}$ は符号原始的な移動の和

$$\boldsymbol{z} = \boldsymbol{z}_1 + \cdots + \boldsymbol{z}_K \tag{3.5}$$

の形に表すことができる．右辺の和には符号の相殺は一切生じない．いま $\boldsymbol{x}$, $\boldsymbol{y}$ を同一ファイバーの二つの頻度ベクトルとして $\boldsymbol{z} = \boldsymbol{y} - \boldsymbol{x}$ を符号原始的な移動の和として表す．このとき $\boldsymbol{x}$ に $\boldsymbol{z}_1, \boldsymbol{z}_2$ を順次加えていくと，符号の相殺が生じていないために，$x(\boldsymbol{i}) \leq y(\boldsymbol{i})$ となるセルにおいては要素が単調に $x(\boldsymbol{i})$ から $y(\boldsymbol{i})$ まで増加し，$x(\boldsymbol{i}) \geq y(\boldsymbol{i})$ となるセルにおいては要素が単調に $x(\boldsymbol{i})$ から $y(\boldsymbol{i})$ まで減少することがわかる．このことからグレーバー基底がマルコフ基底であることがわかる．

次にローレンス持ち上げについて説明する．いま A を配置とするとき，A のローレンス持ち上げ $\Lambda(A)$ を次の形の配置と定義する．

$$\Lambda(A) = \begin{pmatrix} A & 0 \\ 0 & A \\ E_\eta & E_\eta \end{pmatrix}. \tag{3.6}$$

ただし E_η は $\eta \times \eta$ の単位行列を表す．

$$(0\ A) = (A\ A) - (A\ 0) = A(E_\eta\ E_\eta) - (A\ 0)$$

に注意すると，式(3.6)の 2 番目のブロック $(0\ A)$ は $\Lambda(A)$ のカーネル $\ker \Lambda(A)$ を考慮する際には不要であることがわかる．したがって $\Lambda(A)$ として

$$\tilde{\Lambda}(A) = \begin{pmatrix} A & 0 \\ E_\eta & E_\eta \end{pmatrix} \tag{3.7}$$

を用いることもできる．

ローレンス持ち上げはロジスティック回帰に対応する配置である．いまセル $\boldsymbol{i}$ の確率が式(2.25)にあるように基準化定数を除いて

$$\log p(\boldsymbol{i};\boldsymbol{\theta}) = \sum_{j=1}^{\nu} \theta_j a_j(\boldsymbol{i})$$

と表わされる状況を考える．ここで，一つの $\boldsymbol{i}$ セルを「表」$\boldsymbol{i}'$ と「裏」$\boldsymbol{i}''$ の二つのセルに分割してこれらの二つのセルでの二項分布を考える．すなわち各セル $\boldsymbol{i}$ に対応して，2 値確率変数 $Y_{\boldsymbol{i}} \in \{0,1\}$ を考え，その成功確率 $P(Y_{\boldsymbol{i}} = 1)$ を次のようにモデル化する．

$$P(Y_{\boldsymbol{i}} = 1) = p_{\boldsymbol{i}} = \frac{\exp(\sum_{j=1}^{\nu} \theta_j a_j(\boldsymbol{i}))}{1 + \exp(\sum_{j=1}^{\nu} \theta_j a_j(\boldsymbol{i}))}. \tag{3.8}$$

そして $Y_{\boldsymbol{i}} = 1$ をセル $\boldsymbol{i}'$ における 1 個の頻度，$Y_{\boldsymbol{i}} = 0$ をセル $\boldsymbol{i}''$ における 1 個の頻度に対応させる．$\mathcal{I}$ が m 元の $I_1 \times \cdots \times I_m$ 分割表のセル集合の場合には，ロジスティック回帰モデルは $I_1 \times \cdots \times I_m \times 2$ の分割表において，追加された 2 値の軸の条件つき分布を与えていることとなる．セルごとに独立に二項分布 $\mathrm{Bin}(p_{\boldsymbol{i}}, n_{\boldsymbol{i}})$ を考えて $x(\boldsymbol{i}')$ を表の数，$x(\boldsymbol{i}'') = n_{\boldsymbol{i}} - x(\boldsymbol{i}')$ を裏の数とす

る．$\boldsymbol{x} = \{x(\boldsymbol{i}'), x(\boldsymbol{i}'')\}$ の同時確率は

$$\prod_{\boldsymbol{i}\in\mathcal{I}} \binom{n_{\boldsymbol{i}}}{x(\boldsymbol{i})} \frac{\exp(\sum_{j=1}^{\nu} \theta_j a_j(\boldsymbol{i}) x(\boldsymbol{i}))}{\left(1 + \exp(\sum_{j=1}^{\nu} \theta_j a_j(\boldsymbol{i}))\right)^{n_i}}$$

である．ここで2.1節で考えたように，$n_{\boldsymbol{i}} = x(\boldsymbol{i}') + x(\boldsymbol{i}'')$, $\boldsymbol{i} \in \mathcal{I}$ も十分統計量の一部と考えれば，ロジスティックモデルに対応する配置行列が式(3.7)で与えられることがわかる．式(3.7)の下のブロック (E_η, E_η) が $n_{\boldsymbol{i}} = x(\boldsymbol{i}') + x(\boldsymbol{i}'')$, $\boldsymbol{i} \in \mathcal{I}$ の関係に対応している．

さて，グレーバー基底とローレンス持ち上げは，両者における符号原始的な移動が基本的に同じものであるという強い関係にある．式(3.7)の $\tilde{\Lambda}(A)$ の移動 $\tilde{\boldsymbol{z}}$ を $\tilde{\boldsymbol{z}}' = (\tilde{\boldsymbol{z}}_1', \tilde{\boldsymbol{z}}_2')$ と分割した列ベクトルとして表すと

$$\begin{pmatrix} 0 \\ 0 \end{pmatrix} = \begin{pmatrix} A & 0 \\ E_\eta & E_\eta \end{pmatrix} \begin{pmatrix} \tilde{\boldsymbol{z}}_1 \\ \tilde{\boldsymbol{z}}_2 \end{pmatrix} = \begin{pmatrix} A\tilde{\boldsymbol{z}}_1 \\ \tilde{\boldsymbol{z}}_1 + \tilde{\boldsymbol{z}}_2 \end{pmatrix}$$

となるから $\tilde{\boldsymbol{z}}_1$ は A に対する移動であり，また $\tilde{\boldsymbol{z}}_2 = -\tilde{\boldsymbol{z}}_1$ である．したがって

$$\boldsymbol{z} \leftrightarrow \begin{pmatrix} \boldsymbol{z} \\ -\boldsymbol{z} \end{pmatrix} \tag{3.9}$$

の関係によって A の移動と $\tilde{\Lambda}(A)$ の移動は1対1に対応している．また $\boldsymbol{z}$ の分解 $\boldsymbol{z} = \boldsymbol{z}_1 + \boldsymbol{z}_2$ が共符号的であることと

$$\begin{pmatrix} \boldsymbol{z} \\ -\boldsymbol{z} \end{pmatrix} = \begin{pmatrix} \boldsymbol{z}_1 \\ -\boldsymbol{z}_1 \end{pmatrix} + \begin{pmatrix} \boldsymbol{z}_2 \\ -\boldsymbol{z}_2 \end{pmatrix}$$

が共符号的であることは明らかに同値であるから，$\boldsymbol{z}$ が A の移動として符号原始的であることと対応する $(\boldsymbol{z}', -\boldsymbol{z}')'$ が $\tilde{\Lambda}(A)$ の移動として符号原始的であることは同値である．すなわち式(3.9)の対応によって A のグレーバー基底と A のローレンス持ち上げのグレーバー基底は同一視することができる．

さて，4.5節で示すように $\tilde{\Lambda}(A)$ のグレーバー基底は，実は $\tilde{\Lambda}(A)$ の（一意）極小なマルコフ基底である．また付録（A.6節）にあるように，極小なマルコフ基底は有限集合である．このことから A のグレーバー基底も有限集合であ

ることが保証される．

3.4 推移確率の調整

ここまでは，マルコフ基底を用いてすべてのファイバーで既約なマルコフ連鎖をまず一つ構成することについて説明してきた．実際には，ファイバー上の超幾何分布を定常分布とするようなマルコフ連鎖を設計しなければならない．このための一般的な方法が Metropolis-Hastings 法である．

ファイバー $\mathcal{F}_{\boldsymbol{t}}$ 上のマルコフ連鎖を考える．$\mathcal{F}_{\boldsymbol{t}}$ の要素を

$$\mathcal{F}_{\boldsymbol{t}} = \{\boldsymbol{x}_1, \ldots, \boldsymbol{x}_s\} \tag{3.10}$$

と置く．いま $\{Z_t \mid t = 0, 1, 2, \ldots\}$, $Z_t \in \mathcal{F}_{\boldsymbol{t}}$ の推移確率行列 $R = (r_{ij})$：

$$r_{ij} = P(Z_{t+1} = \boldsymbol{x}_j \mid Z_t = \boldsymbol{x}_i), \quad 1 \leq i, j \leq s$$

が対称 $(r_{ij} = r_{ji})$ の場合，マルコフ連鎖も対称であると呼ぶ．また

$$\boldsymbol{\pi} = (\pi_1, \ldots, \pi_s), \quad \pi_i = P(Z_0 = i)$$

を初期確率ベクトルとする．通常の文献のように $\boldsymbol{\pi}$ は行ベクトルであるとする．$\boldsymbol{\pi}$ が

$$\boldsymbol{\pi} = \boldsymbol{\pi} R$$

を満たすとき，**定常分布**と呼ぶ．すなわち定常分布は R の固有値 1 に対応する左からの固有ベクトルである．

有限集合上の既約なマルコフ連鎖は，非周期性の条件を満たすときには，一意的な定常分布を持つことが知られている．この場合，任意の初期値 $Z_0 = \boldsymbol{x}_i$ から出発してマルコフ連鎖を走らせ，t を十分大（例えば $t = 100000$）として初期の t ステップ分を“burn-in ステップ”として捨てれば，その後の観測値 $Z_{t+1}, Z_{t+2}, \ldots$ を定常分布 $\boldsymbol{\pi}$ からの標本と見なすことができる．これがマルコフ連鎖モンテカルロ法である．

[定理 3.2 (Metropolis-Hastings アルゴリズム)]　$\boldsymbol{\pi}$ を $\mathcal{F}_t$ 上の確率分布とする．また $R = (r_{ij})$ を $\mathcal{F}$ 上の既約，非周期的，対称なマルコフ連鎖の推移確率行列とする．$Q = (q_{ij})$ を

$$\begin{aligned} q_{ij} &= r_{ij} \min\left(1, \frac{\pi_j}{\pi_i}\right), \ i \neq j, \\ q_{ii} &= 1 - \sum_{j \neq i} q_{ij} \end{aligned} \tag{3.11}$$

と定義すると，Q は $\boldsymbol{\pi} = \boldsymbol{\pi} Q$ を満たす．

この定理は Q が非対称な場合にも拡張されるが，ここで簡単のため対称な場合のみを考える．

証明　いま Q が次の意味で"反転可能"(reversible) であることを示そう：

$$\pi_i q_{ij} = \pi_j q_{ji}. \tag{3.12}$$

実際，反転可能性のもとで

$$\pi_i = \pi_i \sum_{j=1}^{s} q_{ij} = \sum_{j=1}^{s} \pi_j q_{ji}$$

となり $\boldsymbol{\pi} = \boldsymbol{\pi} Q$ を得る．さて式(3.12)は $i = j$ について自明に成り立つ．また $i \neq j$ についても

$$\pi_i q_{ij} = \pi_i r_{ij} \min\left(1, \frac{\pi_j}{\pi_i}\right) = r_{ij} \min(\pi_i, \pi_j)$$

であるから，$r_{ij} = r_{ji}$ ならば式(3.12)が成り立つ．■

式(3.12)は詳細釣合式と呼ばれることがある．

マルコフ連鎖モンテカルロ法の利点は，定常分布 $\boldsymbol{\pi}$ の基準化定数が知られていないときにも用いることができる点にある．すなわち定常分布は比例定数を除いて既知であればよい．実際式(3.11)において定常分布 $\boldsymbol{\pi}$ の要素は比の形のみ π_i/π_j で現れており，基準化定数は分母分子でキャンセルされている．

マルコフ基底を用いるマルコフ連鎖の構成において重要なもう一つの点は

式(3.11)において，推移確率 r_{ij} が $\min(1, \pi_j/\pi_i)$ を掛ける形で変更されていることにある．この係数 $\min(1, \pi_j/\pi_i)$ は r_{ij} の値に依存しない．したがって r_{ij} が実際にはどのような値になるかを知らなくても，Metropolis-Hastings 法を適用して，定常分布を調整することができる．例えば第2章で論じた2元分割表の独立モデルのマルコフ基底でも，式(2.15)において任意の2行 i_1, i_2 と2列 j_1, j_2 を選んで基本移動 $\boldsymbol{z}$ を $\boldsymbol{x}$ に加えることとしていた．これらの2行と2列の選び方が，現在の状態 $\boldsymbol{x}$ に依存しない限り，i_1, i_2, j_1, j_2 の選び方の確率分布は Metropolis-Hastings 法による定常分布の調整に影響しない．ただし R の対称性を保証するためには $\boldsymbol{z}$ の符号（$+\boldsymbol{z}$ あるいは $-\boldsymbol{z}$）は確率 1/2 で選ぶ必要がある．

マルコフ基底 $\mathcal{B}$ が所与で，$\mathcal{B}$ の各移動を正の確率でとるような任意の確率分布から $\mathcal{B}$ の移動をランダムに生成できる状況を考える．このとき，観測された頻度ベクトル $\boldsymbol{x}^o$ を含むファイバー $\mathcal{F}_{A\boldsymbol{x}^o}$ において，超幾何分布を定常分布とするマルコフ連鎖を走らせて正確検定を行うには，次のアルゴリズムを用いればよい．

[アルゴリズム 3.3]

入力：観測された頻度ベクトル $\boldsymbol{x}^o$，マルコフ基底 $\mathcal{B}$，総ステップ数 N，burn-in ステップ数 N_0，配置行列 A，超幾何分布 $f(\cdot)$，検定統計量 $T(\cdot)$，$\boldsymbol{t} = A\boldsymbol{x}^o$.

出力：p-値の推定値.

変数：`obs`, `count`, `sig`, $\boldsymbol{x}$, $\boldsymbol{x}_{\text{next}}$.

ステップ1： `obs` $= T(\boldsymbol{x}^o)$, $\boldsymbol{x} = \boldsymbol{x}^o$, `count` $= 0$, `sig` $= 0$.

ステップ2： $\boldsymbol{z} \in \mathcal{B}$ をランダムに選ぶ．符号 $\epsilon \in \{-1, +1\}$ を等確率 1/2 で選ぶ.

ステップ3： もし $\boldsymbol{x} + \epsilon\boldsymbol{z} \notin \mathcal{F}_{\boldsymbol{t}}$ ならば $\boldsymbol{x}_{\text{next}} = \boldsymbol{x}$ と置きステップ5に進む．もし $\boldsymbol{x} + \epsilon\boldsymbol{z} \in \mathcal{F}_{\boldsymbol{t}}$ ならば，u を 0 と 1 の間の一様乱数とする

ステップ4： もし $u \leq \dfrac{f(\boldsymbol{x} + \epsilon\boldsymbol{z})}{f(\boldsymbol{x})}$ ならば $\boldsymbol{x}_{\text{next}} = \boldsymbol{x} + \epsilon\boldsymbol{z}$ と置いてステップ5に進む．もし $u > \dfrac{f(\boldsymbol{x} + \epsilon\boldsymbol{z})}{f(\boldsymbol{x})}$ ならば $\boldsymbol{x}_{\text{next}} = \boldsymbol{x}$ と置いてステップ5に進

む.

ステップ5：もし $\texttt{count} \geq N_0, T(\boldsymbol{x}_{\rm next}) \geq \texttt{obs}$ ならば $\texttt{sig} = \texttt{sig} + 1$ と置く.

ステップ6：$\boldsymbol{x} = \boldsymbol{x}_{\rm next}$, $\texttt{count} = \texttt{count} + 1$.

ステップ7：もし $\texttt{count} < N$ ならばステップ2に進む.

ステップ8：p-値の推定値は $\dfrac{\texttt{sig}}{N - N_0}$.

以上のアルゴリズムにおけるステップ数のカウントで注意すべき点がある．同じ状態にとどまるケース $\boldsymbol{x}_{\rm next} = \boldsymbol{x}$ として次の2通りのケースがある．まずはステップ3において $\boldsymbol{x} + \epsilon\boldsymbol{z} \notin \mathcal{F}_{\boldsymbol{t}}$ となるために，移動 $\boldsymbol{z}$ が捨てられる場合がある．もう一つのケースとして，ステップ4において $u > f(\boldsymbol{x} + \epsilon\boldsymbol{z})/f(\boldsymbol{x})$ となったために，提案した次の状態が捨てられる場合がある．どちらの場合にも，検定統計量の値 $T(\boldsymbol{x}_{\rm next}) = T(\boldsymbol{x})$ を再度記録し，カウンター $\texttt{count}$ の値を一つ増やす必要がある．すなわち，どちらのケースもステップとして考慮しなければならない.

$\boldsymbol{x}$ がファイバー $\mathcal{F}_{\boldsymbol{t}}$ の端点に近い場合，ステップ3において $\boldsymbol{x} + \epsilon\boldsymbol{z} \notin \mathcal{F}_{\boldsymbol{t}}$ となる確率が高くなることがある．この場合，$\boldsymbol{x} + \epsilon\boldsymbol{z} \in \mathcal{F}_{\boldsymbol{t}}$ となる確率が上がるように移動 $\boldsymbol{z}$ を $\boldsymbol{x}$ に依存して選びたくなる．しかしながら，このようにすると対称性 $r_{ij} = r_{ji}$ がくずれて，定常分布の制御が困難となる．この問題は今後の研究課題の一つである.

第 4 章 マルコフ基底の諸性質

本章では，マルコフ基底の数学的な性質に関する主な結果を述べる．特にマルコフ基底とトーリックイデアルの生成系の同値性を主張するマルコフ基底の基本定理について説明する．その後，マルコフ基底の極小性などのマルコフ基底に関する数学的な性質について述べる

4.1 二項式と移動

マルコフ基底の代数的な性質を調べるためには，多項式環（付録参照）における二項式と移動を対応させる必要がある．いま $\boldsymbol{x}$ を頻度ベクトルとする．セル $\boldsymbol{i}$ の生起確率を $p(\boldsymbol{i})$ と表し，確率ベクトルを $\boldsymbol{p} = \{p(\boldsymbol{i}) \mid \boldsymbol{i} \in \mathcal{I}\}$ と置く．多項分布のモデルにおいて $\boldsymbol{x}$ を観測する確率は

$$\frac{n!}{\prod_{\boldsymbol{i}\in\mathcal{I}} x(\boldsymbol{i})!} \prod_{\boldsymbol{i}\in\mathcal{I}} p(\boldsymbol{i})^{x(\boldsymbol{i})} = \frac{n!}{\prod_{\boldsymbol{i}\in\mathcal{I}} x(\boldsymbol{i})!} \boldsymbol{p}^{\boldsymbol{x}}$$

と表される．ただし $\boldsymbol{p}^{\boldsymbol{x}} = \prod_{\boldsymbol{i}\in\mathcal{I}} p(\boldsymbol{i})^{x(\boldsymbol{i})}$ である．$\boldsymbol{p}$ の要素を“不定元”，すなわち文字式における単なる文字，と見なすと，多項係数の部分を除いて，この確率は“単項式”と見なすことができる．すなわち

$$\boldsymbol{x} \ \leftrightarrow \ \boldsymbol{p}^{\boldsymbol{x}} \tag{4.1}$$

の対応によって，頻度ベクトルは（係数 1 の）単項式と 1 対 1 に対応する．この対応はわかりやすい．なお，付録では不定元として $x_1, \ldots, x_n$ を用いてい

るが，確率と対応させるときには，$\boldsymbol{x}$ がベキを表していることに注意しよう．このようなちょっとした記法の違いが意外に理解の妨げになることがある．

次に移動と二項式の対応を述べる．$\boldsymbol{z} = \boldsymbol{z}^+ - \boldsymbol{z}^-$ を移動とする．ここで $\mathrm{supp}(\boldsymbol{z}^+) \cap \mathrm{supp}(\boldsymbol{z}^-) = \emptyset$ である（3.2節）．いま $\boldsymbol{z}$ を多項式環 $K[\boldsymbol{p}] = K[p(\boldsymbol{i}), \boldsymbol{i} \in \mathcal{I}]$ の要素に次のように対応させる：

$$\boldsymbol{z} = \boldsymbol{z}^+ - \boldsymbol{z}^- \ \leftrightarrow \ \boldsymbol{p}^{\boldsymbol{z}^+} - \boldsymbol{p}^{\boldsymbol{z}^-}.$$

この形の式，すなわち二つの単項式の差，を二項式と呼ぶ．一見 $\boldsymbol{z}$ を $\boldsymbol{p}$ の有理式 $\boldsymbol{p}^{\boldsymbol{z}}$ に対応させてもよいようにも思えるが，このように差に対応させることで，マルコフ基底を多項式環の理論の枠組みで扱うことができる．

次にセル確率をトーリックモデルの形で

$$p(\boldsymbol{i}) \propto \prod_{j=1}^{\nu} q_j^{a_j(\boldsymbol{i})} = \boldsymbol{q}^{\boldsymbol{a}(\boldsymbol{i})} \tag{4.2}$$

と指定する場合を考える．ここでまた $q_j,\ j = 1, \ldots, \nu$ を不定元と見なそう．そうすると式(4.2)は各不定元 $p(\boldsymbol{i})$ を単項式 $\boldsymbol{q}^{\boldsymbol{a}(\boldsymbol{i})}$ で置き換える，あるいは，$p(\boldsymbol{i})$ に単項式 $\boldsymbol{q}^{\boldsymbol{a}(\boldsymbol{i})}$ を代入している，と見なすことができる．より形式的には次のように定式化する．$K[\boldsymbol{q}] = K[q_1, \ldots, q_\nu]$ を体 K 上の $\boldsymbol{q}$ を不定元とする多項式環とする．ここで多項式環の準同型写像 $\pi_A : K[\boldsymbol{p}] \to K[\boldsymbol{q}]$ を

$$\pi_A(p(\boldsymbol{i})) = \boldsymbol{q}^{\boldsymbol{a}(\boldsymbol{i})}$$

で定義する．$K[\boldsymbol{p}]$ に属する一般の多項式 f については，準同型性によって $\pi_A(f)$ を定義すればよい．すなわち各 $p(\boldsymbol{i})$ に $\boldsymbol{q}^{\boldsymbol{a}(\boldsymbol{i})}$ を代入すればよい．特に $\boldsymbol{p}$ の単項式 $\boldsymbol{p}^{\boldsymbol{x}}$ については

$$\pi_A(\boldsymbol{p}^{\boldsymbol{x}}) = \pi_A\left(\prod_{\boldsymbol{i}\in\mathcal{I}} p(\boldsymbol{i})^{x(\boldsymbol{i})}\right) = \prod_{\boldsymbol{i}\in\mathcal{I}} \boldsymbol{q}^{\boldsymbol{a}(\boldsymbol{i})x(\boldsymbol{i})} = \boldsymbol{q}^{\sum_{\boldsymbol{i}\in\mathcal{I}} \boldsymbol{a}(\boldsymbol{i})x(\boldsymbol{i})} = \boldsymbol{q}^{A\boldsymbol{x}} \tag{4.3}$$

である．

ここで配置行列 A に付随するトーリックイデアル I_A を π_A のカーネルとして

$$I_A = \ker \pi_A = \{f \in K[\boldsymbol{p}] \mid \pi_A(f) = 0\} \tag{4.4}$$

と定義する．ここで $\boldsymbol{z} = \boldsymbol{z}^+ - \boldsymbol{z}^-$ を任意の整数ベクトルとするとき，式(4.3)より次の基本的な同値性が成り立つ．

$$\boldsymbol{p}^{\boldsymbol{z}^+} - \boldsymbol{p}^{\boldsymbol{z}^-} \in I_A \ \Leftrightarrow\ \boldsymbol{z} = \boldsymbol{z}^+ - \boldsymbol{z}^- \text{ は } A \text{ の移動.} \tag{4.5}$$

なお付録で示しているように I_A は多項式環 $K[\boldsymbol{p}]$ において移動に対応する二項式で生成されるイデアルとも定義できる：

$$I_A = \langle\{\boldsymbol{p}^{\boldsymbol{z}^+} - \boldsymbol{p}^{\boldsymbol{z}^-} \mid \boldsymbol{z} \text{ は } A \text{ の移動 }\}\rangle. \tag{4.6}$$

4.2　マルコフ基底の基本定理

前節の移動と二項式の対応に基づいて，Diaconis and Sturmfels [15] によって示されたマルコフ基底の基本定理は次のように述べられる．

[定理 4.1]　移動の有限集合 $\mathcal{B}$ が配置行列 A のマルコフ基底であるための必要十分条件は対応する二項式の集合 $\{\boldsymbol{p}^{\boldsymbol{z}^+} - \boldsymbol{p}^{\boldsymbol{z}^-} \mid \boldsymbol{z} \in \mathcal{B}\}$ がトーリックイデアル I_A の生成系をなすことである．

ここでは必要性のみを証明する．すなわち $\mathcal{B}$ がマルコフ基底であると仮定して

$$\mathcal{C} = \{\boldsymbol{p}^{\boldsymbol{z}^+} - \boldsymbol{p}^{\boldsymbol{z}^-} \mid \boldsymbol{z} \in \mathcal{B}\} \tag{4.7}$$

がトーリックイデアル I_A の生成系をなすことを示す．十分性の厳密な証明はやや込みいっているので，簡単に触れるにとどめる．十分性の詳しい証明は [3, 4.4 節] に与えてある．

まず，移動を繰り返し適用したときの二項式の変化を見よう．いま頻度ベクトル $\boldsymbol{x}, \boldsymbol{y}$ が移動 $\boldsymbol{z}$ に対して $\boldsymbol{y} = \boldsymbol{x} + \boldsymbol{z}$ という関係にあるとする．このとき $\boldsymbol{y} - \boldsymbol{x} = \boldsymbol{z}$ の関係を二項式で表すと

$$\boldsymbol{p}^{\boldsymbol{y}} - \boldsymbol{p}^{\boldsymbol{x}} = \boldsymbol{p}^{\min(\boldsymbol{x},\boldsymbol{y})}(\boldsymbol{p}^{\boldsymbol{z}^+} - \boldsymbol{p}^{\boldsymbol{z}^-})$$

と表される．同様に $\boldsymbol{y} = \boldsymbol{x} + \boldsymbol{z}_1 + \boldsymbol{z}_2$ と表されるときも

$$\boldsymbol{p}^{\boldsymbol{y}} - \boldsymbol{p}^{\boldsymbol{x}} = \boldsymbol{p}^{\min(\boldsymbol{x},\boldsymbol{x}_1)}(\boldsymbol{p}^{\boldsymbol{z}_1^+} - \boldsymbol{p}^{\boldsymbol{z}_1^-}) + \boldsymbol{p}^{\min(\boldsymbol{x}_1,\boldsymbol{y})}(\boldsymbol{p}^{\boldsymbol{z}_2^+} - \boldsymbol{p}^{\boldsymbol{z}_2^-})$$

と表される．ただし $\boldsymbol{x}_1 = \boldsymbol{x} + \boldsymbol{z}_1$ である．ここでは $1 = \epsilon_1 = \epsilon_2$ と置いたが，式(2.17)において $\epsilon_l = -1$ の項が含まれていたり，和の項数が L 項となっても議論は同様である．すなわち $\boldsymbol{y}$ が $\boldsymbol{x}$ から $\mathcal{B}$ によって到達可能であれば，$p^{\boldsymbol{y}} - p^{\boldsymbol{x}}$ は $\mathcal{C}$ の要素に単項式を掛けて足し引きした形に表される．すなわち $p^{\boldsymbol{y}} - p^{\boldsymbol{x}}$ は $\mathcal{C}$ の生成するイデアル $\langle\mathcal{C}\rangle$ に属する．特に任意の A に関する移動 $\boldsymbol{z} = \boldsymbol{z}^+ - \boldsymbol{z}^-$ に対し，$p^{\boldsymbol{z}^+} - p^{\boldsymbol{z}^-}$ は $\langle\mathcal{C}\rangle$ に属する．さらに，式(4.6)により，任意の I_A の元は有限個の移動に対応する二項式の多項式係数和で表されるから，$\mathcal{C}$ に属する有限個の二項式の多項式係数和で表される．これで必要性が示された．

十分性を示すには，$\mathcal{B} = \{\boldsymbol{z}_1, \ldots, \boldsymbol{z}_L\}$ を移動の有限集合として式(4.7)の $\mathcal{C}$ が I_A の生成系である仮定して，同一ファイバーの任意の二つの元 $\boldsymbol{x}, \boldsymbol{y}$ に対してこれらを結ぶ移動の列を構成する必要がある．仮定より，多項式 $h_i \in K[\boldsymbol{p}], i = 1, \ldots, L$ が存在して

$$\boldsymbol{p}^{\boldsymbol{x}} - \boldsymbol{p}^{\boldsymbol{y}} = h_1(\boldsymbol{p})(\boldsymbol{p}^{\boldsymbol{z}_1^+} - \boldsymbol{p}^{\boldsymbol{z}_1^-}) + \cdots + h_L(\boldsymbol{p})(\boldsymbol{p}^{\boldsymbol{z}_L^+} - \boldsymbol{p}^{\boldsymbol{z}_L^-}) \tag{4.8}$$

と書ける．ここで各 h_i を係数1の単項式に展開して，右辺を

$$(\text{係数 1 の単項式}) \times (\boldsymbol{p}^{\boldsymbol{z}_i^+} - \boldsymbol{p}^{\boldsymbol{z}_i^-}) \text{ の形の項の和}$$

に表すことができれば十分性を示すことができる．ここで式(4.8)の各 h_i が整数係数の多項式にとれることを示すことがやや面倒である．

4.3　グレブナー基底と消去定理によるマルコフ基底の計算

Diaconis and Sturmfels [15] はマルコフ基底の基本定理を示すのみならず，グレブナー基底と消去定理を用いたマルコフ基底の計算アルゴリズムを与えた

点が重要である．A.9 節に示しているように，$\boldsymbol{p} = \{p(\boldsymbol{i}) \mid \boldsymbol{i} \in \mathcal{I}\}$ と $\boldsymbol{q} = \{q_1, \ldots, q_\nu\}$ を共に不定元とする多項式環を $K[\boldsymbol{q}, \boldsymbol{p}]$ とし，$K[\boldsymbol{q}, \boldsymbol{p}]$ のイデアル J_A を

$$J_A = \langle \{p(\boldsymbol{i}) - \boldsymbol{q}^{\boldsymbol{a}(i)} \mid \boldsymbol{i} \in \mathcal{I}\} \rangle$$

と定義すると，$I_A = J_A \cap K[\boldsymbol{p}]$ が成り立つ．そして，$\boldsymbol{q}$ の要素が $\boldsymbol{p}$ の要素よりも大きいような純辞書式順序を用いて $\boldsymbol{q}$ を消去してやれば，$\boldsymbol{p}$ のみを含む二項式の集合が I_A のグレブナー基底となる．グレブナー基底は生成系であるから，このグレブナー基底をマルコフ基底として用いることができる．

このように，アルゴリズムの観点からは，グレブナー基底と消去定理を用いることにより任意の配置行列 A に対してマルコフ基底を求めることができる．しかしながら，実際には純辞書式順序を用いた消去イデアルの計算は重く，以上の一般的な方法ではマルコフ基底の計算に時間がかかりすぎる場合が多い．また消去定理の一般論からは，所与の A に対するトーリックイデアル I_A の性質は導出できないことが多い．このような事情から，実際の統計的問題に現れる配置行列 A に関しては，I_A の性質を個別に考察する必要が生じることが多い．

4.4　グレブナー基底によるファイバーの有向グラフ化

3.1 節では，マルコフ基底の各移動に対応する辺（枝）を持つ（無向）グラフを考え，各ファイバーが連結となる条件によってマルコフ基底が定義できることを論じた．ここでは同様の考察をグレブナー基底について行ってみよう．頻度ベクトルと単項式を式(4.1)のように対応させると，各ファイバー $\mathcal{F}_{\boldsymbol{t}}$ は単項式の有限集合と同一視できる．単項式順序は全順序であるから，単項式順序 $<$ を一つ固定すれば，各ファイバーには唯一の最小な単項式 $\boldsymbol{p}^{\boldsymbol{x}_t^*}$ を定義する頻度ベクトル $\boldsymbol{x}_{\boldsymbol{t}}^*$ が存在する．いま $\mathcal{G}$ をこの単項式順序に対する I_A の被約グレブナー基底とすると，$\mathcal{G}$ は二項式からなる集合である．$\boldsymbol{y} \in \mathcal{F}_{\boldsymbol{t}}$, $\boldsymbol{y} \neq \boldsymbol{x}_{\boldsymbol{t}}^*$ に対して，$\boldsymbol{y} - \boldsymbol{x}_{\boldsymbol{t}}^*$ は移動であり I_A の元である．グレブナー基底の定義より，二項式 $\boldsymbol{p}^{\boldsymbol{z}^+} - \boldsymbol{p}^{\boldsymbol{z}^-} \in \mathcal{G}$ が存在して，この二項式の先頭項 $\boldsymbol{p}^{\boldsymbol{z}^+}$ が $\boldsymbol{p}^{\boldsymbol{y}}$ を割り切

る．$\boldsymbol{z} = \boldsymbol{z}^+ - \boldsymbol{z}^-$ と置けば，$\boldsymbol{p}^{\boldsymbol{y}}$ を $\boldsymbol{p}^{\boldsymbol{z}}$ で1回割り算（簡約）したときの余りは

$$\boldsymbol{p}^{\boldsymbol{y}} - \boldsymbol{p}^{\boldsymbol{y}-\boldsymbol{z}^+}(\boldsymbol{p}^{\boldsymbol{z}^+} - \boldsymbol{p}^{\boldsymbol{z}^-}) = \boldsymbol{p}^{\boldsymbol{y}-\boldsymbol{z}^+ + \boldsymbol{z}^-} = \boldsymbol{p}^{\boldsymbol{y}-\boldsymbol{z}} \tag{4.9}$$

となる．頻度ベクトルで考えると，この割り算は $\boldsymbol{y}$ から $\boldsymbol{y}-\boldsymbol{z} = \boldsymbol{y}-\boldsymbol{z}^+ + \boldsymbol{z}^-$ に移ることを意味している．この割り算によって必ずより小さい単項式に移るから，有限回の割り算の後に $\boldsymbol{y}$ から $\boldsymbol{x}_t^*$ に移ることができる．また $\boldsymbol{x} \in \mathcal{F}_{\boldsymbol{t}}$ の他の元とすると，$\boldsymbol{y}$ から $\boldsymbol{x}$ に移るには，$\boldsymbol{y}$ から以上の操作で $\boldsymbol{x}_t^*$ に到達し，その後は $\boldsymbol{x}$ から $\boldsymbol{x}_t^*$ に到達する操作を逆順にたどればよい．これによってグレブナー基底による相互到達可能性が保証されることがわかる．

以上のように，式(4.9)の操作を $\boldsymbol{y}$ から $\boldsymbol{y} - \boldsymbol{z}$ への有向辺をたどる操作と考えると，各ファイバーはループの存在しない有向グラフ (DAG, directed acyclic graph) となり，二項式の集合 $\mathcal{G}$ がグレブナー基底であることと，各ファイバーにおいてすべての要素から $\boldsymbol{x}_t^*$ に至る有向パスが存在することが同値となることがわかる．

なお A.10 節にあるように，$\boldsymbol{p}^{\boldsymbol{x}_t^*}$ は標準単項式と呼ばれる．

4.5　マルコフ基底の極小性と一意極小性

本節ではマルコフ基底の極小性についていくつかの事実を述べる．マルコフ基底は各ファイバーの連結性を保証する移動の集合であるから，$\mathcal{B} \subset \ker_{\mathbb{Z}} A$ がマルコフ基底であれば，$\mathcal{B} \subset \mathcal{B}' \subset \ker_{\mathbb{Z}} A$ を満たす任意の $\mathcal{B}'$ もマルコフ基底である．したがって数学的な観点からは，包含の意味で極小なマルコフ基底の性質に興味がある．マルコフ連鎖を走らせる場合にはマルコフ基底の極小性にこだわる必要はないし，定常分布への収束速度の観点からは大きなマルコフ基底のほうが望ましいことも事実であるが，マルコフ基底の要素をリストとしてメモリーに保持するような場合には実用的にも小さなマルコフ基底に意味がある．

マルコフ基底の極小性を考えるときに移動の符号にも注意する必要がある．式(3.2)のように移動を使って頻度ベクトルを移動していくときに，移動の符

号 ϵ を任意に選ぶことができるから，一つの考え方としては各移動 $\boldsymbol{z}$ について $+\boldsymbol{z}$, $-\boldsymbol{z}$ のうちどちらか一方のみをマルコフ基底に残せばよい．このようにマルコフ基底に関しては，各移動の符号に関する自明な不定性がある．以下で極小なマルコフ基底の一意性を論じるときには，「各移動の符号を除いた」一意性を問題にする．より明示的にはマルコフ基底として，各移動 $\boldsymbol{z}$ について $\boldsymbol{z}$ と $-\boldsymbol{z}$ をペアで含むか，それともペアで含まないかを要求すればよい．いま $\ker_{\mathbb{Z}} A$ の部分集合 $\mathcal{B}$ が符号について不変であることを

$$\boldsymbol{z} \in \mathcal{B} \ \Rightarrow -\boldsymbol{z} \in \mathcal{B}$$

と定義して，マルコフ基底として符号不変な集合のみを考えれば，符号の任意性を排除することができる．

3.2 節では，次数の小さいファイバーから順にそれらを連結にしていく移動を追加することによってマルコフ基底が構成できることを議論した．式(3.3)のように $\bar{\mathcal{B}}_k$ を k 次以下の移動の集合と定義すれば，$k+1$ 次のファイバー $\mathcal{F}_{\boldsymbol{t}}$, $\deg \boldsymbol{t} = k+1$ の $\bar{\mathcal{B}}_k$-同値類をつなぐ移動をつけ加える操作を $k = 1, 2, \ldots$ と繰り返していくことにより，マルコフ基底が得られる．そこで各 $k+1$ 次のファイバー $\mathcal{F}_{\boldsymbol{t}}$, $\deg \boldsymbol{t} = k+1$ を連結にする際に，最小限の移動をつけ加えていくことにより，極小なマルコフ基底が得られることがわかる．

いま特定の $k+1$ 次のファイバー $\mathcal{F}_{\boldsymbol{t}}$ が $K_{\boldsymbol{t}}$ 個の $\bar{\mathcal{B}}_k$-同値類からなるとし

$$\mathcal{F}_{\boldsymbol{t}} = \mathcal{F}_{\boldsymbol{t},1} \cup \cdots \cup \mathcal{F}_{\boldsymbol{t},K_{\boldsymbol{t}}}$$

のように $\mathcal{F}_{\boldsymbol{t}}$ が分割されているとしよう．各同値類から代表元 $\boldsymbol{x}_j \in \mathcal{F}_{\boldsymbol{t},j}$, $j = 1, \ldots, K_{\boldsymbol{t}}$ を選ぶと，

$$\boldsymbol{z}_{j_1,j_2} = \pm(\boldsymbol{x}_{j_1} - \boldsymbol{x}_{j_2}), \quad j_1 \neq j_2$$

は $\mathcal{F}_{\boldsymbol{t},j_1}$ と $\mathcal{F}_{\boldsymbol{t},j_2}$ を連結にする移動である．

$$\boldsymbol{x}_{j_1} - \boldsymbol{x}_{j_3} = (\boldsymbol{x}_{j_1} - \boldsymbol{x}_{j_2}) + (\boldsymbol{x}_{j_2} - \boldsymbol{x}_{j_3})$$

などの関係に注意すれば，すべてのファイバーを連結にするにはこれらの移動全部を用いる必要はなく，最小限の移動で連結にするには，ファイバーを樹状

に連結してやればよいことがわかる．例えば $\mathcal{F}_{\boldsymbol{t},1}$ を中心とするスター形の樹を考えるのであれば

$$\boldsymbol{z}_{1,j} = \pm(\boldsymbol{x}_1 - \boldsymbol{x}_j), \quad j = 2, \ldots, K_{\boldsymbol{t}}$$

の $K_{\boldsymbol{t}} - 1$ 個の移動を用いればよい．$K_{\boldsymbol{t}}$ 個の同値類を頂点とするようなグラフを最小の本数の辺で連結にするには，任意の樹を用いればよい．任意の連結な樹は $K_{\boldsymbol{t}} - 1$ 本の辺を持つことに注意しよう．したがって $K_{\boldsymbol{t}}$ 個の同値類を樹状に連結にするように移動をつけ加えていけば，極小なマルコフ基底が構成されることがわかる．特に任意の極小なマルコフ基底は同じ個数の移動からなることがわかる．

さらに，極小なマルコフ基底の一意性については次のように考えることができる．以上の考察から，極小マルコフ基底は，次の二つの意味で任意性があることがわかる．1) 各同値類からの代表元 $\boldsymbol{x}_j \in \mathcal{F}_{\boldsymbol{t},j}$ の選び方，2) 同値類を樹に結ぶときの樹の選び方．極小なマルコフ基底が一意に定まる場合には，これらの選び方に任意性があってはならない．すなわち，1) 各同値類が単一の要素からなること，2) 同値類が二つしかないこと，が必要である．このとき $\mathcal{F}_{\boldsymbol{t}}$ は 2 点集合 $\mathcal{F}_{\boldsymbol{t}} = \{\boldsymbol{x}_1, \boldsymbol{x}_2\}$ であり，これらのサポートは排反である：

$$\mathrm{supp}(\boldsymbol{x}_1) \cap \mathrm{supp}(\boldsymbol{x}_2) = \emptyset.$$

このようにサポートが排反の 2 点のみからなるファイバー $\mathcal{F}_{\boldsymbol{t}} = \{\boldsymbol{x}_1, \boldsymbol{x}_2\}$ について

$$\boldsymbol{z} = \pm(\boldsymbol{x}_1 - \boldsymbol{x}_2)$$

の形の移動を必須移動 (indispensable move) と呼ぶ．

必須移動と呼ぶ理由は次の通りである．いま任意のマルコフ基底 $\mathcal{B}$ はこのようなファイバー $\mathcal{F}_{\boldsymbol{t}} = \{\boldsymbol{x}_1, \boldsymbol{x}_2\}$ も連結にしなければならないが，$\boldsymbol{x}_1$ から $\boldsymbol{x}_2$ に移るには明らかに $\boldsymbol{z} = \pm(\boldsymbol{x}_1 - \boldsymbol{x}_2)$ の形の移動を用いなければならない．したがって任意のマルコフ基底は $\boldsymbol{z} = \pm(\boldsymbol{x}_1 - \boldsymbol{x}_2)$ を含まなければならない．もし $\mathcal{F}_{\boldsymbol{t}}$ が 2 点集合 $\{\boldsymbol{x}_1, \boldsymbol{x}_2\}$ で，サポートが排反でないときは $\{\boldsymbol{x}_1 - \min(\boldsymbol{x}_1, \boldsymbol{x}_2), \boldsymbol{x}_2 - \min(\boldsymbol{x}_1, \boldsymbol{x}_2)\}$ を考えればよく，やはり $\boldsymbol{z} = \pm(\boldsymbol{y} - \boldsymbol{x})$ を用

いて2点間を移動する必要がある．$\mathcal{F}_{\boldsymbol{t}}$ が3点以上からなる集合のときには，代表元のとりかた，あるいは同値類の結び方のいずれかで任意性が生じるから，特定の移動 $\pm(\boldsymbol{x}_{j_1} - \boldsymbol{x}_{j_2})$ を使わずにマルコフ基底を構成することができる．したがって $|\mathcal{F}_{\boldsymbol{t}}| \geq 3$ となるファイバーを連結にする移動については，常に他の移動で代替することが可能である．最後に1点集合 $|\mathcal{F}_{\boldsymbol{t}}| = 1$ については，そもそも連結性を問題にする必要がない．

この議論から，$\boldsymbol{z}$ が必須移動であることと，$\boldsymbol{z}$ が任意のマルコフ基底に含まれることが同値であることがわかる．すなわち必須移動の集合 $\mathcal{B}_0$ はすべてのマルコフ基底の積集合に一致する．さらに積をとるマルコフ基底は極小なものに限ってもよいので次の関係式が成り立つ．

$$\text{必須移動の集合 } \mathcal{B}_0 = \bigcap_{\mathcal{B}:\text{極小マルコフ基底}} \mathcal{B}.$$

この事実から次の定理が成り立つ．

［定理 4.2］ 極小なマルコフ基底が（各移動の符号を除いて）一意であるための必要十分条件は必須移動の集合がマルコフ基底をなすことである．そしてこのとき必須移動の集合が一意極小マルコフ基底をなす．

この定理からわかるように，一意極小マルコフ基底の存在には厳しい条件があり，一意極小マルコフ基底が存在する場合は少ないように思われる．

極小マルコフ基底が一意でない最も簡単で自明な例は，標本のサイズ自体が唯一の十分統計量をなすような次のような配置行列（1行 k 列，$k \geq 3$）例である．

$$A = (1, 1, \ldots, 1). \tag{4.10}$$

この配置行列は，$X_1, \ldots, X_k$ が互いに独立に共通の平均を持つポアソン分布 $\mathrm{Po}(\lambda)$ に従うとしたモデルに対応している．すなわちこのモデルのもとでの λ の十分統計量は $X_1 + \cdots + X_k = A\boldsymbol{x}$ である．A の各列はすべて等しいから，次数1の移動 $x_i - x_j$, $1 \leq i < j \leq k$, の全体は明らかにマルコフ基底をなす．注目するファイバーは次数1のファイバー $\mathcal{F}_1$ であり，このファイバーを各 $x_1, \ldots, x_k$ を頂点とするグラフと考え，$x_i - x_j$ を x_i と x_j を結ぶ辺と考え

る．このとき $\mathcal{F}_1$ は完全グラフとなる．$\mathcal{F}_1$ を連結にするには，$x_i - x_j$ のうち $k-1$ 個を選んで $\mathcal{F}_1$ を樹状に連結にすればよい．このことから3個以上のポアソン分布の同等性のモデルには一意極小マルコフ基底は存在しない．

しかしながら，分割表のモデルで一意極小マルコフ基底が存在する例もある．まずは2.2節の $I \times J$ 分割表の独立モデルの場合を考える．式(2.15)の基本移動に対応して，$1 = x_{i_1+} = x_{i_2+} = x_{+j_1} = x_{+j_2}$ で他の行和列和がすべて0であるようなファイバーを考えると，可能解は

$$\begin{array}{c|cc|} & j_1 & j_2 \\ \hline i_1 & 1 & 0 \\ i_2 & 0 & 1 \\ \hline \end{array}, \qquad \begin{array}{c|cc|} & j_1 & j_2 \\ \hline i_1 & 0 & 1 \\ i_2 & 1 & 0 \\ \hline \end{array}.$$

の2個だけであることがわかる．したがってこの問題において基本移動はすべて必須である．また定理2.1で示したように，基本移動の集合がマルコフ基底をなすから，上の定理4.2により，基本移動の集合が $I \times J$ 分割表の独立モデルの一意極小なマルコフ基底をなすことがわかる．

次の例として3.3節のグレーバー基底を考察する．A を配置とし，$\Lambda(A)$ を A のローレンス持ち上げとするとき，$\boldsymbol{z}$ が A に対する符号原始的な移動であることと，$(\boldsymbol{z}', -\boldsymbol{z}')'$ が $\Lambda(A)$ の移動として符号原始的であることは同値であった．ここでさらに $\Lambda(A)$ の移動 $(\boldsymbol{z}', -\boldsymbol{z}')'$ が符号原始的であることと必須であることが同値であることを示そう．このことから $\Lambda(A)$ は一意極小なマルコフ基底を持つことがわかる．これはローレンス持ち上げの著しい性質であると思われる．

いま $(\boldsymbol{z}', -\boldsymbol{z}')'$ が符号原始的でなければ，共符号的な和で表すことによって，より低い次数の移動で代替することができるから，明らかに必須ではない．したがって符号原始的ならば必須であることを示せばよい．いま $\boldsymbol{t} = A\boldsymbol{z}^+$ と置き $(\boldsymbol{z}', -\boldsymbol{z}')'$ の属する $\Lambda(A)$ のファイバーを考察する．

$$\begin{pmatrix} \boldsymbol{z} \\ -\boldsymbol{z} \end{pmatrix}^+ = \begin{pmatrix} \boldsymbol{z}^+ \\ \boldsymbol{z}^- \end{pmatrix}, \quad \begin{pmatrix} \boldsymbol{z} \\ -\boldsymbol{z} \end{pmatrix}^- = \begin{pmatrix} \boldsymbol{z}^- \\ \boldsymbol{z}^+ \end{pmatrix}$$

より

$$\begin{pmatrix} \boldsymbol{t} \\ \boldsymbol{t} \\ \boldsymbol{z}^+ + \boldsymbol{z}^- \end{pmatrix} = \Lambda(A) \begin{pmatrix} \boldsymbol{z}^+ \\ \boldsymbol{z}^- \end{pmatrix} = \Lambda(A) \begin{pmatrix} \boldsymbol{z}^- \\ \boldsymbol{z}^+ \end{pmatrix}, \quad \Lambda(A) = \begin{pmatrix} A & 0 \\ 0 & A \\ E_\eta & E_\eta \end{pmatrix}$$

である．ここでもし

$$\begin{pmatrix} \boldsymbol{t} \\ \boldsymbol{t} \\ \boldsymbol{z}^+ + \boldsymbol{z}^- \end{pmatrix} = \Lambda(A) \begin{pmatrix} \boldsymbol{x} \\ \boldsymbol{y} \end{pmatrix} = \begin{pmatrix} A\boldsymbol{x} \\ A\boldsymbol{y} \\ \boldsymbol{x} + \boldsymbol{y} \end{pmatrix}$$

ならば A に関して $\boldsymbol{z}^+, \boldsymbol{z}^-, \boldsymbol{x}, \boldsymbol{y}$ は同一のファイバー $\mathcal{F}_{\boldsymbol{t}}$ に属する．$\boldsymbol{x}, \boldsymbol{y}$ を排反なサポートに分解して

$$\begin{aligned} \boldsymbol{x} = \boldsymbol{x}_1 + \boldsymbol{x}_2,\ \boldsymbol{y} = \boldsymbol{y}_1 + \boldsymbol{y}_2, \quad \text{s.t. } & \operatorname{supp}(\boldsymbol{x}_1), \operatorname{supp}(\boldsymbol{y}_1) \subset \operatorname{supp}(\boldsymbol{z}^+), \\ & \operatorname{supp}(\boldsymbol{x}_2), \operatorname{supp}(\boldsymbol{y}_2) \subset \operatorname{supp}(\boldsymbol{z}^-) \end{aligned}$$

と書くと，$\boldsymbol{z}^+ + \boldsymbol{z}^- = \boldsymbol{x} + \boldsymbol{y}$ であり，

$$\boldsymbol{z}^+ = \boldsymbol{x}_1 + \boldsymbol{y}_1, \quad \boldsymbol{z}^- = \boldsymbol{x}_2 + \boldsymbol{y}_2$$

を得る．したがって

$$\boldsymbol{t} = A\boldsymbol{x}_1 + A\boldsymbol{y}_1 = A\boldsymbol{x}_2 + A\boldsymbol{y}_2$$

となる．他方 $\boldsymbol{t} = A\boldsymbol{x} = A\boldsymbol{x}_1 + A\boldsymbol{x}_2$ であり，また $\boldsymbol{t} = A\boldsymbol{y}_1 + A\boldsymbol{y}_2$ でもある．そこで

$$\boldsymbol{0} = (A\boldsymbol{x}_1 + A\boldsymbol{y}_1) - (A\boldsymbol{x}_1 + A\boldsymbol{x}_2) = A(\boldsymbol{y}_1 - \boldsymbol{x}_2)$$

となる．同様に $\boldsymbol{0} = A(\boldsymbol{x}_1 - \boldsymbol{y}_2)$ である．これより

$$\begin{aligned} \boldsymbol{z} = \boldsymbol{z}^+ - \boldsymbol{z}^- &= (\boldsymbol{x}_1 + \boldsymbol{y}_1) - (\boldsymbol{x}_2 + \boldsymbol{y}_2) \\ &= (\boldsymbol{y}_1 - \boldsymbol{x}_2) + (\boldsymbol{x}_1 - \boldsymbol{y}_2) \end{aligned}$$

は共符号的な和であり，$\boldsymbol{z}$ の符号原始性とサポートの排反性により $\boldsymbol{y}_1 = \boldsymbol{x}_2 =$

0 あるいは $\boldsymbol{x}_1 = \boldsymbol{y}_2 = 0$ とならなければならない．これより $\left\{\begin{pmatrix} \boldsymbol{z}^+ \\ \boldsymbol{z}^- \end{pmatrix}, \begin{pmatrix} \boldsymbol{z}^- \\ \boldsymbol{z}^+ \end{pmatrix}\right\}$ が $\Lambda(A)$ に関する 2 点からなるファイバーであることがわかる．

以上より，ローレンス持ち上げ $\Lambda(A)$ は常に一意極小なマルコフ基底を持ち，それが A のグレーバー基底に対応することが示された．特に A のグレーバー基底は有限集合であることもわかる．

第 5 章
いくつかのモデルに対するマルコフ基底

本章では，いくつかのモデルに対するマルコフ基底の具体的な形について述べる．まず，マルコフ基底が簡単な構造を持つ例として分解可能モデルを，複雑な構造を持つ例として 3 元分割表の無 3 因子交互作用モデルを，それぞれ考える．最後に，イデアルに関する既知の性質を用いることによって得られる Segre-Veronese 型配置のマルコフ基底を紹介する．

5.1 はじめに

第 4 章では，マルコフ基底があるトーリックイデアルの生成系として特徴づけられること（定理 4.1），および，マルコフ基底を求める一般的な方法として，消去定理に基づくグレブナー基底の計算アルゴリズムがあること（4.3 節）を示した．しかし，4.3 節の最後でも述べたように，一般的な計算アルゴリズムが存在するとは言っても，実際の問題に対して 4ti2 [1] のようなソフトウエアを用いれば常に現実的な計算時間でマルコフ基底が導出できるというわけではない．また，与えられた配置行列 A に対してマルコフ基底が計算できたとしても，それとモデルは同じであったとしても，分割表のサイズが異なれば，マルコフ基底を新たに計算をして求めなければならない，という点にも注意しなければならない．このような理由から，実際の統計学の諸問題に登場する配置行列 A に対するマルコフ基底を個別に考察し，その構造を解明することは重要である．

本章では，いくつかの多元分割表のモデルに対して，マルコフ基底の具体的な構造が知られている例をいくつか紹介する．まずその準備のために次節で多元分割表の記法について整理する．

5.2　多元分割表の記法

$V = [m] = \{1, \ldots, m\}$ を m 元分割表の m 個の変数の集合とする．各変数 $v = 1, \ldots, m$ のとる値を i_v で表わし，i_v は $1, \ldots, I_v$ までの整数値をとるものとする．I_v を変数 v の水準数という．$\boldsymbol{i} = (i_1, \ldots, i_m)$ は分割表の各セル，$\mathcal{I}$ はセルの集合を表すものとする．$I_1 \times \cdots \times I_m$ の分割表であれば $\mathcal{I}$ は

$$\mathcal{I} = \{\boldsymbol{i} = (i_1, \ldots, i_m) \mid i_v \in [I_v],\ v = 1, \ldots, m\} = [I_1] \times \cdots \times [I_m]$$

という直積構造で表される．$x(\boldsymbol{i})$ をセル $\boldsymbol{i}$ の頻度とすると，m 元分割表は $\boldsymbol{x} = \{x(\boldsymbol{i}) \mid \boldsymbol{i} \in \mathcal{I}\}$ のように表すことができる．

$D \subset V$ に対し，D に含まれる変数のみに対するセル $\boldsymbol{i}_D = (i_v, v \in D)$ を D-**周辺セル**と呼ぶ．例えば，$D = \{1, 2\}$ なら $\boldsymbol{i}_D = (i_1, i_2)$ で，これを $\boldsymbol{i}_{12}$ などと表すことにする．D-周辺セルの集合を $\mathcal{I}_D = \prod_{v \in D}[I_v]$ と書く．$\boldsymbol{x}$ の D-**周辺和**を

$$x_D(\boldsymbol{i}_D) = \sum_{\boldsymbol{i}_{D^C} \in \mathcal{I}_{D^C}} x(\boldsymbol{i}_D, \boldsymbol{i}_{D^C})$$

で定義し，D-周辺和に対する D-**周辺分割表**を

$$\boldsymbol{x}_D = \{x_D(\boldsymbol{i}_D) \mid \boldsymbol{i}_D \in \mathcal{I}_D\}$$

で定義する．ただし，D^C は D の補集合である．ここでは，記法の簡単のため，適当にセルの順番を入れ替えることにより，$\mathcal{I}_D$ と $\mathcal{I}_{D^C}$ に含まれるセル $\boldsymbol{i}_D, \boldsymbol{i}_{D^C}$ をそれぞれまとめて表現している．こうした記法もたびたび用いる．

$\boldsymbol{x}$ の中で，D-周辺セルを $\boldsymbol{j}_D \in \mathcal{I}_D$ に制限した部分表を $\boldsymbol{j}_D$-**断面**といい，$\boldsymbol{x}^{\boldsymbol{j}_D}$ と書く．すなわち

$$\boldsymbol{x}^{\boldsymbol{j}_D} = \{x(\boldsymbol{j}_D, \boldsymbol{i}_{D^C}) \mid \boldsymbol{i}_{D^C} \in \mathcal{I}_{D^C}\}$$

である．

また移動のように負の要素も含む一般の整数配列 $\boldsymbol{z} = \{z(\boldsymbol{i}) \mid \boldsymbol{i} \in \mathcal{I}\}$ に対しても，周辺和 $\boldsymbol{z}_D = \{z_D(\boldsymbol{i}_D) \mid \boldsymbol{i}_D \in \mathcal{I}_D\}$，**$\boldsymbol{j}_D$-断面** $\boldsymbol{z}^{\boldsymbol{j}_D}$ などを分割表 $\boldsymbol{x}$ の場合と同様に定義する．

$p(\boldsymbol{i})$ をセル $\boldsymbol{i}$ の**セル確率**（同時確率）とし，**D-周辺確率**は $p(\boldsymbol{i}_D)$ と書くことにする．

5.3 階層モデルと分解可能モデル

$\mathcal{D}$ を V の部分集合族とし，$\mathcal{D}$ の各要素には包含関係が存在せず，さらに $\bigcup_{D \in \mathcal{D}} = V$ を満たすと仮定する．そのとき m 元分割表のセル確率 $p(\boldsymbol{i})$ に対する

$$\log p(\boldsymbol{i}) = \sum_{D \in \mathcal{D}} \mu_D(\boldsymbol{i}_D)$$

というモデルを，**生成集合族** $\mathcal{D}$ に対する**階層モデル**という．またそのとき，$\mathcal{D}$ の各要素をモデルの**生成集合**という．階層モデルは，生成集合 $D \in \mathcal{D}$ とそのすべての部分集合に対する交互作用が存在すると仮定したモデルである．階層モデルは多元分割表の最も基本的なモデルであり，十分統計量は各生成集合に対するすべての周辺頻度の集合

$$\boldsymbol{t} = \{x(\boldsymbol{i}_D) \mid \boldsymbol{i}_D \in \mathcal{I}_D,\ D \in \mathcal{D}\}$$

となる．構造が既知のマルコフ基底として最も基本的なのは，2.3 節の定理 2.1 で示された，2 元完全独立モデルのマルコフ基底であった．2 元完全独立モデルは $\mathcal{D} = \{\{1\}, \{2\}\}$ とした場合の階層モデルである．

$\mathcal{D}$ の生成集合の数を K としよう．生成集合の列 $D_1, \ldots, D_K \in \mathcal{D}$ で，

$$\forall k \geq 2, \exists j < k : \quad S_k := D_k \cap (D_1 \cup \cdots \cup D_{k-1}) \subset D_j \tag{5.1}$$

を満たすものが存在するとき，$\mathcal{D}$ が生成する階層モデルを**分解可能モデル**という．この定義から 2 元完全独立モデルも分解可能モデルであることがわかる．

$\mathcal{D} = \{D_1, \ldots, D_K\}$ が式(5.1)を満たす分解可能モデルの生成集合族である

ときに，$\mathcal{D}_k = \{D_1, \ldots, D_k\}$, $k < K$ もまた分解可能モデルの生成集合族になる．またこのモデルは生成集合 $\mathcal{D}$ の分解可能モデルの $H_k = D_1 \cup \cdots \cup D_k$ に対する周辺確率

$$p(\boldsymbol{i}_{H_k}) = \sum_{\boldsymbol{i}_{H_k^c} \in \mathcal{I}_{H_k^c}} p(\boldsymbol{i}_{H_k}, \boldsymbol{i}_{H_k^c})$$

のモデルになることも知られている．これらの事実も含め，階層モデル，分解可能モデルについては，グラフ，ハイパーグラフ，単体的複体などの組合論的諸概念と関連づけて7.2節，8.3節で再定義し，あらためて詳細に議論する．

5.4　分解可能モデルのマルコフ基底

階層モデルのマルコフ基底は一般には構造が複雑で，理論的な導出は困難である．しかし，分解可能モデルのマルコフ基底の構造は完全に解明されている．本節では分解可能モデルのマルコフ基底を紹介する．

前節でも述べたとおり，最も基本的な分解可能モデルは，2元完全独立モデルである．これは $\mathcal{D} = \{\{1\}, \{2\}\}$ の場合であった．この場合，定理2.1で示されたように，

	j	j'
i	$+1$	-1
i'	-1	$+1$

の形の移動の集合がマルコフ基底をなす．このタイプの移動は1と -1 からなるが，このような移動を**平方自由**の移動という．一般に4.1節で定義した移動の多項式表現が，各変数について高々1次の二項式からなるとき，その移動を**平方自由**の移動という．逆に平方自由でない移動とは絶対値が2以上の要素を含む移動のことである．

本章では以後，移動をその正のセルと負のセルを並べて表記する．例えば，上の形の平方自由な2次の移動は，

$$(ij)(i'j') - (ij')(i'j)$$

と表す．平方自由でない移動，例えば，

	1	2	3
1	+2	−1	−1
2	−2	+1	+1

という移動であれば，頻度 ± 2 のセルを繰り返して

$$(11)(11)(22)(23) - (12)(13)(21)(21)$$

と表記する，という具合である．

まず 2 元分割表の独立モデルを一般化し，生成集合族が二つの要素 $\mathcal{D} = \{D_1, D_2\}$ からなる階層モデルを考えよう．このようなモデルは，自明に式 (5.1) を満たすので，やはり分解可能モデルである．実はこのモデルのマルコフ基底は以下で与えられる．

[命題 5.1]　$\mathcal{D} = \{D_1, D_2\}$ について，$A = D_1 \setminus D_2$, $B = D_2 \setminus D_1$, $S = D_1 \cap D_2$ と置く．このとき移動の集合

$$\mathcal{B}_{D_1,D_2} = \big\{(\boldsymbol{i}_A\boldsymbol{i}_S\boldsymbol{i}_B)(\boldsymbol{i}'_A\boldsymbol{i}_S\boldsymbol{i}'_B) - (\boldsymbol{i}_A\boldsymbol{i}_S\boldsymbol{i}'_B)(\boldsymbol{i}'_A\boldsymbol{i}_S\boldsymbol{i}_B) \mid \boldsymbol{i}_A, \boldsymbol{i}'_A \in \mathcal{I}_A,\ \boldsymbol{i}_B, \boldsymbol{i}'_B \in \mathcal{I}_B,\ \boldsymbol{i}_S \in \mathcal{I}_S\big\}$$

は生成集合族が $\mathcal{D}$ の分解可能モデルのマルコフ基底をなす．

証明　$\boldsymbol{x}, \boldsymbol{y}(\neq \boldsymbol{x})$ をこのモデルの同一ファイバーに属する 2 表とし，$\boldsymbol{z} = \boldsymbol{y} - \boldsymbol{x}$ と置く．$\boldsymbol{z}$ の $\boldsymbol{i}_S$-断面 $\boldsymbol{z}^{\boldsymbol{i}_S}$ に対し，一般性を失わず，$\boldsymbol{z}^{\boldsymbol{i}_S} \neq \boldsymbol{0}$ と仮定し，$\boldsymbol{z}^{\boldsymbol{i}_S}$ を，セル集合 $\mathcal{I}_A \times \mathcal{I}_B$ に対する 2 元の整数配列と見なす．$\boldsymbol{z}^{\boldsymbol{i}_S}_A$ と $\boldsymbol{z}^{\boldsymbol{i}_S}_B$ をそれぞれ $\boldsymbol{z}^{\boldsymbol{i}_S}$ の A-周辺表と B-周辺表とする．このとき，$\boldsymbol{z}_{D_1} = \boldsymbol{0}$, $\boldsymbol{z}_{D_2} = \boldsymbol{0}$ から，$\boldsymbol{z}^{\boldsymbol{i}_S}_A = \boldsymbol{0}$, $\boldsymbol{z}^{\boldsymbol{i}_S}_B = \boldsymbol{0}$ が成り立つ．つまり $\boldsymbol{z}^{\boldsymbol{i}_S}$, $\boldsymbol{i}_S \in \mathcal{I}_S$ は 2 元分割表の独立モデルに対する移動と見ることができる．したがって，定理 2.1 より，$\boldsymbol{z}$ は $(\boldsymbol{i}_A\boldsymbol{i}_S\boldsymbol{i}_B)(\boldsymbol{i}'_A\boldsymbol{i}_S\boldsymbol{i}'_B) - (\boldsymbol{i}_A\boldsymbol{i}_S\boldsymbol{i}'_B)(\boldsymbol{i}'_A\boldsymbol{i}_S\boldsymbol{i}_B)$ の形の平方自由な 2 次の移動を加えることで，必ず $|\boldsymbol{z}|$ を小さくすることができる．■

上の証明において，2.3節で用いた距離減少論法を使っていることに注意しよう．

次に，上の結果を一般の分解可能モデルに拡張する．$D_1, \ldots, D_K$ を式(5.1)を満たす生成集合の列とし，$S_2, \ldots, S_K$ も式(5.1)のように定義する．また，H_k, H'_k, $k = 1, \ldots, K-1$ をそれぞれ

$$H_k = D_1 \cup \cdots \cup D_k, \quad H'_k = D_{k+1} \cup \cdots \cup D_K$$

と定義する．

$\mathcal{B}_{H_k, H'_k}$ を命題5.1で定義した $\{H_k, H'_k\}$ を生成集合とする分解可能モデルのマルコフ基底とし，それを用いて $\mathcal{B}_K$ を

$$\mathcal{B}_K = \bigcup_{k=1}^{K-1} \mathcal{B}_{H_k, H'_k} \tag{5.2}$$

と定義する．そのとき $\mathcal{B}_K$ の任意の要素 $\boldsymbol{z}$ は $\boldsymbol{z}^{H_k} = 0$, $\boldsymbol{z}^{H'_k} = 0$ を満たすことから $\boldsymbol{z}^{D_k} = 0$, $k = 1, \ldots, K$ も満たす．したがって $\mathcal{B}_K$ は $\mathcal{D}$ を生成集合とする分解可能モデルの2次の移動の集合になっていることがわかる．このとき以下が成り立つ．

[補題5.2]　$\mathcal{B}_{K-1}$ を式(5.2)と同様に定義した $\mathcal{D}_{K-1} = \{D_1, \ldots, D_{K-1}\}$ を生成集合とする分解可能モデルの移動の集合とする．ここで

$$\boldsymbol{z}^* = (\boldsymbol{i}_{H_{K-1}})(\boldsymbol{i}'_{H_{K-1}}) - (\boldsymbol{j}_{H_{K-1}})(\boldsymbol{j}'_{H_{K-1}})$$

$$\boldsymbol{i}_{H_{K-1}}, \boldsymbol{i}'_{H_{K-1}}, \boldsymbol{j}_{H_{K-1}}, \boldsymbol{j}'_{H_{K-1}} \in \mathcal{I}_{H_{K-1}}$$

を $\mathcal{B}_{K-1}$ の移動とする．$R_K = D_K \setminus S_K$ としたとき，任意の $\boldsymbol{i}_{R_K}, \boldsymbol{i}'_{R_K} \in \mathcal{I}_{R_K}$ に対して，

$$\boldsymbol{z} = (\boldsymbol{i}_{H_{K-1}}\boldsymbol{i}_{R_K})(\boldsymbol{i}'_{H_{K-1}}\boldsymbol{i}'_{R_K}) - (\boldsymbol{j}_{H_{K-1}}\boldsymbol{i}_{R_K})(\boldsymbol{j}'_{H_{K-1}}\boldsymbol{i}'_{R_K}) \in \mathcal{B}_K$$

となる．

証明　$H''_k = H_{k+1} \cup \cdots \cup H_{K-1}$ としたときに $\boldsymbol{z}^* \in \mathcal{B}_{H_k, H''_k}$ であると仮定する．$A = H_k \setminus H''_k$, $B = H''_k \setminus H_k$, $S = H_k \cap H''_k$ としたときに $\boldsymbol{z}^*$ は

$$\boldsymbol{z}^* = (\boldsymbol{i}_A \boldsymbol{i}_S \boldsymbol{i}_B)(\boldsymbol{i}'_A \boldsymbol{i}_S \boldsymbol{i}'_B) - (\boldsymbol{i}'_A \boldsymbol{i}_S \boldsymbol{i}_B)(\boldsymbol{i}_A \boldsymbol{i}_S \boldsymbol{i}'_B)$$

と書ける．したがって $\boldsymbol{z}$ は

$$\boldsymbol{z} = (\boldsymbol{i}_A \boldsymbol{i}_S \boldsymbol{i}_B \boldsymbol{i}_{R_K})(\boldsymbol{i}'_A \boldsymbol{i}_S \boldsymbol{i}'_B \boldsymbol{i}'_{R_K}) - (\boldsymbol{i}'_A \boldsymbol{i}_S \boldsymbol{i}_B \boldsymbol{i}_{R_K})(\boldsymbol{i}_A \boldsymbol{i}_S \boldsymbol{i}'_B \boldsymbol{i}'_{R_K})$$

のように書ける．$H_k = A \cup S,\ H'_k = R_K \cup B \cup S$ であることを踏まえると $\boldsymbol{z}_{H_k} = \boldsymbol{0},\ \boldsymbol{z}_{H'_k} = \boldsymbol{0}$ となることがわかる．したがって $\boldsymbol{z} \in \mathcal{B}_{H_k, H'_k} \subset \mathcal{B}_K$ である． ∎

以上を用いれば，分解可能モデルのマルコフ基底が記述できる．

[定理 5.3]　$\mathcal{B}_K$ は $\mathcal{D}$ を生成集合とする分解可能モデルのマルコフ基底をなす．

証明　生成集合の数 K に関する帰納法で示す．$K = 2$ のときは，命題 5.1 より $\mathcal{B} = \mathcal{B}_{D_1, D_2}$ はマルコフ基底をなす．いま，生成集合の数が $K-1$ までの任意の分解可能モデルについて定理が成り立つことを仮定する．

$\boldsymbol{x}, \boldsymbol{y}\ (\neq \boldsymbol{x})$ を，$\mathcal{D}$ を生成集合とする分解可能モデルの同一ファイバー $\mathcal{F}$ の元としよう．このとき，H_{K-1}-周辺表 $\boldsymbol{x}_{H_{K-1}}$ と $\boldsymbol{y}_{H_{K-1}}$ は，$\mathcal{D}_{K-1}$ を生成集合とする分解可能モデルの同一ファイバー $\mathcal{F}'$ の元である．ここで，帰納法の仮定より，$\mathcal{B}_{K-1}$ は $\mathcal{D}_{K-1}$ を生成集合とする分解可能モデルのマルコフ基底であるので，適当な移動の列 $\boldsymbol{z}^1_{H_{K-1}}, \ldots, \boldsymbol{z}^l_{H_{K-1}} \in \mathcal{B}_{K-1}$ により

$$\boldsymbol{y}_{H_{K-1}} = \boldsymbol{x}_{H_{K-1}} + \sum_{k=1}^{l} \boldsymbol{z}^k_{H_{K-1}}, \quad \boldsymbol{x}_{H_{K-1}} + \sum_{k=1}^{l'} \boldsymbol{z}^k_{H_{K-1}} \in \mathcal{F}',\ 1 \le l' \le l$$

とできる．また，補題 5.2 を用いると，$1 \le l' \le l$ について

$$\boldsymbol{x} + \sum_{k=1}^{l'} \boldsymbol{z}^k \in \mathcal{F}$$

となる移動の列 $\boldsymbol{z}^1, \ldots, \boldsymbol{z}^l \in \mathcal{B}_K$ が存在することがわかる．ここで，$\boldsymbol{y}' = \boldsymbol{x} + \sum_{k=1}^{l} \boldsymbol{z}^k$ と置けば，$\boldsymbol{y}$ と $\boldsymbol{y}'$ は $\boldsymbol{y}_{H_{K-1}} = \boldsymbol{y}'_{H_{K-1}}$ および $\boldsymbol{y}_{D_K} = \boldsymbol{y}'_{D_K}$ を満たす．

$D_K = H'_{K-1}$ であることから $\boldsymbol{y}$ と $\boldsymbol{y}'$ は，$\mathcal{B}_{H_{K-1},H'_{K-1}}$ の移動により相互到達可能である．したがって，$\boldsymbol{x}$ と $\boldsymbol{y}$ は $\mathcal{B}_K$ の移動で相互到達可能である．■

5.5　距離減少論法によるマルコフ基底の導出

前節で分解可能モデルには平方自由な2次の移動のみからなるマルコフ基底が存在することを示した．しかし分解可能モデル以外の階層モデルでは，一般にマルコフ基底の導出は困難であり，その構造も知られていない．

与えられたモデルに対するマルコフ基底の具体形を調べる方法として，多くの場合に有効であるのが，2.3節で紹介した距離減少論法である．この論法の弱点は，問題のサイズが大きい場合に場合分けの数が膨大になることであるが，これは，代数計算ソフトウェアによるグレブナー基底計算においても同様である．逆に，距離減少論法では，グレブナー基底計算では考慮することが難しい，モデルの持つ対称性を考慮できることが多いため，場合によってはきわめて強い結果を導くことができる．

本節では，例として，3元分割表の**無3因子交互作用モデル**のマルコフ基底を考える．$I \times J \times K$ の3元分割表の無3因子交互作用モデルは，生成集合族は $\{\{1,2\},\{1,3\},\{2,3\}\}$ であり，対応する配置行列は

$$A = \begin{pmatrix} E_I \otimes E_J \otimes \mathbf{1}'_K \\ E_I \otimes \mathbf{1}'_J \otimes E_K \\ \mathbf{1}'_I \otimes E_J \otimes E_K \end{pmatrix}$$

で与えられる．ただし，E_n は $n \times n$ の単位行列，$\otimes$ はクロネッカー積とする．本節では簡単のため，3元分割表 $\boldsymbol{x} = \{x(\boldsymbol{i})\}$ を $\boldsymbol{x} = \{x_{ijk}\}$ と表す．十分統計量 $A\boldsymbol{x} = (\{\boldsymbol{x}_{\{1,2\}}\},\{\boldsymbol{x}_{\{1,3\}}\},\{\boldsymbol{x}_{\{2,3\}}\})'$ は2次元周辺和であり，これも

$$x_{ij+} = x_{\{1,2\}}(ij) = \sum_{k=1}^{K} x_{ijk}$$

などと表す．まず，このモデルのマルコフ基底が複雑な構造を持つことを確認

しておこう．このモデルに対する移動の最小次数は 4 であり，基本移動は

$$\begin{aligned}\boldsymbol{z}_4(i_1i_2, j_1j_2, k_1k_2) &= (i_1j_1k_1)(i_1j_2k_2)(i_2j_1k_2)(i_2j_2k_1) \\ &\quad - (i_1j_1k_2)(i_1j_2k_1)(i_2j_1k_1)(i_2j_2k_2)\end{aligned}$$

で表される．例えば，$I \geq 3$, $J \geq 3$, $K \geq 3$ のとき，この基本移動の集合

$$\{\boldsymbol{z}_4(i_1i_2, j_1j_2, k_1k_2) \mid 1 \leq i_1 < i_2 \leq I,\ 1 \leq j_1 < j_2 \leq J,\ 1 \leq k_1 < k_2 \leq K\}$$

は，マルコフ基底にはならない．このことは，6 次の移動

$$(111)(123)(132)(213)(222)(231) - (113)(122)(131)(211)(223)(232)$$

が必須移動（4.5 節）となることから確認できる．上の 6 次の移動の軸を入れ替えたものと水準を入れ替えたものも，すべて 6 次の必須移動であるから，これらはすべてマルコフ基底に含まれる．では，基本移動と，上の形の 6 次の移動のすべてからなる集合 $\mathcal{B}$ は，マルコフ基底となるであろうか．これは，分割表のサイズに依存する．例えば，以下が成り立つ．

[定理 5.4] $3 \times 3 \times 3$ 分割表の無 3 因子交互作用モデルでは，基本移動と，上の 6 次の移動の集合 $\mathcal{B}$ は，マルコフ基底をなす[1]．

この定理を，距離減少論法により証明しよう．以後，$3 \times 3 \times 3$ 分割表 $\boldsymbol{x} = \{x_{ijk}\}$ を

$$\begin{array}{|ccc|}\hline x_{111} & x_{112} & x_{113} \\ x_{121} & x_{122} & x_{123} \\ x_{131} & x_{132} & x_{133} \\ \hline\end{array} \quad \begin{array}{|ccc|}\hline x_{211} & x_{212} & x_{213} \\ x_{221} & x_{222} & x_{223} \\ x_{231} & x_{232} & x_{233} \\ \hline\end{array} \quad \begin{array}{|ccc|}\hline x_{311} & x_{312} & x_{313} \\ x_{321} & x_{322} & x_{323} \\ x_{331} & x_{332} & x_{333} \\ \hline\end{array}$$

と表す．

証明 いま，$3 \times 3 \times 3$ 分割表の無 3 因子交互作用モデルのあるファイバー $\mathcal{F}_{\boldsymbol{t}}$ が存在して，そのある元 $\boldsymbol{x} \in \mathcal{F}_{\boldsymbol{t}}$ から，$\mathcal{B}$ の要素の足し引きでは到達できないファイバー $\mathcal{F}_{\boldsymbol{t}}$ の元があると仮定する．2.3 節の議論と同様に，

[1] さらに，これは必須移動の集合であるので，4.5 節の議論より一意的な極小マルコフ基底である．

$$\mathcal{N}_{\boldsymbol{x}} = \{\boldsymbol{y} \in \mathcal{F}_{\boldsymbol{t}} \mid \mathcal{B} \text{ の要素の足し引きでは } \boldsymbol{x} \text{ から到達できない } \boldsymbol{y}\}$$

と置き,

$$\boldsymbol{y}^* = \mathop{\arg\min}_{\boldsymbol{y} \in \mathcal{N}_{\boldsymbol{x}}} |\boldsymbol{x} - \boldsymbol{y}| = \mathop{\arg\min}_{\boldsymbol{y} \in \mathcal{N}_{\boldsymbol{x}}} \sum_{i,j,k} |x_{ijk} - y_{ijk}|$$

を $\mathcal{N}_{\boldsymbol{x}}$ の中で L_1-ノルムの意味で $\boldsymbol{x}$ から最も近い $\mathcal{F}_{\boldsymbol{t}}$ の元とする．ここで，$\boldsymbol{z} = \boldsymbol{x} - \boldsymbol{y}^* \neq \boldsymbol{0}$ の要素の符号を考える．一般性を失わず，$z_{111} > 0$ と置くことができる．すると，$z_{11+} = 0$ から，z_{112}, z_{113} の少なくとも一つは負であるので，一般性を失わず $z_{112} < 0$ と置く．同様に，一般性を失わずに $z_{121} < 0$, $z_{211} < 0$ と置く．ここで，もし $z_{222} < 0$ であると，基本移動 $\boldsymbol{z}_4(12, 12, 12)$ を $\boldsymbol{y}^*$ に加えて，$\boldsymbol{x} - \boldsymbol{y}^*$ の L_1-ノルムを縮小することができる．これは $\boldsymbol{y}^*$ の定義に矛盾するので，$z_{122} \geq 0$ でなければならない．したがって，$\boldsymbol{z}$ の符号は以下のようになる．

+	−	*
−	*	*
*	*	*

−	*	*
*	0+	*
*	*	*

*	*	*
*	*	*
*	*	*

ここで，z_{122} の符号に注目しよう．

Case 1: $z_{122} > 0$ のとき：

このとき，$z_{+22} = 0$ より $z_{322} < 0$ である．すると，先ほど $z_{222} \geq 0$ を導いたのと同様に，基本移動 $\boldsymbol{z}_4(13, 12, 12)$ を $\boldsymbol{y}^*$ に加えて $\boldsymbol{x} - \boldsymbol{y}^*$ の L_1-ノルムを縮小することができては矛盾となることから，$z_{311} \geq 0$ がいえる．

+	−	*
−	+	*
*	*	*

−	*	*
*	0+	*
*	*	*

0+	*	*
*	−	*
*	*	*

ここで，$z_{+12} = 0$ より，z_{212}, z_{312} の少なくとも一方は正であるが，対称性より，$z_{212} > 0$ として一般性を失わない．すると，$z_{2+2} = 0$ より，$z_{232} < 0$ がいえる．

$$\begin{array}{|ccc|}\hline + & - & * \\ - & + & * \\ * & * & * \\ \hline\end{array}\qquad\begin{array}{|ccc|}\hline - & + & * \\ * & 0+ & * \\ * & - & * \\ \hline\end{array}\qquad\begin{array}{|ccc|}\hline 0+ & * & * \\ * & - & * \\ * & * & * \\ \hline\end{array}$$

ここで，もし $z_{221} > 0$ であれば，やはり基本移動 $\boldsymbol{z}_4(12,12,12)$ を $\boldsymbol{x}$ から引けば $\boldsymbol{x} - \boldsymbol{y}^*$ の L_1-ノルムを縮小できるので，$z_{221} \leq 0$ でなければならない．したがって，$z_{2+1} = z_{+21} = z_{3+1} = 0$ より $z_{231} > 0$, $z_{321} > 0$, $z_{331} < 0$ となる．

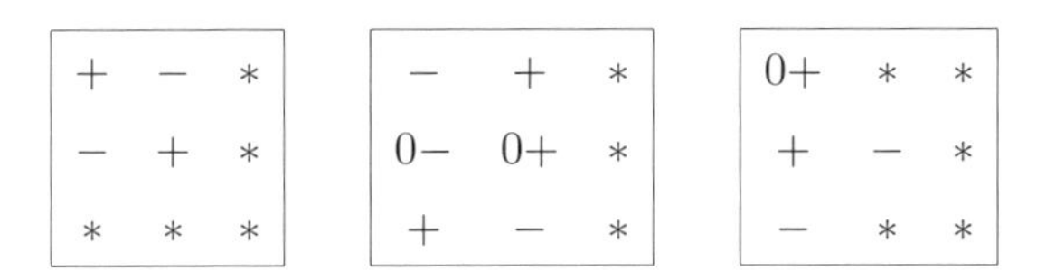

しかしこのとき，$\boldsymbol{y}^*$ に 6 次の必須移動

$$(111)(122)(212)(231)(321)(332) - (112)(121)(211)(232)(322)(331)$$

を加えれば，$\boldsymbol{x} - \boldsymbol{y}^*$ の L_1-ノルムを縮小することができる．これは矛盾である．

Case 2: $z_{122} \leq 0$ のとき：

このとき，もし，$z_{212} > 0$ であれば，$(z_{111}, z_{112}, z_{212}, z_{211})$ という四角形が Case 1 のパターンと同じになるため，$z_{212} \leq 0$ としてよい．同様に，もし，$z_{221} > 0$ であれば，$(z_{111}, z_{121}, z_{221}, z_{211})$ という四角形が Case 1 のパターンと同じになるため，$z_{221} \leq 0$ としてよい．

$$\begin{array}{|ccc|}\hline + & - & * \\ - & 0- & * \\ * & * & * \\ \hline\end{array}\qquad\begin{array}{|ccc|}\hline - & 0- & * \\ 0- & 0+ & * \\ * & * & * \\ \hline\end{array}\qquad\begin{array}{|ccc|}\hline * & * & * \\ * & * & * \\ * & * & * \\ \hline\end{array}$$

すると，$z_{12+} = z_{1+2} = z_{21+} = z_{2+1} = 0$ より，z_{123}, z_{132}, z_{213}, z_{231} はすべて正となる．

$$\begin{array}{|ccc|}\hline + & - & * \\ - & 0- & + \\ * & + & * \\ \hline\end{array}\qquad\begin{array}{|ccc|}\hline - & 0- & + \\ 0- & 0+ & * \\ + & * & * \\ \hline\end{array}\qquad\begin{array}{|ccc|}\hline * & * & * \\ * & * & * \\ * & * & * \\ \hline\end{array}$$

ここで，もし $z_{233} < 0$ であれば，やはり $(z_{211}, z_{213}, z_{233}, z_{231})$ という四角形が Case 1 のパターンと同じになる．したがって，$z_{233} \geq 0$ としてよく，$z_{23+} = z_{2+3} = 0$ より z_{223}，z_{232} はいずれも負，よって $z_{22+} = z_{2+2} = 0$ より $z_{222} > 0$ となる．

$$\begin{array}{|ccc|}\hline + & - & * \\ - & 0- & + \\ * & + & * \\ \hline\end{array}\qquad\begin{array}{|ccc|}\hline - & 0- & + \\ 0- & + & - \\ + & - & 0+ \\ \hline\end{array}\qquad\begin{array}{|ccc|}\hline * & * & * \\ * & * & * \\ * & * & * \\ \hline\end{array}$$

しかしこのとき，$\boldsymbol{x}$ から 6 次の必須移動

$$(111)(123)(132)(213)(222)(231) - (113)(122)(131)(211)(223)(232)$$

を引くことで，$\boldsymbol{x} - \boldsymbol{y}^*$ の L_1-ノルムを縮小することができる．これは矛盾である．

以上，いずれの場合も矛盾を導くことができたので，$\mathcal{B}$ がマルコフ基底であることが示された．■

以上は $3 \times 3 \times 3$ 分割表に対する距離減少論法であった．このように，マルコフ基底の「候補」である移動の集合 $\mathcal{B}$ に対して，この論法でパターンを絞っていけば，もし本当に $\mathcal{B}$ がマルコフ基底であるのなら，矛盾が導ける．また，$\mathcal{B}$ がマルコフ基底でない場合は，最終的に残ったパターンはマルコフ基底を構成するために $\mathcal{B}$ に追加しなければならない移動となる．こうして得られるマルコフ基底は，極小マルコフ基底であり，その各元の必須性を調べることで，一意極小性もわかる．一方で，問題のサイズが大きい場合は，膨大な数の場合分けが必要となることも想像できるであろう．上の $3 \times 3 \times 3$ 分割表の証明では，軸の入れ換えに関する対称性を効率的に利用しているが，一般の，I，J, K が等しくない $I \times J \times K$ 分割表であれば，そのような対称性も使えない．

本節の最後に，より大きなサイズの分割表の，無3因子交互作用モデルのマルコフ基底に関する結果を述べておく．[5] は，距離減少論法により，$3 \times 3 \times K$ 分割表 $(K \geq 5)$ に対するこの問題のマルコフ基底を求めている．結論として，既に見た基本移動と6次の必須移動に加え，以下の8次，10次の必須移動により，一意的な極小マルコフ基底が構成できることが証明されている．

$$
\boxed{\begin{array}{ccccc} +1 & -1 & 0 & 0 & 0 \\ -1 & +1 & 0 & 0 & 0 \\ 0 & 0 & 0 & 0 & 0 \end{array}}
\quad
\boxed{\begin{array}{ccccc} -1 & 0 & +1 & 0 & 0 \\ +1 & 0 & 0 & -1 & 0 \\ 0 & 0 & -1 & +1 & 0 \end{array}}
\quad
\boxed{\begin{array}{ccccc} 0 & +1 & -1 & 0 & 0 \\ 0 & -1 & 0 & +1 & 0 \\ 0 & 0 & +1 & -1 & 0 \end{array}}
$$

$$
\boxed{\begin{array}{ccccc} +1 & -1 & 0 & 0 & 0 \\ -1 & +1 & 0 & -1 & +1 \\ 0 & 0 & 0 & +1 & -1 \end{array}}
\quad
\boxed{\begin{array}{ccccc} -1 & 0 & +1 & 0 & 0 \\ +1 & 0 & 0 & 0 & -1 \\ 0 & 0 & -1 & 0 & +1 \end{array}}
\quad
\boxed{\begin{array}{ccccc} 0 & +1 & -1 & 0 & 0 \\ 0 & -1 & 0 & +1 & 0 \\ 0 & 0 & +1 & -1 & 0 \end{array}}
$$

つまり，$3 \times 3 \times K$ 型の分割表であれば，$K \leq 5$ まで考えれば，それ以上新たに必要な移動は存在しない．これは非常に強い結果であるといえる．仮に，代数計算ソフトウェアにより $3\times3\times6$ 分割表に対するグレブナー基底が計算できたとしても，$3\times3\times7$ 分割表に対する結果は，新たに計算し直さなければ得られないからである．また，無3因子交互作用モデルのマルコフ基底については，同様の上界が常に存在すること，つまり，$I \times J \times K$ 分割表において，I, J を固定して K を増やしたとき，マルコフ基底の元は $I \times J \times K'$ までのサイズに収まるような K' が存在することが，[42] で示されている．

5.6 既知のイデアルの性質から得られるマルコフ基底

第4章で述べたように，配置 A に対するマルコフ基底は，対応するトーリックイデアル I_A の生成系として特徴づけられる．したがって，もし，I_A の生成系に関する性質が代数学の分野で既知であれば，その結果を利用してマルコフ基底を構成することが可能である．本節では，この接近法による基本的な結果として，**Segre-Veronese 型配置**のマルコフ基底に関して，簡単に説明する．

Segre-Veronese 型配置が現れる最も基本的な例には，遺伝子型データに対する **Hardy-Weinberg 仮説**（平衡仮説）の検定問題がある．

[例 5.5]　ある集団について，ABO 式血液型を調査したとする．血液型を遺伝子型で表せば，AA, AB, AO, BB, BO, OO の 6 通りがあり，集団に対する観測値はそれぞれの遺伝子型の頻度

$$\boldsymbol{x} = (x_{\mathrm{AA}}, x_{\mathrm{AB}}, x_{\mathrm{AO}}, x_{\mathrm{BB}}, x_{\mathrm{BO}}, x_{\mathrm{OO}})'$$

となる．Hardy-Weinberg 仮説は，このそれぞれの遺伝子型の生起確率が，それぞれの遺伝子（ここでは A, B, O の三つ）のみに依存して定まる，というモデルであり，

$$p_{ij} = \begin{cases} \phi_i^2, & \text{if } i = j \\ 2\phi_i\phi_j, & \text{if } i \neq j \end{cases}$$

と表される．これは，上三角型の 2 元分割表に対する特殊な独立モデルと解釈することもできる．このモデルのもとでの十分統計量は，各遺伝子の頻度であり，対応する配置行列は，

$$A = \begin{pmatrix} 2 & 1 & 1 & 0 & 0 & 0 \\ 0 & 1 & 0 & 2 & 1 & 0 \\ 0 & 0 & 1 & 0 & 1 & 2 \end{pmatrix} \tag{5.3}$$

と表される．したがって，式(5.3)の配置 A に対するマルコフ基底が求められれば，それを用いたマルコフ連鎖モンテカルロ法により，この集団に対する Hardy-Weinberg 仮説の当てはまりの検証を行うことができる．

この例における式(5.3)の配置行列 A は，Segre-Veronese 型配置の一例である．Segre-Veronese 型配置の正確な定義はやや複雑であるので，本書では省略する（興味のある読者は，[3, 12.3 節] を参照されたい）．直感的な説明としては，式(5.3)の配置 A は，列和がすべて等しく，各列は

$$a_1 + a_2 + a_3 = 2,\ 0 \leq a_i \leq 2$$

の整数解のすべてからなっている．これは，典型的な Segre-Veronese 型の一例である．また，[3, 12.3 節] で取り上げられている別の例に，3 箇所の遺伝子座位における遺伝子型頻度データに対する Hardy-Weinberg 仮説があるが，その配置行列は

$$A = \begin{pmatrix} 222222222111111111000000000 \\ 000000000111111111222222222 \\ 222111000222111000222111000 \\ 000111222000111222000111222 \\ 210210210210210210210210210 \\ 012012012012012012012012012 \end{pmatrix} \tag{5.4}$$

という 6×27 行列である．この配置行列は，第 1, 2 行，第 3, 4 行，第 5, 6 行が，いずれも

$$a_1 + a_2 = 2,\ 0 \leq a_i \leq 2$$

の整数解のすべて（の組合せ）に対応しており，やはり Segre-Veronese 型である．

このような Segre-Veronese 型配置は，2 次式からなる被約グレブナー基底を持つという，非常に強い結果が知られている．被約グレブナー基底は，生成系の一つであるから，被約グレブナー基底の構成アルゴリズムを，そのまま，マルコフ基底の構成アルゴリズムとして利用することが可能である．これは，以下のようなものである．

1. A の列をランダムに 2 列選び，単項式を対応させる．
2. 選んだ二つの単項式の添字を合わせて「整列」し，一つ置きに選んで単項式を作る．
3. これがもとの単項式と異なれば，両者の差として得られる二項式が，被約グレブナー基底の元となる．

例として，式(5.4)の配置行列 A で考えよう．例えば，この A の第 8 列 (2,

$0, 0, 2, 1, 1)'$ と第10列 $(1, 1, 2, 0, 2, 0)'$ を選んだとする．これに単項式 $y_{114456}y_{123355}$ を対応させる．この添字を合わせて整列したものは，111233445556 であるから，これから一つ置きに選んでできる単項式は，$y_{113455}y_{123456}$ となる．これは，もとの単項式と異なるから，二項式 $y_{114456}y_{123355} - y_{113455}y_{123456}$ が得られ，これは被約グレブナー基底の元である．

上の例でもわかるように，Segre-Veronese 型配置は，対称性の高い，組合せ配置に似た構造をしており，十分統計量がこの配置から得られるような統計学の問題もさまざまなものが考えられる．[3, 12.3 節] では，これらの問題を，制約のある選択問題に対する統計モデルとして論じている．

第6章 格子基底を用いたマルコフ連鎖

本章では，マルコフ基底が得られない場合に，格子基底を用いてマルコフ連鎖モンテカルロ法を行う方法について述べる．

6.1 マルコフ基底の実用上の限界

前章まででマルコフ基底を用いた正確検定の理論を展開し，実際にいくつかの具体的なモデルにおいてマルコフ基底の導出を行った．しかし前章でも述べたとおり，マルコフ基底が理論的に導出可能なのは，分解可能モデルなどの特殊な構造のモデルや，小さい分割表に対する次元の低いモデルに限られ，より一般の分割表モデルのマルコフ基底の理論的な導出は困難であることが知られている．また 4ti2 [1] などのソフトウェアを用いてマルコフ基底を計算させようとしても，汎用のパソコンでは，モデルによってはセル数が 100 程度の分割表のマルコフ基底でさえ，実用時間内で計算することは困難な場合がある．

マルコフ基底を用いた正確検定は本来，標本サイズに対してモデルの次元が高く，検定統計量の分布の漸近近似の信頼性が低くなる状況で特に威力を発揮するということを考えれば，こうした現状は実用の観点からするとやや不満足な結果であると言えよう．

マルコフ基底はすべてのファイバーを非負制約を満たしながら連結に結ぶ移動の集合として定義された．マルコフ基底の持つこの制約は非常に厳しく，この制約こそがマルコフ基底の構造を複雑にしていると言える．しかし近年，正確検定を実装する上ではマルコフ基底のすべての要素は必ずしも必要でなく，ある種の部分集合が与えられれば十分であり，またそうした部分集合は計算も容易で，シンプルな構造の移動から構成できることがわかってきた．本章ではこうしたアプローチの中で格子基底を用いた正確検定の実装について議論する[1]．

6.2　格子基底による正確検定の実装

移動 $\boldsymbol{z}$ は配置行列 A の整数核

$$\ker_{\mathbb{Z}} A = \ker A \cup \mathbb{Z}^{|\mathcal{I}|}$$

の要素であった．d を

$$d = \dim \ker_{\mathbb{Z}} A = |\mathcal{I}| - \dim A$$

としたときに $\ker_{\mathbb{Z}} A$ には基底 $\boldsymbol{q}_1, \ldots, \boldsymbol{q}_d$ が存在し，A が与えられればその計算も容易である．この基底のことを**格子基底** (lattice basis) という．本書では格子基底と言った場合には，$\ker_{\mathbb{Z}} A$ を張る $L \geq d$ 個の移動の集合 $\boldsymbol{q}_1, \ldots,$ $\boldsymbol{q}_L$ を指すことにする[2]．

マルコフ基底はすべてのファイバーを連結に結ぶ移動の集合である．格子基底はマルコフ基底の部分集合であり，格子基底だけではこの意味でのファイバーの連結性は保証されない．しかし格子基底は移動が張る整数格子の基底であることから，マルコフ基底の要素を含めすべての移動 $\boldsymbol{z}$ は格子基底の要素の整係数線形結合

$$\boldsymbol{z} = \alpha_1 \boldsymbol{q}_1 + \cdots + \alpha_L \boldsymbol{q}_L, \quad \alpha_1, \ldots, \alpha_L \in \mathbb{Z}.$$

で表すことができる．したがって，任意の線形結合を正の確率で発生させるよ

[1] 本章の議論は Hara et al. [26] による．その他のアプローチについては Chen et al. [9]，Hara et al. [28] などを参照されたい．

[2] 格子基底 $\boldsymbol{q}_1, \ldots, \boldsymbol{q}_d$ の具体形は，例えばスミス標準形 [45] を用いることにより計算することができる．モデルに対する基本移動の集合が格子基底をなすことも多い．

うなシミュレーションによって移動を発生させれば，その移動の足し引きによって，任意のファイバーの連結性は保証される．そのような整係数 $\alpha_1, \dots,$ α_L の発生法はいろいろと考えられるが，例えば以下のようなアルゴリズムによって発生させればよい．

[アルゴリズム 6.1]

ステップ 1：$|\alpha_1|, \dots, |\alpha_L|$ を平均 λ のポアソン分布で発生させる．

$$|\alpha_l| \overset{\text{iid}}{\sim} \text{Po}(\lambda), \quad l = 1, \dots, L.$$

ただし，$|\alpha_1| = \cdots = |\alpha_L| = 0$ となった場合は発生し直す．

ステップ 2：$l = 1, \dots, L$ のそれぞれについて $\alpha_l \leftarrow |\alpha_l|$ か $\alpha_l \leftarrow -|\alpha_l|$ を 1/2 の確率で決める．

[アルゴリズム 6.2]

ステップ 1：$|\alpha| = \sum_{l=1}^{L} |\alpha_l|$ をパラメータ p の幾何分布により発生させる．

$$|\alpha| \sim \text{Geom}(p).$$

ただし，$|\alpha| = 0$ となった場合は発生し直す．

ステップ 2：$|\alpha|$ から多項分布

$$\alpha_1, \dots, \alpha_L \sim \text{Mult}(|\alpha|; 1/L, \dots, 1/L).$$

により $\alpha_1, \dots, \alpha_L$ を発生させる．

ステップ 3：$l = 1, \dots, L$ のそれぞれについて $\alpha_l \leftarrow |\alpha_l|$ か $\alpha_l \leftarrow -|\alpha_l|$ を 1/2 の確率で決める．

6.3 ロジスティック回帰のマルコフ基底と格子基底

ある試行の成功 $(i_1 = 1)$，失敗 $(i_1 = 2)$ などの二項選択と，説明変数 $i_2, \dots, i_m$ との関係をモデル化することを考える．ここでは各説明変数 i_k，$k = 2, \dots, m$ が離散的な値 $i_k = 1, \dots, I_k$ をとると仮定する．得られるデータは各

説明変数の組 $(i_2, \dots, i_m)$ に対する成功回数，失敗回数である．いま，データを $x(\boldsymbol{i}) = x(i_1 i_2 \cdots i_m)$ と書くことにすると，$\boldsymbol{x} = \{x(\boldsymbol{i})\}_{\boldsymbol{i} \in \mathcal{I}}$ は $2 \times I_2 \times \cdots \times I_m$ の m 元分割表と見なすことができる．各説明変数の組 $i_2, \dots, i_m$ に対する試行回数を

$$n(\boldsymbol{i}_{2\cdots m}) = x_{2\cdots m}(\boldsymbol{i}_{2\cdots m}) = x(1 i_2 \cdots i_m) + x(2 i_2 \cdots i_m)$$

とする．$x(\boldsymbol{i})$ が各 $i_2, \dots, i_m$ に対して

$$p(\boldsymbol{i}) = \begin{cases} \dfrac{\exp(\beta_1 + \beta_2 i_2 + \cdots + \beta_m i_m)}{1 + \exp(\beta_1 + \beta_2 i_2 + \cdots + \beta_m i_m)}, & i_1 = 1 \\ \dfrac{1}{1 + \exp(\beta_0 + \beta_1 i_2 + \cdots + \beta_m i_m)}, & i_1 = 2 \end{cases} \tag{6.1}$$

という成功確率の二項分布 $\mathrm{Bin}(n(\boldsymbol{i}_{2\cdots m}), p(\boldsymbol{i}))$ に従うとすれば，このモデルは3.3節でも考えたロジスティック回帰モデルである．ここではこのモデルを帰無仮説とするような適合度検定を，マルコフ基底を用いて行うことの困難さを検討する．

対数尤度関数は

$$\sum_{\boldsymbol{i} \in \mathcal{I}} x(\boldsymbol{i}) \log p(\boldsymbol{i}) \propto \sum_{\boldsymbol{i} \in \mathcal{I}: i_1 = 1} (\beta_1 x(\boldsymbol{i}) + \beta_2 i_2 x(\boldsymbol{i}) + \cdots + \beta_m i_m x(\boldsymbol{i}))$$

と書け，したがって十分統計量は

$$\boldsymbol{t} = \left(\sum_{\boldsymbol{i} \in \mathcal{I}: i_1 = 1} x(\boldsymbol{i}), \sum_{\boldsymbol{i} \in \mathcal{I}: i_1 = 1} i_2 x(\boldsymbol{i}), \dots, \sum_{\boldsymbol{i} \in \mathcal{I}: i_1 = 1} i_m x(\boldsymbol{i}) \right)$$

となる．このモデルは二項分布のモデルなので，各説明変数の組に対する試行回数 $n(\boldsymbol{i}_{2\cdots m})$, $\boldsymbol{i} \in \mathcal{I}_{2\cdots m}$ は定数であると仮定できる．そこで3.3節でも述べたようにこのモデルのファイバーと言ったときには，十分統計量に試行回数を加えた

$$\boldsymbol{t}' = \left(\sum_{\boldsymbol{i}\in\mathcal{I}:i_1=1} x(\boldsymbol{i}), \sum_{\boldsymbol{i}\in\mathcal{I}:i_1=1} i_2 x(\boldsymbol{i}), \ldots, \right.$$
$$\left. \sum_{\boldsymbol{i}\in\mathcal{I}:i_1=1} i_m x(\boldsymbol{i}), n(\boldsymbol{i}_{2\cdots m}), \boldsymbol{i}_{2\cdots m} \in \mathcal{I}_{2\cdots m} \right)$$

を共有する分割表の集合と定義する．そしてこの意味での任意のファイバーを連結に結ぶ移動の集合を離散ロジスティック回帰モデルのマルコフ基底と定義する．

$J = I_2 I_3 \cdots I_m = |\mathcal{I}|/2$ としよう．$\boldsymbol{x}^{i_1=1}$ を $\boldsymbol{x}$ の $(i_1 = 1)$-断面とする．$\boldsymbol{x}^{i_1=1}$ を J 次元ベクトル，$\boldsymbol{x} = (x(\boldsymbol{i}))_{\boldsymbol{i}\in\mathcal{I}}$ を $|\mathcal{I}|$ 次元のベクトルとそれぞれ見たときに，$\boldsymbol{x}_{i_1=1}$ と $\boldsymbol{t}$，$\boldsymbol{x}$ と $\boldsymbol{t}'$ は，ある整数行列 A，B に対して，それぞれ

$$A\boldsymbol{x}_{i_1=1} = \boldsymbol{t}, \quad B\boldsymbol{x} = \boldsymbol{t}'$$

を満たす．このとき B は，3.3 節でも述べたように A のローレンス持ち上げ

$$B = \begin{pmatrix} A & 0 \\ E_J & E_J \end{pmatrix} \tag{6.2}$$

の形で書ける．ここで E_J は $J \times J$ の単位行列である．

式(6.1)は二項選択のモデルであったが，これを多項選択 $\mathcal{I}_1 = \{1, \ldots, I_1\}$，$I_1 \geq 3$ の場合に一般化した

$$p(\boldsymbol{i}) = \begin{cases} \dfrac{\exp(\beta_1(i_1) + \beta_2(i_1)i_2 + \cdots + \beta_m(i_1)i_m)}{1 + \sum_{j_1=1}^{I_1-1} \exp(\beta_1(j_1) + \beta_2(j_1)i_2 + \cdots + \beta_m(j_1)i_m)}, \\ \hfill i_1 = 1, \ldots, I_1 - 1, \\ \dfrac{1}{1 + \sum_{j_1=1}^{I_1-1} \exp(\beta_1(j_1) + \beta_2(j_1)i_2 + \cdots + \beta_m(j_1)i_m)}, \\ \hfill i_1 = I_1 \end{cases} \tag{6.3}$$

を離散多項ロジスティック回帰モデルという．このモデルについても二項の場合と同様に考えると，容易な計算によりモデルの配置行列が

$$B^{(m-1)} = \begin{pmatrix} \overbrace{\begin{matrix} A & 0 & \cdots & 0 \end{matrix}}^{m-1} \\ \begin{matrix} 0 & A & \cdots & 0 \\ \vdots & \vdots & \ddots & \vdots \\ 0 & 0 & \cdots & A \\ E_J & E_J & \cdots & E_J \end{matrix} \end{pmatrix} \tag{6.4}$$

のように書けることがわかる．式(6.4)の形の配置行列を，A の $m-1$ 階のローレンス持ち上げという．

3.3 節でも述べたように，二項のロジスティック回帰モデルを始め，1 階のローレンス持ち上げの配置行列に対するモデルのマルコフ基底は A のグレーバー基底から求まることがわかっているが，その場合のグレーバー基底は一般には構造が非常に複雑で，理論的な導出も，数値計算も困難であることが知られている．また高階のローレンス持ち上げの配置行列に対するモデルのマルコフ基底の構造は，さらに複雑な構造を持つことが知られている．一方，ローレンス持ち上げの配置行列を持つモデルには，ロジスティック回帰モデルの他にも，無 3 因子交互作用モデルなどの実用的なモデルが多く含まれる．

表 6.1 は式(6.1)のモデルで $m=2$，すなわち説明変数が一つの場合のモデルの極小マルコフ基底を 4ti2 で計算し，移動の最大次数と要素数を，説明変数の水準数 I_2 に対してまとめたものである．これを見ると二項で説明変数一つというシンプルなモデルでも，極小マルコフ基底の移動の最大次数は表のサイズに比例して増大し，要素数も指数的に増大していく様子がわかる．このことからもマルコフ基底の構造が非常に複雑であることがうかがえる．また 4ti2 を用いても $I_2 \geq 20$ のときは，汎用のパソコンで実用時間内にマルコフ基底を計算することはできなくなる．

一方，格子基底は配置行列の整数核の基底であるから，このような場合でも数値計算が容易である．したがってアルゴリズム 6.1, 6.2 を用いた正確検定の実装はこうした場面では非常に実用的であろうと考えられる．

表 6.1　離散二項ロジスティック回帰モデルのマルコフ基底の最大次数

	I_2						
	10	11	12	13	14	15	16
最大次数	18	20	22	24	26	28	30
移動の数	1830	3916	8569	16968	34355	66066	123330

6.4　ローレンス持ち上げの格子基底

ローレンス持ち上げ B の格子基底を求めるには B の整数核を数値計算すればよい．しかし，以下の命題を用いると，A の整数核さえ求まれば，B の整数核も計算可能であることが示される．

[命題 6.3]　Q の列ベクトルが A の格子基底をなすとする．そのとき

$$\begin{pmatrix} Q \\ -Q \end{pmatrix}$$

の列ベクトルは B の格子基底をなす．

証明　$\boldsymbol{x}, \boldsymbol{y}$ を B の同一ファイバーに属するの 2 表であるとする．$|\mathcal{I}| = 2J$ をセル数とする．ここで J は A の列数である．$\boldsymbol{x}_1 = (x(11), \ldots, x(1J))'$, $\boldsymbol{x}_2 = (x(21), \ldots, x(2J))'$ として $\boldsymbol{x} = (\boldsymbol{x}_1', \boldsymbol{x}_2')'$ と書くことにする．同様に $\boldsymbol{y}$ も $\boldsymbol{y} = (\boldsymbol{y}_1', \boldsymbol{y}_2')'$ と書くことにする．そのとき

$$\boldsymbol{z} = \begin{pmatrix} \boldsymbol{z}_1 \\ \boldsymbol{z}_2 \end{pmatrix} = \boldsymbol{x} - \boldsymbol{y} = \begin{pmatrix} \boldsymbol{x}_1 - \boldsymbol{y}_1 \\ \boldsymbol{x}_2 - \boldsymbol{y}_2 \end{pmatrix}$$

は B の移動である．したがって $B\boldsymbol{z} = 0$ なので，$A\boldsymbol{z}_1 = 0$，$\boldsymbol{z}_1 + \boldsymbol{z}_2 = 0$ である．$A\boldsymbol{z}_1 = 0$ であることから $\boldsymbol{z}_1$ は Q の列ベクトルの整係数線形結合 $\boldsymbol{z}_1 = Q\boldsymbol{\alpha}$ の形で書くことができる．ここで $\boldsymbol{\alpha} = (\alpha_1, \ldots, \alpha_L)'$ は $L \times 1$ の整係数ベクトルである．また $\boldsymbol{z}_1 + \boldsymbol{z}_2 = 0$ であることにより，$\boldsymbol{z}_2 = -Q\boldsymbol{\alpha}$ となる．したがって $\boldsymbol{z}$ は

$$\boldsymbol{z} = \begin{pmatrix} \boldsymbol{z}_1 \\ \boldsymbol{z}_2 \end{pmatrix} = \begin{pmatrix} Q \\ -Q \end{pmatrix} \boldsymbol{\alpha}$$

と表すことができ，これはすなわち $\begin{pmatrix} Q \\ -Q \end{pmatrix}$ の列ベクトルが B の格子基底であることを示している． ∎

同様の考察により，高次のローレンス持ち上げ $B^{(m-1)}$ の格子基底も A の格子基底から計算可能であることが示される．

[命題 6.4]　Q の列ベクトルが A の格子基底をなすとする．そのとき

$$Q^{(m-1)} = \begin{pmatrix} \overbrace{\begin{matrix} Q & 0 & \cdots & 0 \\ 0 & Q & \ddots & \vdots \\ \vdots & \ddots & \ddots & 0 \\ 0 & \cdots & 0 & Q \end{matrix}}^{m-1} \\ \begin{matrix} -Q & -Q & \cdots & -Q \end{matrix} \end{pmatrix} \tag{6.5}$$

の列ベクトルは $B^{(m-1)}$ の格子基底をなす．

この命題の証明は比較的容易であるので，ここでは省略する[3]．これらの命題を用いることで格子基底の計算を効率化することが可能である．

6.5　数 値 実 験

6.5.1　離散ロジスティック回帰モデル

本節では格子基底を用いた正確検定の実用性を評価するために，前節で取り上げた離散ロジスティック回帰モデル式(6.3)のうち，$I_1 = 3$ の 3 項のモデル

[3] 証明は命題 6.3 と同様に考えれば比較的容易である．詳細については Hara et al. [26], Aoki et al. [3] を参照されたい．

の適合度検定に対する数値実験を行った．ここでは帰無仮説が $m = 2$ のモデル，対立仮説が $m = 3$ のモデルの

$$H_0:\ \beta_3(1) = \beta_3(2) = 0, \quad H_1:\ H_0 \text{ でない}$$

という検定を行った．検定統計量には尤度比統計量を用いた．

図 6.1 は $I_2 = I_3 = 4$ とした場合の結果である．標本サイズは 200，シミュレーション回数は 10,000 回（burn-in 1,000 回）とした．左のグラフのヒストグラムは尤度比統計量の標本分布，実線は漸近 χ^2 分布（自由度 2）の密度関数である．真中のグラフは尤度比統計量のパス，左のグラフは尤度比統計量のコレログラムである．この場合は，4ti2 を用いるとマルコフ基底の計算も可能なので，マルコフ基底を用いて計算した標本分布との比較も行った．図 6.1(a) はマルコフ基底の場合の結果，図 6.1(b), (c), (d) はアルゴリズム 6.1 で，それぞれ $\lambda = 1, 10, 50$ と設定した場合の結果である．この実験では標本サイズを比較的大きくとっているので，標本分布は漸近 χ^2 分布に近くなることが予想できるが，これらの結果を見ると，マルコフ基底の場合と，格子基底でも特に $\lambda = 1, 10$ の場合は，標本分布がうまく推定できていることが見てとれる．さらにパスの安定性，長期の系列相関の減衰の様子などを見ると，$\lambda = 1, 10$ の場合は，マルコフ基底の場合と比べても遜色のない精度を持つと言えよう．それに対し，$\lambda = 50$ の場合はやや安定性を欠くように見える．これらの結果から，格子基底の整係数 $\boldsymbol{\alpha}$ の分布については，あまり極端な分布をとらない限りはロバストであることもうかがえる．

図 6.2 は $I_2 = I_3 = 10$ とした場合の結果である．標本サイズは 625，シミュレーション回数は 100,000 回（burn-in 10,000 回）とした．この場合，汎用のパソコンでは 4ti2 を用いてもマルコフ基底の計算ができない．そこで格子基底の結果のみを示す．図 6.1(a), (b) はそれぞれアルゴリズム 6.2 で，$p = 0.1, 0.5$ とした場合の結果である．これらの結果も非常に安定しているように見える．このことは，マルコフ基底が理論的に求まらない，あるいは数値計算できないような規模の大きい分割表に対するモデルや，複雑なモデルの場合でも，格子基底による正確検定は実用的であることを示していると言えよう．

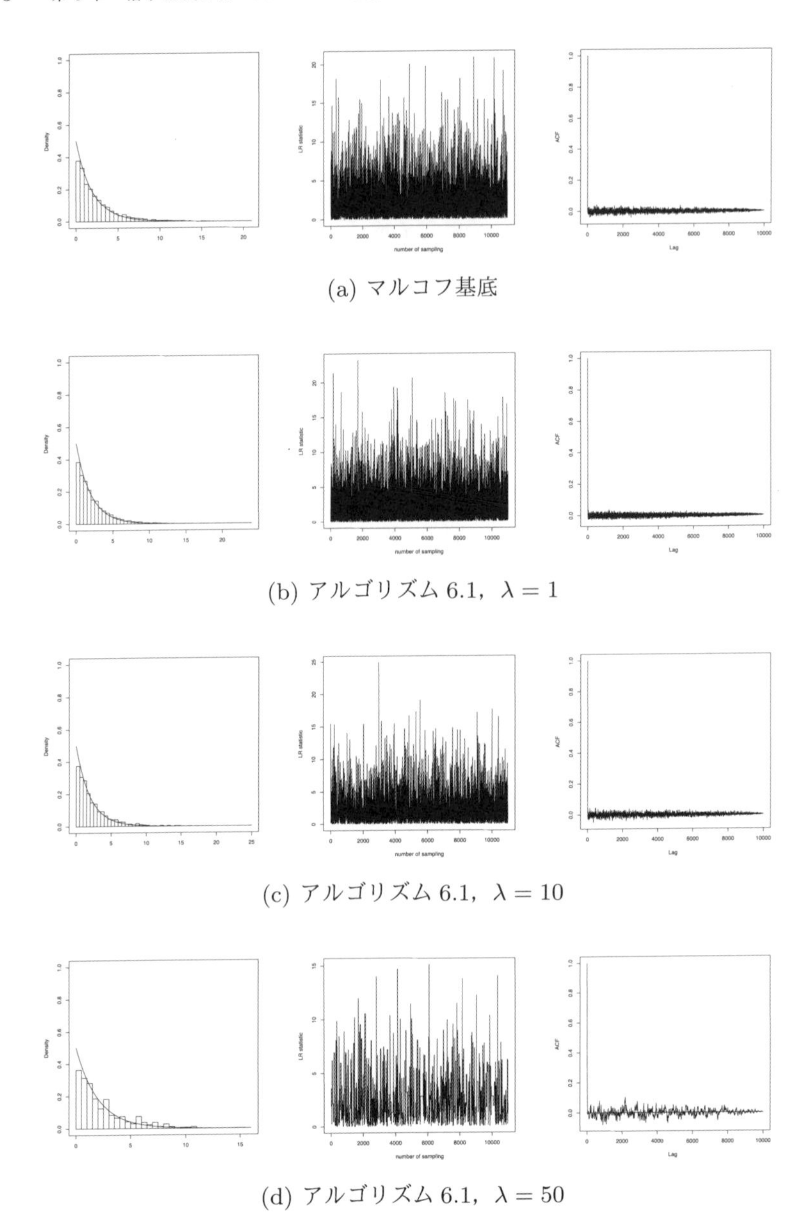

(a) マルコフ基底

(b) アルゴリズム 6.1，$\lambda = 1$

(c) アルゴリズム 6.1，$\lambda = 10$

(d) アルゴリズム 6.1，$\lambda = 50$

図 6.1　3 項ロジスティック回帰モデルの尤度比統計量の標本分布，パス，コレログラム $I_2 = I_3 = 4$.

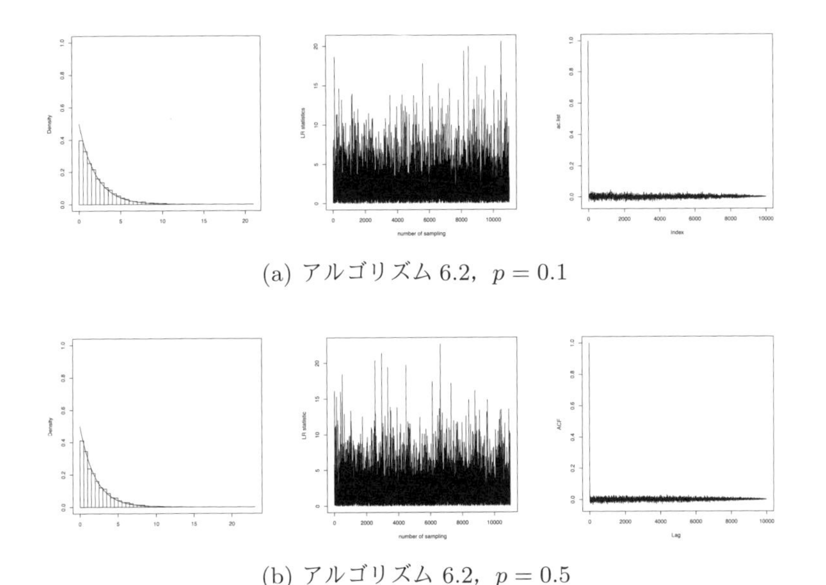

(a) アルゴリズム 6.2, $p = 0.1$

(b) アルゴリズム 6.2, $p = 0.5$

図 6.2 3 項ロジスティック回帰モデルの尤度比統計量の標本分布, パス, コレログラム $I_2 = I_3 = 10$.

6.5.2 無 3 因子交互作用モデル

第 5 章でも述べたとおり, 無 3 因子交互作用モデル

$$\log p(\boldsymbol{i}) = \mu_{12}(\boldsymbol{i}_{12}) + \mu_{13}(\boldsymbol{i}_{13}) + \mu_{23}(\boldsymbol{i}_{23})$$

のマルコフ基底の構造は非常に複雑で, 特に $3 \times 3 \times K$ より大きい分割表のモデルのマルコフ基底の構造は理論的に知られていない. 4ti2 を用いても $5 \times 5 \times 5$ より大きい表に対するモデルのマルコフ基底は, 汎用のパソコンでは実用時間内に計算することはできない.

実はこのモデルの配置行列も高次のローレンス持ち上げの構造を持つことが知られている. そのときの A は 2 元完全独立モデルの配置行列である. 2.3 節でも述べたとおり 2 元完全独立モデルは

	i_1	i_1'
i_2	1	−1
i_2'	−1	1

という形の移動の集合がマルコフ基底をなす．マルコフ基底は格子基底でもあるので，命題 6.4 を用いると，

i_3

	i_1	i_1'
i_2	1	−1
i_2'	−1	1

i_3'

	i_1	i_1'
i_2	−1	1
i_2'	1	−1

という形の移動の集合は無 3 因子交互作用モデルの格子基底をなすことがわかる．

ここでは $I \times I \times I, I = 3, 5, 10$ の 3 種類の 3 元分割表に対し，無 3 因子交互作用モデルを帰無仮説，飽和モデルを対立仮説とする尤度比検定統計量の標本分布を格子基底を用いた分割表のサンプリングに基づいて計算し，漸近 χ^2 分布との比較を行った．漸近 χ^2 分布の自由度は $(I-1)^3$ である．標本サイズは $n = 5I^3$，シミュレーション回数は $3\times3\times3$ 表のときは 10,000 回（burn-in は 1,000 回），$5 \times 5 \times 5, 10 \times 10 \times 10$ 表のときは 100,000 回（burn-in は 10,000 回）とした．

図 6.3 は $3 \times 3 \times 3$ 表の実験結果である．前章で述べたように $3 \times 3 \times 3$ 表のマルコフ基底は既知で，また 4ti2 でも計算が可能であることから，マルコフ基底による標本分布との比較も行った．図 6.3(a) はマルコフ基底の場合の結果，図 6.3(b), (c), (d) はアルゴリズム 6.1 において，それぞれ $\lambda = 1, 10,$ 50 と設定した場合の結果である．これらを見ると，前節のロジスティック回帰モデルの場合と同様，$\lambda = 50$ の場合はやや安定性を欠くものの，$\lambda = 1,$ 10 の場合は，結果は安定しているように見える．したがってこの場合も $\boldsymbol{\alpha}$ の分布をあまり極端な分布にとらなければ，格子基底に基づくサンプリングはマルコフ基底の場合と同等の精度を持つことがわかる．

図 6.4(a), (b) は $5 \times 5 \times 5$ 表に対し，アルゴリズム 6.2 で $p = 0.1, 0, 5$ とし

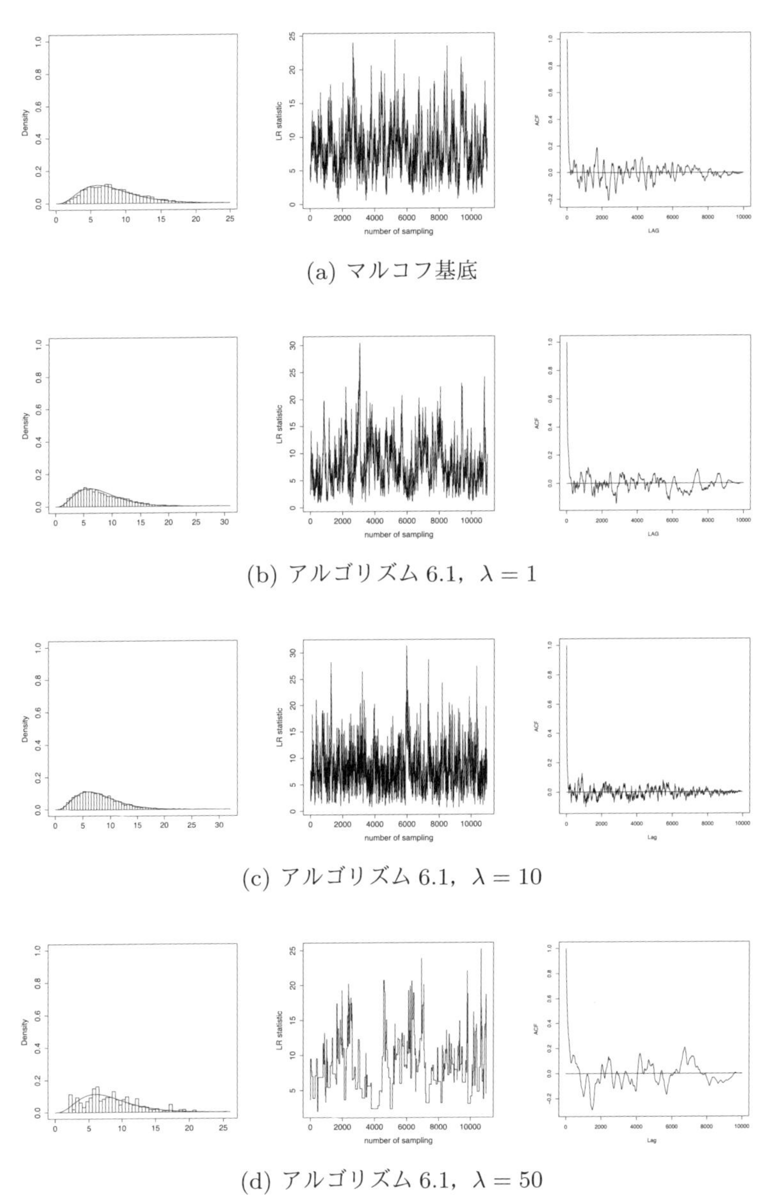

(a) マルコフ基底

(b) アルゴリズム 6.1，$\lambda = 1$

(c) アルゴリズム 6.1，$\lambda = 10$

(d) アルゴリズム 6.1，$\lambda = 50$

図 6.3　$3 \times 3 \times 3$ 表の尤度比統計量の標本分布，パス，コレログラム

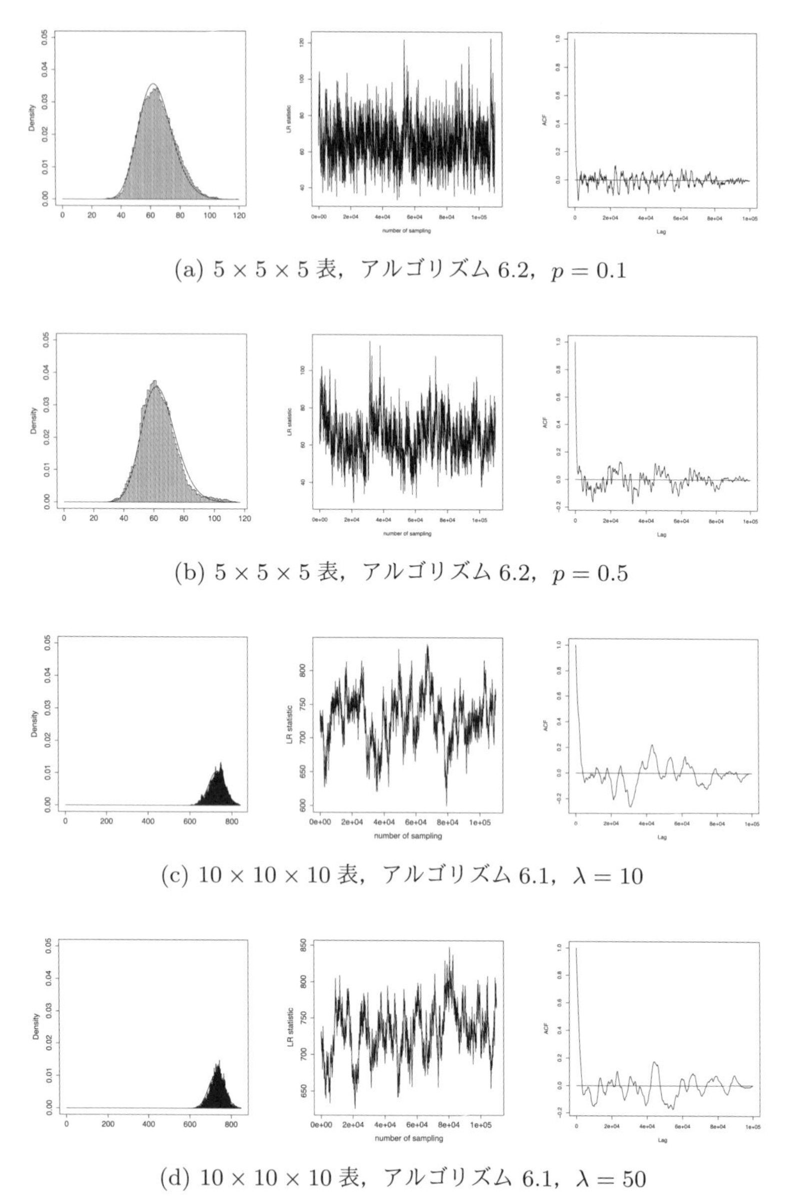

(a) $5 \times 5 \times 5$ 表，アルゴリズム 6.2，$p = 0.1$

(b) $5 \times 5 \times 5$ 表，アルゴリズム 6.2，$p = 0.5$

(c) $10 \times 10 \times 10$ 表，アルゴリズム 6.1，$\lambda = 10$

(d) $10 \times 10 \times 10$ 表，アルゴリズム 6.1，$\lambda = 50$

図 6.4　$5 \times 5 \times 5$ 表，$10 \times 10 \times 10$ 表の尤度比統計量の標本分布，パス，コレログラム

て格子基底から移動を発生させた場合の結果である．$5 \times 5 \times 5$ 表より大きい表のモデルは，マルコフ基底が 4ti2 でも実用時間内に計算できないため，マルコフ基底を用いた場合との比較はできない．しかし，結果は非常に安定しており，ここでも格子基底による正確検定の実用性が確認できる．

一方，図 6.4(c), (d) は $10 \times 10 \times 10$ 表に対し，アルゴリズム 6.1 で $\lambda = 10, 50$ として格子基底から移動を発生させた場合の結果である．この結果を見ると，ヒストグラムやパスは不安定で，またパスに長期の系列相関が残っていることなどから，$3 \times 3 \times 3$ 表，$5 \times 5 \times 5$ 表の場合と比較するとやや結果が不安定であることが見てとれる．

しかしこの結果は格子基底を用いたことが直接の原因とも限らない．仮にマルコフ基底を用いたとしても，さほど結果は変わらなかったかもしれない．一般に表のサイズが大きくなり，それに伴ってモデルの次元も高くなった状況では，マルコフ基底を用いたとしても，標本サイズが小さく表が疎の場合には，移動の足し引きによる状態遷移が起こりづらくなる．また今回の実験のように標本サイズが大きい場合には，次数の低い移動の足し引きでは状態遷移は起こるものの，検定統計量の変化量が小さくなり，定常分布への収束は遅くなる．こうした状況では反復回数を増加させたり，検定統計量の変化量が大きくなるように次数の高い移動を恣意的に用いるなどの実装上の工夫も考えられるが，実際のところ，サイズが大きな表や次元の高いモデルに対して安定したマルコフ連鎖を生成することはさほど容易ではない．マルコフ基底，格子基底を用いた正確検定には，実装面でまだまだ多くの課題があるというのが現状である．

第 II 部

グラフィカルモデルと条件つき独立性

第 II 部では主に分割表に関する基本的なモデルである階層モデルとその重要な部分モデルをなすグラフィカルモデルの基本的な性質について，代数的な観点から解説する．まず第 7 章でグラフやハイパーグラフの用語を導入し，条件つき独立性がグラフによって表現されることを示す．次に第 8 章でコーダルグラフおよび階層モデルの既約成分への分解を扱う．第 9 章では，この分解の概念に基づく階層モデルの拡張を定義する．第 10 章ではグラフの三角化による効率的な推定アルゴリズムの構成を論じる．最後に第 11 章では条件つき独立性の推論のための imset の概念の基本事項を述べる．

第7章 階層モデルとグラフィカルモデル

本章では，次章以降の議論のために，分割表の階層モデルとグラフィカルモデルに関する基本的な事柄を整理する．

7.1 グラフ・ハイパーグラフ・単体的複体

本節では後節におけるグラフィカルモデルの議論の準備のために，グラフ，ハイパーグラフ，単体的複体に関する基本的な用語と諸概念を整理する．

7.1.1 無向グラフと有向グラフ

無向グラフ $\mathcal{G} = (V, E)$ とは頂点集合 V と辺の集合

$$E \subset \{\{v_1, v_2\} \mid v_1, v_2 \in V\}$$

の対によって定義される．両端点が等しい $v_1 = v_2$ 辺をループという．$\{v_1, v_2\} \in E$, $v_1 \neq v_2$ のとき v_1 と v_2 は $\mathcal{G}$ 上で隣接するという．2頂点間に複数の辺があるとき，それらを多重辺という．ループも多重辺も含まない無向グラフのことを単純無向グラフという．以下では単にグラフと言ったときには単純無向グラフを表すものとする．また，任意の2頂点間に辺があるグラフを特に**完全グラフ**という．

$V' \subset V$ を頂点集合の部分集合とする．いま，V' を頂点集合とし，

$$E' := E \cap (V' \times V')$$

を辺の集合とするグラフ (V', E') を $\mathcal{G}$ の V' に対する**誘導部分グラフ**といい，以下 $\mathcal{G}(V')$ と表す．$\mathcal{G}$ のある誘導部分グラフが完全グラフのとき，その誘導部分グラフ，あるいはその頂点集合を $\mathcal{G}$ の**クリーク**という．$\mathcal{G}$ のクリークの中で，頂点集合の包含関係に関して極大なクリークを特に**極大クリーク**と呼ぶ．

グラフ $\mathcal{G}$ 上の 2 頂点 v, v' 間の**パス**とは，頂点の列 $v = v_0, v_1, \ldots, v_k = v'$ で，$\{v_i, v_{i+1}\} \in E$, $i = 0, \ldots, k-1$ となるものをいう．このとき，v_i, v_{i+1} はパス内で隣接するという．$\mathcal{G}$ において，任意の 2 頂点間にパスが存在する場合，$\mathcal{G}$ は**連結である**という．逆に，ある 2 頂点間にパスが存在しないとき，$\mathcal{G}$ は連結でない，あるいは**非連結**であるという．非連結のグラフ $\mathcal{G}$ における極大で連結な誘導部分グラフの頂点集合を $\mathcal{G}$ の**連結成分**という．

パス $v_0, v_1, \ldots, v_k$ が $v_0 = v_k$ を満たすとき，このパスを**閉路**という．閉路内で隣接しない 2 頂点 v_i, v_j が $\{v_i, v_j\} \in E$ を満たすとき，$\{v_i, v_j\}$ をこの閉路の**弦** (chord) という．また，閉路が存在しない連結グラフを**木**という．

A, B, S を V の互いに排反な部分集合とする．S が A, B を**分離する**とは，A の任意の頂点 v_A と，B の任意の頂点 v_B を結ぶパスが，必ず S の頂点のいずれかを通ることをいう．言い換えれば S 以外の頂点集合に対する誘導部分グラフ $\mathcal{G}(V \setminus S)$ において，A のすべて頂点と B のすべて頂点が異なる連結成分に属することである．このとき S は $\mathcal{G}$ の**セパレータ**であるという．2 頂点 v_1, v_2 間に辺がないとき，v_1, v_2 を分離するセパレータが必ず存在する．特に，v_1, v_2 以外のすべての頂点 $V \setminus (v_1 \cup v_2)$ がそのセパレータとなっていることは容易に確認できる．このことは，完全でないグラフには必ずセパレータが存在すると言い換えることもできる．また，S がクリークのときは**クリークセパレータ**といい，$A \cup B \cup S = V$ のときは (A, B, S) の三つ組を $\mathcal{G}$ の**分解**と呼ぶ．クリークセパレータが存在するグラフを**可約グラフ** (reducible graph)，存在しないグラフを**既約グラフ** (prime graph) とそれぞれいう．

[例 7.1 (グラフとグラフの分解)]　上述のグラフに関する諸概念を例で確認

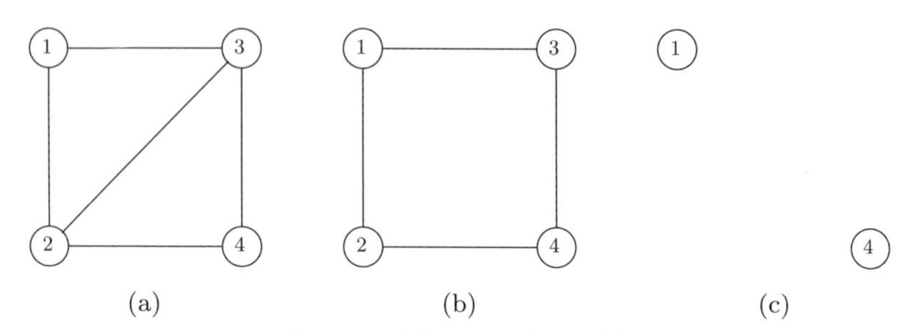

図 7.1　4 頂点のグラフとその分解

してみよう．図 7.1(a) のグラフ $\mathcal{G}_1 = (V, E_1)$ は

$$V = \{1, 2, 3, 4\}, \quad E_1 = \{\{1, 2\}, \{1, 3\}, \{2, 3\}, \{2, 4\}, \{3, 4\}\}$$

である．また，図 7.1(b) のグラフ $\mathcal{G}_2 = (V, E_2)$ は $\mathcal{G}_1$ から辺 $\{2, 3\}$ を取り除いたグラフで，

$$E_2 = \{\{1, 2\}, \{1, 3\}, \{2, 4\}, \{3, 4\}\}$$

となる．

$\mathcal{G}_1$ の極大クリークは $\{1, 2, 3\}$ と $\{2, 3, 4\}$ で，これらの部分集合はすべてクリークである．一方，$\mathcal{G}_2$ の極大クリークは 4 つの辺 $\{1, 2\}$, $\{1, 3\}$, $\{2, 4\}$, $\{3, 4\}$ である．$\mathcal{G}_1, \mathcal{G}_2$ のいずれにおいても頂点列，$1, 2, 4, 3, 1$ はパスで，しかも閉路になる．$\mathcal{G}_1$ では $1, 2, 3, 1$ や $2, 3, 4, 2$ なども閉路である．

いま $A = \{1\}$, $B = \{4\}$, $S = \{2, 3\}$ としよう．$\mathcal{G}_1, \mathcal{G}_2$ いずれの場合も S を取り除いた誘導部分グラフ $\mathcal{G}(V \setminus S)$ が図 7.1(c) のようになることから，S は $\mathcal{G}_1, \mathcal{G}_2$ のいずれにおいても A と B を分離するセパレータであることがわかる．

また，$\mathcal{G}_1$ においては S がクリークであることから，(A, B, S) は $\mathcal{G}_1$ の分解になっている．つまり $\mathcal{G}_1$ は可約グラフである．一方 $\mathcal{G}_2$ においては，S はクリークではないことから (A, B, S) は $\mathcal{G}_2$ の分解にはならない．実は $\mathcal{G}_2$ にはクリークセパレータが存在せず，したがって，$\mathcal{G}_2$ は既約グラフである．

7.1.2 有向グラフと有向木

辺に向きがあるグラフを**有向グラフ**という．図に書くときは辺の向きを矢線で表す．矢線で表された辺を**有向辺**という．有向グラフも $\mathcal{G} = (V, E)$ のように表されるが，その場合は，各辺 $\{v_1, v_2\} \in E$ を v_1 から v_2 への矢線を表す順序対であると考える．有向グラフの頂点の列 $v = v_0, v_1, \ldots, v_k = v'$ において，$\{v_i, v_{i+1}\} \in E$, $i = 0, \ldots, k-1$ が有向辺のとき，この頂点列を v から v' への**有向パス**という．ある頂点 v から出ていく矢線の数を v の**出次数**，ある頂点から入ってくる矢線の数を**入次数**という．ある無向木 $\mathcal{T}$ から任意の頂点 v を一つ選び，以下の性質を持つように各辺に矢線をつける．

(1) v の入次数は 0.

(2) v 以外の頂点の入次数は 1.

(3) v から v 以外の任意の頂点に有向パスが存在.

このような木は v から遠ざかる方向に矢線をつけていけば一意的に定まる．このときこの木を v を**根**とする**根つき木**，または**有向木**という．本書では $\mathcal{T}$ から作った v を根とする有向木を $\bar{\mathcal{T}}_v$ のように表すことにする．

$\bar{\mathcal{T}}_v$ 上で v_1 から v_2 に矢線が引かれているとき，v_1 を v_2 の親，逆に v_2 を v_1 の子という．また，$\bar{\mathcal{T}}_v$ 上で v_1 から v_2 への有向パスが存在するとき，v_1 を v_2 の**先祖**，逆に v_2 を v_1 の**子孫**と呼ぶ．v_2 の先祖の集合を $\mathrm{an}_{\bar{\mathcal{T}}_v}(v_2)$，$v_1$ の子孫の集合を $\mathrm{de}_{\bar{\mathcal{T}}_v}(v_1)$ とそれぞれ表すことにする．

[例 7.2（有向木）] 図 7.2(a) の木 $\mathcal{T}$ の v_1 を根とした有向木 $\bar{\mathcal{T}}_{v_1}$ は図 7.2(b) のように書ける．$\bar{\mathcal{T}}_{v_1}$ において，例えば v_5 の先祖，子孫の集合はそれぞれ

$$\mathrm{an}_{\bar{\mathcal{T}}_{v_1}}(v_5) = \{v_1, v_2\}, \quad \mathrm{de}_{\bar{\mathcal{T}}_{v_1}}(v_5) = \{v_6, v_7, v_8\}$$

となる．

7.1.3 ハイパーグラフ

ハイパーグラフ $\mathcal{H} = (V, \mathcal{D})$ とは，頂点集合 V と V の空でない部分集合族 $\mathcal{D}$ との対によって定義される．つまり，通常のグラフにおいては，辺が二つの頂点によって定義されるのに対し，ハイパーグラフは辺が任意の個数の頂点

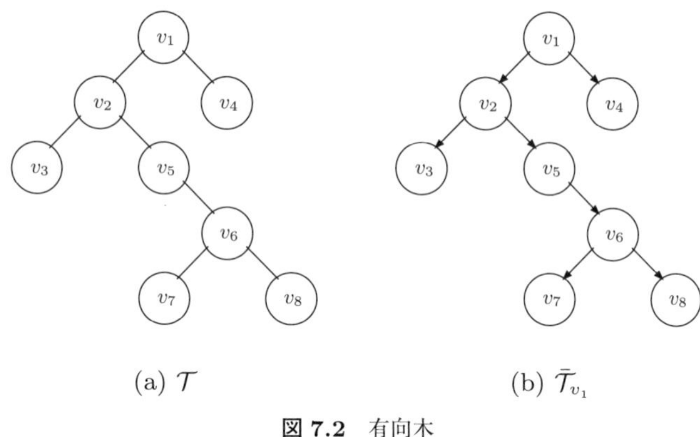

図 7.2 有向木

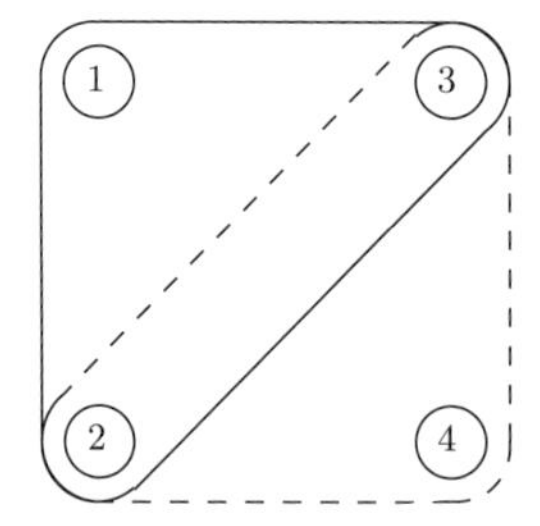

図 7.3 4頂点のハイパーグラフ

の集合からなるように一般化したものである．この一般化された辺，すなわち $\mathcal{D}$ の要素を**ハイパーエッジ**という．また，ハイパーエッジの空でない部分集合を**部分エッジ** (partial edge) という．すべてのハイパーエッジの要素数が2であるようなハイパーグラフは，通常のグラフと等価である．

[例 7.3 (ハイパーグラフ)] 図 7.1(a) のグラフ $\mathcal{G}_1$ に対し，極大クリークの集合 $\mathcal{D} = \{\{1,2,3\},\{2,3,4\}\}$ をハイパーエッジとするようなハイパーグラフ $\mathcal{H}_1 := (V, D)$ を考えることができる．このとき，$\mathcal{H}_1$ を図に描くならば図 7.3 のようになる．

また，図 7.1(b) のグラフ $\mathcal{G}_2$ についても同様に考えてみると，この場合は極大クリークの集合が辺の集合 E_2 になることから，これをハイパーエッジとするハイパーグラフ $\mathcal{H}_2$ は $\mathcal{G}_2$ と同等になる．

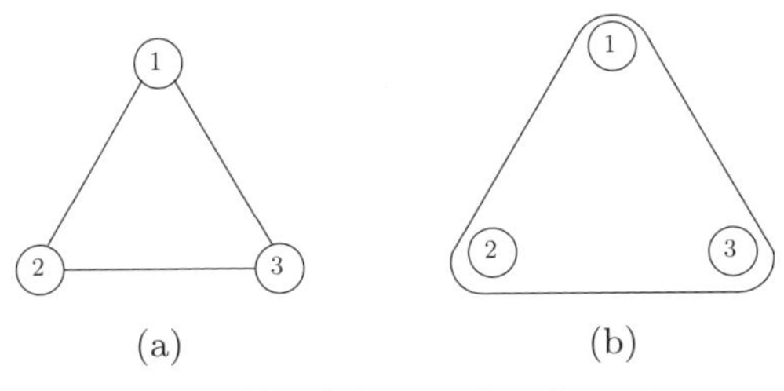

図 7.4　3 頂点の完全グラフとハイパーグラフ

この例のように，グラフを一つ与えると，その極大クリークの集合をハイパーエッジとするようなハイパーグラフが定義できる．このようなハイパーグラフをグラフの極大クリークが誘導するハイパーグラフと呼ぶことにする．また，逆にハイパーグラフ $\mathcal{H} = (V, \mathcal{D})$ を与えると，いずれかのハイパーエッジに含まれる 2 頂点からなるすべての集合

$$E = \{\{v_1, v_2\} \mid \{v_1, v_2\} \subset \exists D \in \mathcal{D}\}$$

を辺の集合とするグラフ $\mathcal{G} = (V, E)$ を定義することができる．これをハイパーグラフが誘導するグラフと呼ぶことにする．

[例 7.4（ハイパーグラフが誘導するグラフ）]　例 7.3 から図 7.1(a) のグラフ $\mathcal{G}_1$ が誘導するハイパーグラフは図 7.3 のハイパーグラフ $\mathcal{H}_1$ であった．次に $\mathcal{H}_1$ が誘導するグラフについて考える．ハイパーエッジの集合は $\mathcal{D} = \{\{1, 2, 3\}, \{2, 3, 4\}\}$ となるので，この二つのハイパーエッジのいずれかに含まれるすべての 2 頂点の集合は

$$E_1 = \{\{1, 2\}, \{1, 3\}, \{2, 3\}, \{2, 4\}, \{3, 4\}\}$$

となる．したがって，$\mathcal{H}_1$ が誘導するグラフは $\mathcal{G}_1$ となる．

次にグラフ $\mathcal{G}_3$ を 3 頂点の完全グラフ

$$\mathcal{G}_3 := (\{1, 2, 3\}, \{\{1, 2\}, \{2, 3\}, \{3, 1\}\})$$

とする（図 7.4(a)）．このグラフは完全グラフなので，極大クリークは頂点集合 $\{1, 2, 3\}$ となることから，この極大クリークが誘導するハイパーグラフは

$$\mathcal{H}_3 = \{\{1,2,3\},\{1,2,3\}\}$$

となる（図 7.4(b)）．また，$\mathcal{H}_3$ が誘導するグラフは $\mathcal{G}_3$ になる．

前述の通り，グラフはハイパーグラフの特殊形であるので，今度は $\mathcal{G}_3$ をハイパーグラフと見て $\mathcal{G}_3$ が誘導するグラフを考えると，それもまた $\mathcal{G}_3$ となることが容易に確認できる．このようにここで定義したグラフとハイパーグラフの関係は，一般には 1 対 1 にはならないことに注意が必要である．

ハイパーグラフと言った場合，一般には異なる二つのハイパーエッジに包含関係がある場合も含む．しかし本書では任意の異なる二つのハイパーエッジには包含関係が存在しないようなハイパーグラフのみを考えることにする．

グラフで定義した諸概念は，ハイパーグラフでも同様に定義が可能である．再びハイパーグラフを $\mathcal{H} = (V, \mathcal{D})$ と書くことにする．$V' \subset V$ を頂点集合の部分集合とする．

$$\{V' \cap D \mid D \in \mathcal{D}\}$$

という $\mathcal{H}$ のハイパーエッジと V' との積集合の集合族を考え，この集合族の包含関係に関する極大集合の族を $\mathcal{D}'$ とする．このとき，$\mathcal{H}' := (V', \mathcal{D}')$ を V' に対する $\mathcal{H}$ の誘導部分グラフと呼び，以下 $\mathcal{H}(V')$ と表す．

ハイパーグラフ $\mathcal{H}$ の 2 頂点 v, v' 間のパスとは，頂点の列 $v = v_0, v_1, \ldots, v_k = v'$ で，隣り合う 2 頂点を含むハイパーエッジが存在すること，すなわち

$$\{v_i, v_{i+1}\} \subset \exists D \in \mathcal{D}, \quad i = 0, \ldots, k-1$$

となるものをいう．ハイパーグラフの場合も，2 頂点 v, v' 間にパスが存在する場合，v と v' は連結であるという．また，$\mathcal{H}$ の任意の 2 頂点間にパスが存在する場合，$\mathcal{H}$ は連結であるといい，逆にある 2 頂点間にパスが存在しないとき，$\mathcal{H}$ は連結でない，あるいは非連結であるという．また，非連結のハイパーグラフ $\mathcal{H}$ における極大で連結な誘導部分グラフの頂点集合を $\mathcal{H}$ の連結成分という．

A, B, S を V の互いに排反な部分集合としたとき，ハイパーグラフにおい

ても S が A, B を分離するとは，A の任意の頂点 v_A と B の任意の頂点 v_B を結ぶパスが，必ず S の頂点のいずれかを通ることをいう．このとき，S を $\mathcal{H}$ のセパレータという．S が部分エッジのとき**部分エッジセパレータ** (partial edge separator) といい，$A \cup B \cup S = V$ のときに (A, B, S) の三つ組を $\mathcal{H}$ の分解と呼ぶ．部分エッジセパレータはグラフではクリークセパレータに対応する．部分エッジセパレータが存在するハイパーグラフを**可約ハイパーグラフ** (reducible hypergraph)，存在しないハイパーグラフを**既約ハイパーグラフ** (prime hypergraph) と呼ぶ．

7.1.4 単体的複体

頂点集合 V の非空な部分集合の族 Δ が，

$$A \in \Delta,\ B \subset A \Rightarrow B \in \Delta$$

を満たすとき，Δ を**単体的複体**という．Δ の要素を**面** (face)，Δ の包含関係に関する極大要素を**ファセット** (facet) という．ファセットが与えられると，そのすべての部分集合の族は単体的複体をなす．ファセットはハイパーグラフのハイパーエッジと考えることもできる．

また，頂点の部分集合 $V' \subset V$ に対して，$\Delta(V')$ を

$$\Delta(V') := \{D \cap V' \mid D \in \Delta, D \cap V' \neq \emptyset\}$$

と定義する．このとき，自明に $\Delta(V') \subset \Delta$ であり，$\Delta(V')$ もまた単体的複体である．

[例 7.5（4 頂点の単体的複体）] ファセットが $\mathcal{D} = \{\{1,2,3\}, \{2,4\}, \{3,4\}\}$ であるような単体的複体を考えると，

$$\Delta = \{\{1\}, \{2\}, \{3\}, \{4\}, \{1,2\}, \{2,3\}, \{3,1\}, \{2,4\}, \{3,4\}, \{1,2,3\}\}$$

となる．これを図示すると図 7.5 のようになる．これを見てもわかるとおり，単体的複体は同じ次元の面同士で貼り合わせてできる図形である．

また，$V' = \{1,2,3\}$ としたときに，$\Delta(V')$ は

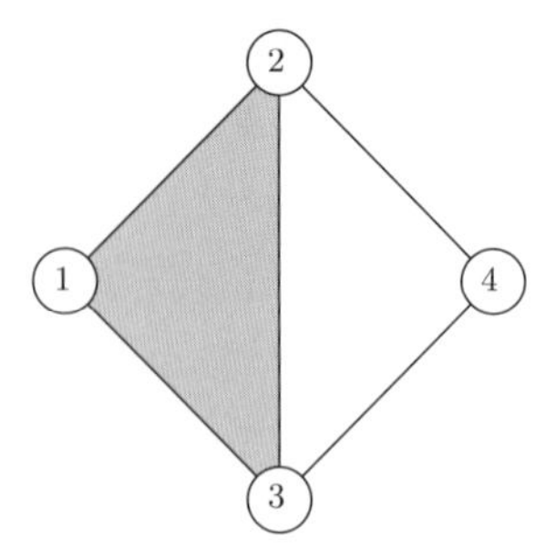

図 7.5　4 頂点の単体的複体

$$\Delta(V') = \{\{1\}, \{2\}, \{3\}, \{1,2\}, \{2,3\}, \{3,1\}, \{1,2,3\}\}$$

となる．

7.2　分割表の階層モデル

本節では前節までの準備を踏まえて，5.3 節でも述べた分割表の階層モデルを再定義する．$V := [m] = \{1, \ldots, m\}$ を m 元分割表の m 個の変数とする．また，$\mathcal{I}$ を分割表のセルの集合とする．$\mathcal{D}$ を V の部分集合の族で，

$$\bigcup_{D \in \mathcal{D}} D = V$$

を満たし，$\mathcal{D}$ の要素間に包含関係がないものとする．いま，$D \in \mathcal{D}$ に対し，$\mu_D :\ \mathcal{I}_D \mapsto \mathbb{R}$ を D に含まれる変数にのみ依存する関数と定義する．ここで，5.3 節で定義した階層モデルを再定義しておく．

[定義 7.6（階層モデル）]　Δ を，$\mathcal{D}$ をファセットとする単体的複体とする．$p(\boldsymbol{i})$ をセル確率としたときに，

$$\log p(\boldsymbol{i}) = \sum_{D \in \Delta} \mu_D(\boldsymbol{i}_D) \tag{7.1}$$

のように表されるモデルを，**階層モデル**といい，$\mathcal{L}_\Delta$ と表す．また，このとき，$\mathcal{D}$ をこのモデルの**生成集合族**という．$\mu_D(\boldsymbol{i}_D)$ は $|D| = 1$ のときはその変数の主効果を，$|D| \geq 2$ のときは，D に含まれる変数間の交互作用をそれぞ

れ表す自由なパラメータである．

このモデルでは，$D \in \mathcal{D}$ に含まれる変数間の交互作用が存在するなら，D の部分集合 $D' \subset D$ に対する交互作用も存在する．このようにモデル内の交互作用の構造に，単体的複体が有する階層が存在することから階層モデルと呼ばれる．また，式(7.1)のモデルは $D' \subset D \in \mathcal{D}$ に対する交互作用項を D の交互作用項に吸収させると，第 4 章で定義した

$$\log p(\boldsymbol{i}) = \sum_{D \in \mathcal{D}} \mu_D(\boldsymbol{i}_D) \tag{7.2}$$

という形に書きかえられる．

[例 7.7（2 元完全独立モデル）] 2 元分割表の場合は $V = \{1, 2\}$ で，2 元完全独立モデルは，$\mathcal{D} = \{\{1\}, \{2\}\}$ を生成集合族とする階層モデル

$$\log p(\boldsymbol{i}) = \mu_1(\boldsymbol{i}_1) + \mu_2(\boldsymbol{i}_2)$$

として定義できる．

[例 7.8（飽和モデル）] 生起確率 $p(\boldsymbol{i})$ に，確率の和が 1

$$\sum_{\boldsymbol{i} \in \mathcal{I}} p(\boldsymbol{i}) = 1$$

という制約以外の制約を設けないモデルを**飽和モデル**という．飽和モデルは $\mathcal{D} = \{V\}$ を生成集合族とする階層モデルである．

分割表 $\boldsymbol{x} = \{x(\boldsymbol{i}) \mid \boldsymbol{i} \in \mathcal{I}\}$ が与えられたときに，階層モデルの対数尤度は，パラメータに依存しない部分を省略すると，

$$\begin{aligned}\sum_{\boldsymbol{i} \in \mathcal{I}} x(\boldsymbol{i}) \log p(\boldsymbol{i}) &= \sum_{\boldsymbol{i} \in \mathcal{I}} x(\boldsymbol{i}) \sum_{D \in \mathcal{D}} \mu_D(\boldsymbol{i}_D) \\ &= \sum_{D \in \mathcal{D}} x_D(\boldsymbol{i}_D) \mu_D(\boldsymbol{i}_D)\end{aligned}$$

と書くことができる．したがって，階層モデルは指数型分布族で，$\{\mu_D(\boldsymbol{i}_D) \mid D \in \mathcal{D}\}$ が自然母数，生成集合に対するすべての周辺頻度の集合

$$\boldsymbol{t} = \{x(\boldsymbol{i}_D) \mid \boldsymbol{i}_D \in \mathcal{I}_D, D \in \mathcal{D}\} \tag{7.3}$$

が十分統計量となることがわかる．$n = \sum_{\boldsymbol{i} \in \mathcal{I}} x(\boldsymbol{i})$ を総頻度としたときに尤度方程式は

$$x(\boldsymbol{i}_D) = np(\boldsymbol{i}_D), \quad \boldsymbol{i}_D \in \mathcal{I}_D, \quad D \in \mathcal{D} \tag{7.4}$$

となる．この尤度方程式は一般には明示的な解を持たないが，シンプルな反復計算アルゴリズムによって最尤推定量（以下，MLE）の数値計算は比較的容易である．MLE の計算法については第 10 章で詳細に議論する．

$\mathcal{D}$ は要素間に包含関係がない変数の集合族であったから，ハイパーグラフのハイパーエッジと考えることができる．したがって，階層モデルを定めると，それに対応してハイパーグラフが一つ定まる．それを $\mathcal{H}_{\mathcal{D}}$ と書くことにする．$\mathcal{H}_{\mathcal{D}}$ が誘導するグラフを $\mathcal{G}_{\mathcal{D}}$ と書くことにしよう．$\mathcal{D}$ が $\mathcal{G}_{\mathcal{D}}$ の極大クリークの集合であるとき，その階層モデルを特に**グラフィカルモデル**という．

[例 7.9（4 元グラフィカルモデル）]　4 元分割表 $V_1 = \{1,2,3,4\}$ の生成集合族 $\mathcal{D}_1 = \{\{1,2,3\},\{2,3,4\}\}$ に対する階層モデル

$$p(\boldsymbol{i}) = \mu_{123}(\boldsymbol{i}_{123}) + \mu_{234}(\boldsymbol{i}_{234})$$

を考える．このモデルに対応するハイパーグラフ $\mathcal{H}_{\mathcal{D}_1}$ は図 7.4(b) のハイパーグラフである．また，$\mathcal{H}_{\mathcal{D}_1}$ が誘導するグラフ $\mathcal{G}_{\mathcal{D}_1}$ は図 7.1(a) のグラフとなる．$\mathcal{D}_1 = \{\{1,2,3\},\{2,3,4\}\}$ は $\mathcal{G}_{\mathcal{D}_1}$ の極大クリークの集合となっているので，このモデルはグラフィカルである．

[例 7.10（3 元飽和モデル）]　次に 3 元分割表 $V_2 = \{1,2,3\}$ の飽和モデルを考える．飽和モデルは生成集合族が $\mathcal{D}_2 = \{\{1,2,3\}\}$ の階層モデル

$$\log p(\boldsymbol{i}) = \mu_{123}(\boldsymbol{i}_{123}) = \mu_{123}(\boldsymbol{i})$$

である．このモデルに対応するハイパーグラフ $\mathcal{H}_{\mathcal{D}_2}$ は図 7.4(b) のハイパーグラフ，$\mathcal{H}_{\mathcal{D}_2}$ が誘導するグラフ $\mathcal{G}_{\mathcal{D}_2}$ は図 7.4(b) の完全グラフである．このグラフの極大クリークは $\mathcal{D}_2 = \{\{1,2,3\}\}$ であるので，このモデルもグラフィカル

である．このモデルの式(7.1)の表現は

$$\begin{aligned}\log p(\boldsymbol{i}) &= \mu_1(\boldsymbol{i}_1) + \mu_2(\boldsymbol{i}_2) + \mu_3(\boldsymbol{i}_3) \\ &\quad + \mu_{12}(\boldsymbol{i}_{12}) + \mu_{23}(\boldsymbol{i}_{23}) + \mu_{31}(\boldsymbol{i}_{31}) + \mu_{123}(\boldsymbol{i}_{123})\end{aligned} \tag{7.5}$$

となる．

[例 7.11（無 3 因子交互作用モデル）] 次に 3 元分割表の生成集合族

$$\mathcal{D}_3 = \{\{1,2\},\{2,3\},\{3,1\}\}$$

に対する階層モデル

$$\log p(\boldsymbol{i}) = \mu_{12}(\boldsymbol{i}_{12}) + \mu_{23}(\boldsymbol{i}_{23}) + \mu_{31}(\boldsymbol{i}_{31})$$

を考える．このモデルに関しては，対応するハイパーグラフ $\mathcal{H}_{\mathcal{D}_3}$ のすべてのハイパーエッジは 2 頂点からなり，したがって，$\mathcal{H}_{\mathcal{D}_3}$ はそれが誘導するグラフ $\mathcal{G}_{\mathcal{D}_2}$ と等価で，図 7.4(a) のグラフとなる．しかしこのグラフの極大クリークは $\{1,2,3\}$ であるので，生成集合族 $\mathcal{D}_3$ と一致しない．したがって，このモデルはグラフィカルではない．このモデルは階層モデルとグラフィカルの差分に属するモデルということになる．

いま，このモデルを式(7.1)のように書き換えると，

$$\log p(\boldsymbol{i}) = \mu_1(\boldsymbol{i}_1) + \mu_2(\boldsymbol{i}_2) + \mu_3(\boldsymbol{i}_3) + \mu_{12}(\boldsymbol{i}_{12}) + \mu_{23}(\boldsymbol{i}_{23}) + \mu_{31}(\boldsymbol{i}_{31})$$

となる．したがって，このモデルは式(7.5)の 3 元の飽和モデルの 3 因子交互作用項に

$$\mu_{123}(\boldsymbol{i}) = 0, \quad \boldsymbol{i} \in \mathcal{I}$$

という制約を入れたモデルであると考えることもできる．

グラフィカルモデルはその定義から階層モデルの部分モデルになっているが，この例からもわかるとおり，逆に階層モデルはグラフィカルモデルに制約を入れたモデルであると考えることもできることに注意する．

7.3 グラフと条件つき独立関係

前節で階層モデルを与えると，それに対応してグラフ $\mathcal{G}_D$ が定まることを見た．実はこのグラフは変数間の条件つき独立関係を表しており，**条件つき独立グラフ** (independence graph) と呼ばれる．ここでは階層モデル，グラフィカルモデルの変数間の条件つき独立性とグラフとの関係について考える．

ここでは前節の最後で考えたように，階層モデルはグラフィカルモデルに制約を入れたモデルであると考え，グラフィカルモデルと言ったときには，階層モデルもその特殊形として含まれるとする．

いま，$V := [m] = \{1, 2, \ldots, m\}$ を変数とする m 元分割表のセル確率 $\{p(\boldsymbol{i}) \mid \boldsymbol{i} \in \mathcal{I}\}$ と V を頂点集合とするグラフ $\mathcal{G}$ を一つ与える．

A, B, S を $\mathcal{G}$ 上で S が A, B を分離するような任意の V の部分集合の互いに排反な三つ組とする．いま，セル確率 $p(\boldsymbol{i})$ が $A \perp\!\!\!\perp B \mid S$，すなわち

$$p(\boldsymbol{i}) = \frac{p(\boldsymbol{i}_{A\cup S})p(\boldsymbol{i}_{B\cup S})}{p(\boldsymbol{i}_S)}$$

を満たすとき，このセル確率が定義する確率分布は $\mathcal{G}$ に対して**大域的マルコフ性**を持つという．このとき Hammersly-Clifford の定理と呼ばれる以下の定理が成り立つ．

[定理 7.12 (Hammersly-Clifford の定理)]　m 元分割表のセル確率 $p(\boldsymbol{i})$ のモデルがグラフ $\mathcal{G}$ が定義するグラフィカルモデルであるとき，$p(\boldsymbol{i})$ は $\mathcal{G}$ に対する大域的マルコフ性を持つ．逆に，セル確率が各セルにおいて正，$p(\boldsymbol{i}) > 0,\ \boldsymbol{i} \in \mathcal{I}$ という条件を満たし，かつ $\mathcal{G}$ に対する大域的マルコフ性を持つならば，そのセル確率は $\mathcal{G}$ が定義するグラフィカルモデルである．

証明　(十分性) $p(\boldsymbol{i})$ が $\mathcal{G}$ に基づくグラフィカルモデルであると仮定する．$\mathcal{C}$ を $\mathcal{G}$ の極大クリークの集合とすると，$p(\boldsymbol{i})$ は式(7.2)の表現に対応して

$$p(\boldsymbol{i}) = \sum_{C\in\mathcal{C}} \mu_C(\boldsymbol{i}_C) \tag{7.6}$$

と表される．ここで，(A, B, S) を S が $\mathcal{G}$ 上で A, B を分離するような V の任

意の排反な部分集合の三つ組としたときに，$A \perp\!\!\!\perp B \mid S$ となることを示そう．$\bar{A} \subset V$ を $\bar{A} \cap S = \emptyset$ を満たし，S によって A と分離されない頂点の集合とする．また，$\bar{B} := V \setminus (\bar{A} \cup S)$ で定義する．このとき，$\bar{A}, \bar{B}, S$ は互いに排反，$V = \bar{A} \cup \bar{B} \cup S$ を満たし，また，S は $\bar{A}$ と $\bar{B}$ を分離する．したがって，任意のクリーク C は，$C \cap \bar{A} \neq \emptyset$, $C \cap \bar{B} \neq \emptyset$, $C \subset S$ のいずれか一つを満たす．これを用いるとモデル式(7.6)は

$$\log p(\boldsymbol{i}) = \sum_{C:C\cap\bar{A}\neq\emptyset} \mu_C(\boldsymbol{i}_C) + \sum_{C:C\cap\bar{B}\neq\emptyset} \mu_C(\boldsymbol{i}_C) + \sum_{C:C\subset S} \mu_C(\boldsymbol{i}_C)$$

と書き直すことができる．ここで $p(\boldsymbol{i})$ を周辺セル $\boldsymbol{i}_{\bar{A}\setminus A} \in \mathcal{I}_{\bar{A}\setminus A}$, $\boldsymbol{i}_{\bar{B}\setminus B} \in \mathcal{I}_{\bar{B}\setminus B}$ について和をとることによって $A \cup B \cup S$ に関する周辺確率を求めると，

$$\begin{aligned}
p_{A\cup B\cup S}(\boldsymbol{i}_{A\cup B\cup S}) &= \sum_{\boldsymbol{i}_{\bar{A}\setminus A}\in\mathcal{I}_{\bar{A}\setminus A}} \sum_{\boldsymbol{i}_{\bar{B}\setminus B}\in\mathcal{I}_{\bar{B}\setminus B}} p(\boldsymbol{i}) \\
&= \sum_{\boldsymbol{i}_{\bar{A}\setminus A}\in\mathcal{I}_{\bar{A}\setminus A}} \exp\left(\sum_{C:C\cap\bar{A}\neq\emptyset} \mu_C(\boldsymbol{i}_C) \right) \\
&\quad \times \sum_{\boldsymbol{i}_{\bar{B}\setminus B}\in\mathcal{I}_{\bar{B}\setminus B}} \exp\left(\sum_{C:C\cap\bar{B}\neq\emptyset} \mu_C(\boldsymbol{i}_C) \right) \\
&\quad \times \exp\left(\sum_{C:C\subset S} \mu_C(\boldsymbol{i}_C) \right)
\end{aligned}$$

となる．ここで

$$\begin{aligned}
g_{A\cup S}(\boldsymbol{i}_{A\cup S}) &= \sum_{\boldsymbol{i}_{\bar{A}\setminus A}\in\mathcal{I}_{\bar{A}\setminus A}} \exp\left(\sum_{C:C\cap\bar{A}\neq\emptyset} \mu_C(\boldsymbol{i}_C) \right) \\
g_{B\cup S}(\boldsymbol{i}_{A\cup S}) &= \sum_{\boldsymbol{i}_{\bar{B}\setminus B}\in\mathcal{I}_{\bar{B}\setminus B}} \exp\left(\sum_{C:C\cap\bar{B}\neq\emptyset} \mu_C(\boldsymbol{i}_C) \right) \cdot \exp\left(\sum_{C:C\subset S} \mu_C(\boldsymbol{i}_C) \right)
\end{aligned}$$

と書くことにすると，

$$p_{A\cup B\cup S}(\boldsymbol{i}_{A\cup B\cup S}) = g_{A\cup S}(\boldsymbol{i}_{A\cup S}) h_{B\cup S}(\boldsymbol{i}_{B\cup S})$$

と書けるので，$A \perp\!\!\!\perp B \mid S$ が成り立つ．

（必要性）$p(\boldsymbol{i}) > 0, \forall \boldsymbol{i} \in \mathcal{I}$ を仮定する．$\boldsymbol{i}^* \in \mathcal{I}$ を任意のセルとする．$A \subset V$ に対して，

$$H_A(\boldsymbol{i}) := \log p(\boldsymbol{i}_A, \boldsymbol{i}^*_{A^C}) \tag{7.7}$$

と置く．ここで，$\boldsymbol{i}^*_{A^C}$ は固定されており，$H_A(\boldsymbol{i})$ は $\boldsymbol{i}_A \in \mathcal{I}_A$ のみに依存することに注意する．ここで，

$$\mu_A(\boldsymbol{i}_A) := \sum_{B:B\subset A} (-1)^{|A\setminus B|} H_B(\boldsymbol{i}_B) \tag{7.8}$$

と定義すると，メビウスの反転公式から，

$$H_B(\boldsymbol{i}) = \sum_{A:A\subset B} \mu_A(\boldsymbol{i}_A) \tag{7.9}$$

が成り立つ．特に式(7.7)で $B = V$ と置けば，式(7.9)は

$$\log p(\boldsymbol{i}) = \sum_{A:A\subset V} \mu_A(\boldsymbol{i}_A) \tag{7.10}$$

となる．

ここで $A \subset V$ を，対応する $\mathcal{G}$ の誘導部分グラフ $\mathcal{G}(A)$ が完全でないような変数集合としよう．いま，$v_1, v_2 \in A$ を $\mathcal{G}(A)$ 上で隣接しない2変数とする．また，$R = A \setminus (v_1 \cup v_2)$ とする．このとき，式(7.8)より，

$$\begin{aligned}\mu_A(\boldsymbol{i}_A) = \sum_{B\subset R} (-1)^{|R\setminus B|} \bigl\{ & H_B(\boldsymbol{i}_B) - H_{B\cup\{v_1\}}(\boldsymbol{i}_{B\cup\{v_1\}}) - H_{B\cup\{v_2\}}(\boldsymbol{i}_{B\cup\{v_2\}}) \\ & + H_{B\cup\{v_1,v_2\}}(\boldsymbol{i}_{B\cup\{v_1,v_2\}}) \bigr\}\end{aligned} \tag{7.11}$$

となる．ここで $U = V \setminus \{v_1, v_2\}$ と置く．U が v_1 と v_2 を分離しており，したがって，仮定から

$$p(i_{v_1}, i_{v_2} \mid \boldsymbol{i}_B, \boldsymbol{i}^*_{U\setminus B}) = p(i_{v_1} \mid \boldsymbol{i}_B, \boldsymbol{i}^*_{U\setminus B}) \cdot p(i_{v_2} \mid \boldsymbol{i}_B, \boldsymbol{i}^*_{U\setminus B})$$

となることに注意すると，

$$
\begin{aligned}
H_{B\cup\{v_1,v_2\}}(\boldsymbol{i}) - H_{B\cup\{v_1\}}(\boldsymbol{i}) &= \log \frac{p(\boldsymbol{i}_B, i_{v_1}, i_{v_2}, \boldsymbol{i}^*_{U\setminus B})}{p(\boldsymbol{i}_B, i_{v_1}, i^*_{v_2}, \boldsymbol{i}^*_{U\setminus B})} \\
&= \log \frac{p(i_{v_1}|\boldsymbol{i}_B, \boldsymbol{i}^*_{U\setminus B})p(i_{v_2}|\boldsymbol{i}_B, \boldsymbol{i}^*_{U\setminus B})}{p(i_{v_1}|\boldsymbol{i}_B, \boldsymbol{i}^*_{U\setminus B})p(i^*_{v_2}|\boldsymbol{i}_B, \boldsymbol{i}^*_{U\setminus B})} \\
&= \log \frac{p(i^*_{v_1}|\boldsymbol{i}_B, \boldsymbol{i}^*_{U\setminus B})p(i_{v_2}|\boldsymbol{i}_B, \boldsymbol{i}^*_{U\setminus B})}{p(i^*_{v_1}|\boldsymbol{i}_B, \boldsymbol{i}^*_{U\setminus B})p(i^*_{v_2}|\boldsymbol{i}_B, \boldsymbol{i}^*_{U\setminus B})} \\
&= \log \frac{p(\boldsymbol{i}_B, i^*_{v_1}, i_{v_2}, \boldsymbol{i}^*_{U\setminus B})}{p(\boldsymbol{i}_B, i^*_{v_1}, i^*_{v_2}, \boldsymbol{i}^*_{U\setminus B})} \\
&= H_{B\cup\{v_2\}}(\boldsymbol{i}_{B\cup\{v_2\}}) - H_B(\boldsymbol{i}_B)
\end{aligned}
$$

となる．これを式(7.11)に代入することにより，$\mathcal{G}(A)$ が完全でないときは $\mu_A(\boldsymbol{i}_A) = 0$ となることがわかる．これはすなわち式(7.10)がグラフィカルモデルであることを示している． ∎

例 7.10, 7.11 でも見たとおり，モデルとモデルに付随するグラフの関係は 1 対 1 ではなく，一般には一つのグラフに対し複数の階層モデルが対応する．したがって，変数間の条件つき独立関係が同一であるような階層モデルが複数存在することには注意が必要である．

第8章

単体的複体の既約成分への分解

本章ではハイパーグラフの分離，分解と階層モデル・グラフィカルモデルにおける条件つき独立，尤度の分解との関係について議論する．

8.1 ハイパーグラフの分解

7.1.1, 7.1.3 項でグラフ，ハイパーグラフの分離・分解の概念を導入したが，本節ではハイパーグラフの分解に関してより詳細に議論する．ここではハイパーグラフの分解として議論を進めるが，ハイパーグラフが誘導するグラフにおいても同様の議論が成立する．

ハイパーグラフを $\mathcal{H} = (V, \mathcal{D})$ と書く．$\mathcal{H}$ の 2 頂点 $v_1, v_2 \in V$ が連結で，しかもこれらを分離する部分エッジセパレータが存在しないとき，v_1, v_2 は**強連結** (tightly connected) であるという．グラフの場合には，任意のクリークセパレータで v_1, v_2 が分離されないときに v_1, v_2 が強連結であると定義する．頂点集合 V の部分集合 $C \subset V$ の任意の 2 頂点が強連結であるとき，C を $\mathcal{H}$ の**既約成分**と呼ぶことにする．既約成分のうち包含関係に関して極大なものを $\mathcal{H}$ の**極大既約成分**という．$\mathcal{C}$ を $\mathcal{H}$ の既約既約成分の集合とする．$\mathcal{C}$ の要素数を K とする．いま，極大既約成分の列 $C_{(1)}, \ldots, C_{(K)}$ に対し，$H_{(k)}$, $k = 1, \ldots, K$ を

$$H_{(k)} := C_{(1)} \cup \cdots \cup C_{(k)} \tag{8.1}$$

で定義する．このとき，うまく $C_{(1)}, \ldots, C_{(K)}$ の順序を選ぶと，

$$\forall k > 2, \exists j < k: \quad C_{(k)} \cap H_{(k-1)} \subset C_{(j)} \tag{8.2}$$

という性質を満たすことが知られている．このような列を既約成分の**完全列**と呼ぶ．また，式(8.2)の性質は **running intersection property**（以下，RIP と表す）と呼ばれる．

v_1, v_2 を $\mathcal{H}$ の同一のハイパーエッジに含まれない 2 頂点とする．すなわち v_1, v_2 は

$$\{v_1, v_2\} \not\subseteq D, \quad \forall D \in \mathcal{D}$$

を満たす 2 頂点である．このとき v_1 と v_2 を分離するセパレータが一般には複数存在する．そのうち，包含関係に関して極小なものを v_1, v_2 の **minimal vertex separator**（以下，MVS）という．v_1, v_2 を固定しても MVS は一般に一意的ではない．そこで v_1, v_2 に対する MVS の集合を $\mathcal{S}_{v_1, v_2}$ で表すことにする．$\bar{S}$ をすべての 2 頂点の組に対する MVS 全体の集合

$$\bar{S} := \bigcup_{(v_1, v_2) \notin E(D), \forall D \in \mathcal{D}} \mathcal{S}_{v_1, v_2}$$

とする．このとき $\bar{S}$ をハイパーグラフ $\mathcal{H}$ の MVS の集合と呼ぶことにする．MVS は必ずしも部分エッジではないが，$\bar{S}$ の中で部分エッジセパレータであるものを特に**部分エッジ MVS** という．特に $\mathcal{H}$ が誘導するグラフにおいて，部分エッジ MVS はクリークをなすので，グラフの文脈では**クリーク MVS** ということもある．部分エッジ MVS の集合を $\mathcal{S}$ で表すことにする．実は完全列 $C_{(1)}, \ldots, C_{(K)}$ に対し，

$$S_{(k)} := C_{(k)} \cap H_{(k-1)}, \quad k = 2, \ldots, K \tag{8.3}$$

と定義すると，

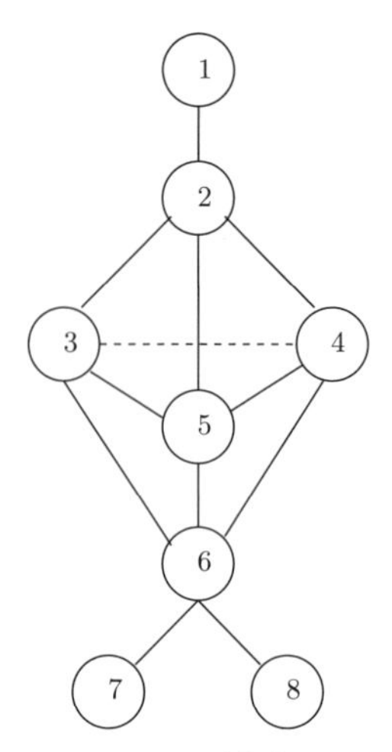

図 8.1　グラフの例（点線 $\{3,4\}$ も辺）

$$\mathcal{S} = \{S_{(2)}, \ldots, S_{(K)}\}$$

となることが知られている．

ここで，$Q_{(k)}, R_{(k)}$, $k = 2, \ldots, K$ をそれぞれ

$$Q_{(k-1)} := H_{(k-1)} \setminus S_{(k)}, \quad R_{(k)} := C_{(k)} \setminus S_{(k)} \tag{8.4}$$

と定義する．このとき，$S_{(k)}$ は $\mathcal{H}$ 上で $Q_{(k-1)}$，$R_{(k)}$ を分離する部分エッジ MVS であることが知られている．

一般に $\mathcal{S}$ の要素数は $K-1$ 以下である．すなわち $S_{(2)}, \ldots, S_{(K)}$ 内には同じ要素が複数回現れることがある．$S_{(2)}, \ldots, S_{(K)}$ 内で $S \in \mathcal{S}$ が現れる回数

$$\nu(S) := \#\{k \mid S_{(k)} = S\}$$

を部分エッジ MVS S の**多重度** (multiplicity) という．

[例 8.1]　図 8.1 のグラフを $\mathcal{G} = (V, E)$ とする．ここで，

$$V = \{1, \ldots, 8\},$$
$$E = \big\{\{1,2\}, \{2,3\}, \{2,4\}, \{2,5\}, \{3,4\}, \{3,5\},$$
$$\{4,5\}, \{3,6\}, \{4,6\}, \{5,6\}, \{6,7\}, \{6,8\}\big\}$$

である．また，$\mathcal{G}$ が誘導するハイパーグラフを $\mathcal{H} = (V, \mathcal{D})$ と書く．ここで，

$$\mathcal{D} = \{\{1,2\}, \{2,3,4,5\}, \{3,4,5,6\}, \{6,7\}, \{6,8\}\}$$

である．$\mathcal{H}$ の極大既約成分は $\mathcal{D}$ で，例えば，

$$\{1,2\}, \{2,3,4,5\}, \{3,4,5,6\}, \{6,7\}, \{6,8\}$$

は RIP を満たし，$\mathcal{H}$ の完全列となる．部分エッジ MVS の集合は $\{\{2\}, \{3,4,5\}, \{6\}\}$ となり，$\{6\}$ の多重度は 2，$\{2\}, \{3,4,5\}$ の多重度は 1 である．

次に $\mathcal{G}$ をハイパーグラフと見なした場合を考えてみよう．$\{3,4,5\}$ は $\mathcal{G}$ の MVS ではあるが，これを含むハイパーエッジは存在しないので，部分エッジセパレータにはならない．この場合，極大既約成分の集合は

$$\{\{1,2\}, \{2,3,4,5,6\}, \{6,7\}, \{6,8\}\}$$

となり，例えば，

$$\{1,2\}, \{2,3,4,5,6\}, \{6,7\}, \{6,8\}$$

は $\mathcal{G}$ の完全列となる．部分エッジ MVS の集合は $\{\{2\}, \{6\}\}$ となり，$\{6\}$ の多重度は 2，$\{2\}$ の多重度は 1 となる．

8.2　コーダルグラフとその性質

コーダルグラフ (chordal graph) とは，長さ 4 以上で弦のない閉路が存在しないグラフと定義される．図 8.2 のグラフはコーダルグラフの例である．図 8.3(a) のグラフは，1, 2, 4, 3, 1 と 3, 4, 6, 5, 3 の二つの閉路に弦がないのでコーダルではない．コーダルグラフとは，直感的には長さ 4 以上の閉路があった

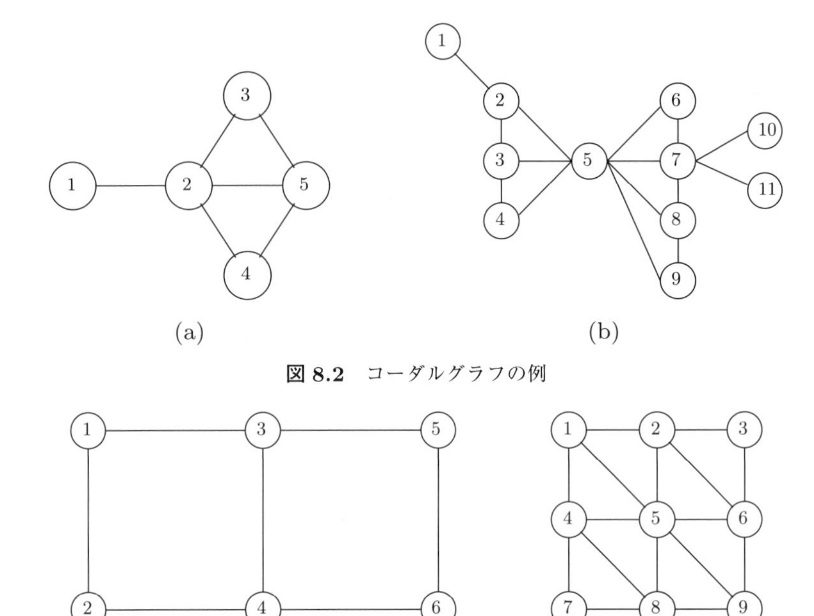

図 8.2　コーダルグラフの例

図 8.3　コーダルでないグラフの例

ときに，対角線を引いて三角化したグラフと考えることができる．しかし，図8.3(b) のグラフのように，三角形の組合せでできているようなグラフでも，$1, 4, 8, 9, 6, 2, 1$ という閉路には弦がないので，このような場合はコーダルグラフではない．

後述するようにコーダルグラフは 5.3 節で導入した分解可能モデルというグラフィカルモデルの特殊な部分モデルを定義するグラフであるとともに，一般の階層モデル，グラフィカルモデルの推測アルゴリズムの効率化を考える上でも重要な役割を果たすグラフのクラスである．以下ではコーダルグラフの諸性質を整理する．厳密な証明などは Lauritzen [36] などを参照されたい．

コーダルグラフが誘導するハイパーグラフでは，すべての極大既約成分が極大クリークになることが知られている．逆に，誘導されるハイパーグラフのすべての極大既約成分が極大クリークであるようなグラフはコーダルグラフに限られる．したがって，コーダルグラフには式(8.2)の RIP を満たす極大クリー

クの完全列 $C_{(1)}, \ldots, C_{(K)}$ が存在する．前節で述べたとおり，完全列が与えられると式(8.3)によって，クリーク MVS の集合 $\mathcal{S} = \{S_{(2)}, \ldots, S_{(K)}\}$ が定義されるが，コーダルグラフの場合は，MVS 全体の集合 $\bar{\mathcal{S}}$ がクリーク MVS の集合 $\mathcal{S}$ と等しくなることが知られている．言い方を換えれば，コーダルグラフの MVS はすべてクリークである．また，実は逆に，MVS がすべてクリークであるようなグラフはコーダルグラフであることも知られている．

グラフ $\mathcal{G} = (V, E)$ の頂点 $v \in V$ に対し $N_{\mathcal{G}}(v)$ を $\mathcal{G}$ 上で v と隣接する頂点の集合

$$N_{\mathcal{G}}(v) := \{v' \in v \mid (v, v') \in E\}$$

と定義する．$N_{\mathcal{G}}(v)$ が $\mathcal{G}$ 上でクリークをなすような頂点 v を**単体的頂点**と言う．$\mathcal{G}$ の頂点数を m としよう．頂点の列 $v_{(1)}, \ldots, v_{(m)}$ があって，その各頂点 $v_{(i)}, i = 1, \ldots, m$ が誘導部分グラフ $\mathcal{G}(\{v_{(i)}, \ldots, v_{(m)}\})$ の単体的頂点になっているとき，この頂点列 $v_{(1)}, \ldots, v_{(m)}$ を $\mathcal{G}$ の**完全消去列** (perfect elimination sequence) と言う．例えば図 8.2(a) のグラフの場合，$1, 4, 2, 3, 5$ や $3, 1, 5, 4, 2$ などは完全消去列であることが容易に確認できる．このように完全消去列は存在しても一意的ではないが，グラフによっては存在しないことある．図 8.3(a) のグラフの場合について考えてみると，このグラフにはそもそも単体的頂点が存在しないので，完全消去列も存在しないことがわかる．実は完全消去列が存在することはグラフがコーダルであることと同値であることが知られている．以下のアルゴリズムは，完全消去列の存在の有無によってグラフがコーダルであるか否かを判定するために用いられる．

[アルゴリズム 8.2 (maximum cardinality search)]

ステップ 1： 任意の頂点 $v \in V$ を一つ選び $v \leftarrow v_1$ とする．

ステップ 2： $j \leftarrow 1$.

ステップ 3： 頂点 $\{v_1, v_2, \ldots, v_j\}$ が定まっているとする．
残りの頂点 $v \in V \setminus \{v_1, v_2, \ldots, v_j\}$ で $N_{\mathcal{G}}(v) \cap \{v_1, v_2, \ldots, v_j\}$ の要素数を最大にする v に対し，$v \leftarrow v_{j+1}$ とする．

ステップ 4： $N_{\mathcal{G}}(v_{j+1}) \cap \{v_1, v_2, \ldots, v_j\}$ がクリークでなければコーダルでな

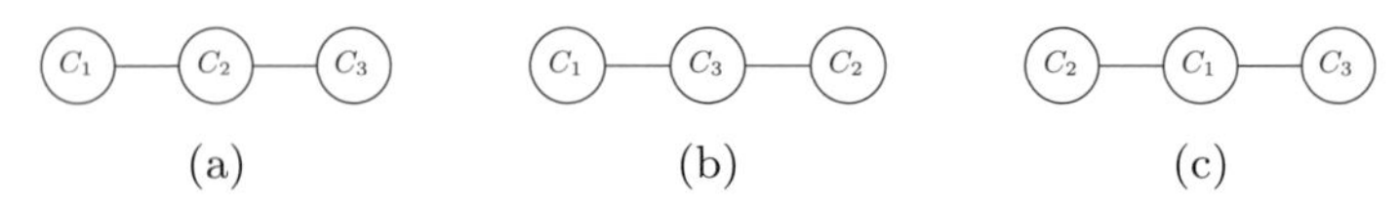

図 8.4　図 8.2(a) のグラフのクリーク木

いと判定しアルゴリズム終了.

ステップ 5： $N_{\mathcal{G}}(v_{j+1}) \cap \{v_1, v_2, \ldots, v_j\}$ がクリークのときは

(i) $j+1 = m = |V|$（最後の頂点）ならばコーダルと判定しアルゴリズム終了.
このとき $v_m, \ldots, v_1$ は完全消去列.

(ii) $j+1 < m$ ならばステップ 3 へ.

$\mathcal{T} = (\mathcal{C}, E_{\mathcal{T}})$ をグラフ $\mathcal{G}$ の極大クリークを頂点とする木であるとする. C, C' を二つの極大クリークとしたときに, $\mathcal{T}$ 上で C, C' を結ぶパス上にある任意のクリーク C'' が

$$C \cap C' \subseteq C'' \tag{8.5}$$

を満たすとき, $\mathcal{T}$ を $\mathcal{G}$ の**クリーク木**という. 式(8.5)の性質を junction property といい, クリーク木は junction tree とも呼ばれる. クリーク木はどんなグラフに対しても存在するわけではない. 実はクリーク木が存在することも, グラフがコーダルであることと同値であることが知られている.

また, クリーク木の各辺について

$$\mathcal{S} = \{C \cap C' \mid (C, C') \in E_{\mathcal{T}}\}$$

が成り立つことが知られている. つまりクリーク木の各辺はクリーク MVS に対応している.

図 8.2(a) のコーダルグラフを例に考えてみよう. このグラフのクリークは $\{1,2\}, \{2,3,5\}, \{2,4,5\}$ である. これらをそれぞれ C_1, C_2, C_3 と書くことにする. このとき C_1, C_2, C_3 を頂点とする木は図 8.4(a), (b), (c) の三つである. (a) について見てみると, 両端点の C_1, C_3 の積集合は $C_1 \cap C_3 = \{2\}$ で, C_1, C_3 間のパス上の C_2 に対し, $\{2\} \subset C_2$ を満たす. つまり (a) の木は junction

図 8.5 図 8.4(a) のクリーク木から作った有向木

property (8.5) を満たすのでクリーク木である．また，(b) も同様にクリーク木であることが容易に確認できる．一方 (c) については $C_2 \cap C_3 = \{2, 5\}$ となり，これは C_2, C_3 間のパス上の C_1 に含まれないことから junction property を満たさず，したがってクリーク木ではない．

クリーク木 T が与えられたときに，極大クリーク C を根とする有向木を $\bar{T}_C$ とする．いま，極大クリークの列 $C = C_{(1)}, \ldots, C_{(K)}$ があって，任意の $i < j$ に対し，$C_{(i)} \notin \mathrm{de}_{\bar{T}_C}(C_{(j)})$ を満たすとする．このときこの列 $C_{(1)}, \ldots, C_{(K)}$ は極大クリークの完全列になっていることが知られている．

例えば，図 8.5 は図 8.4(a) のクリーク木 T から作った有向木である．図 8.5(a) は C_1 を根としたもの，(b) は C_2 を根としたもので，それぞれ $\bar{T}_{C_1}, \bar{T}_{C_2}$ と表す．$\bar{T}_{C_1}$ から得られる C_1, C_2, C_3，および $\bar{T}_{C_2}$ から得られる C_2, C_1, C_3 と C_2, C_3, C_1 はそれぞれ上の条件を満たし，実際に完全列になっていることが容易に確認できる．

本節ではコーダルグラフに固有のさまざまな性質を見てきたが，まとめると以下のようになる．

[命題 8.3] 以下の条件はすべて同値である．

(1) グラフがコーダルである．

(2) 極大既約成分の集合が極大クリークの集合に等しい．

(3) クリークの完全列が存在する．

(4) 単体的頂点の完全消去列が存在する．

(5) 長さ 4 以上の閉路で弦のないものが存在しない．

(6) MVS がすべてクリークである．

(7) クリーク木が存在する．

8.3 階層モデルの分解と最尤推定

Δ を単体的複体，$\mathcal{D}$ をそのファセットの集合とする．ここで Δ が定義する階層モデル

$$\log p(\boldsymbol{i}) = \sum_{D \in \Delta} \mu_D(\boldsymbol{i}_D) \tag{8.6}$$

を考える．$C_{(1)}, \ldots, C_{(K)}$, $S_{(2)}, \ldots, S_{(K)}$ をハイパーグラフ $\mathcal{H}_{\mathcal{D}} = (V, \mathcal{D})$ の極大既約成分の完全列，完全列が定義する部分エッジ MVS の列としよう．ここで $H_{(k-1)}, Q_{(k-1)}, R_{(k)}$, $k = 2, \ldots, K$ を式(8.1)，(8.4)のように定義する．7.3 節で考えたように，モデル式(8.6)は，$\mathcal{H}_{\mathcal{D}}$ が誘導するグラフ，すなわち条件つき独立グラフ $\mathcal{G}_{\mathcal{D}}$ に対するグラフィカルモデルと見なすことができる．$S_{(K)}$ は $\mathcal{H}_{\mathcal{D}}$ 上，あるいは $\mathcal{G}_{\mathcal{D}}$ 上で $Q_{(K-1)}$ と $R_{(K)}$ を分離するセパレータであったので，大域的マルコフ性からモデル式(8.6)では

$$Q_{(K-1)} \perp\!\!\!\perp R_{(K)} \mid S_{(K)}$$

が成立する．$Q_{(K-1)} \cup S_{(K)} = H_{(K-1)}$, $R_{(K)} \cup S_{(K)} = C_{(K)}$ であることを用いると，セル確率 $p(\boldsymbol{i})$ は

$$p(\boldsymbol{i}) = \frac{p(\boldsymbol{i}_{H_{(K-1)}}) p(\boldsymbol{i}_{C_{(K)}})}{p(\boldsymbol{i}_{S_{(K)}})}$$

と表すことができる．同様に $S_{(K-1)}$ は $\mathcal{H}_{\mathcal{D}}$ 上で $Q_{(K-2)}$ と $R_{(K-1)}$ を分離するセパレータであり，

$$Q_{(K-2)} \perp\!\!\!\perp R_{(K-1)} \mid S_{(K-1)}$$

が成立することから，$p(\boldsymbol{i}_{H_{(K-1)}})$ は

$$p(\boldsymbol{i}_{H_{(K-1)}}) = \frac{p(\boldsymbol{i}_{H_{(K-2)}}) p(\boldsymbol{i}_{C_{(K-1)}})}{p(\boldsymbol{i}_{S_{(K-1)}})}$$

と表される．一般に $S_{(k)}$, $k = 2, \ldots, K-2$ は $\mathcal{H}_{\mathcal{D}}$ 上で $Q_{(k-1)}$ と $R_{(k)}$ を分離するセパレータで，

$$Q_{(k-1)} \perp\!\!\!\perp R_{(k)} \mid S_{(k)}, \quad k = 2, \ldots, K-2$$

が成立することを順に用いていくことにより，セル確率は結局

$$p(\boldsymbol{i}) = \frac{\prod_{k=1}^{K} p(\boldsymbol{i}_{C_{(k)}})}{\prod_{k=2}^{K} p(\boldsymbol{i}_{S_{(k)}})} = \frac{\prod_{C \in \mathcal{C}} p(\boldsymbol{i}_C)}{\prod_{S \in \mathcal{S}} p(\boldsymbol{i}_S)^{\nu(S)}} \tag{8.7}$$

と表されることがわかる．この式の両辺の対数をとれば式(8.6)の表現とも符合する．式(8.7)に関し，以下の命題は重要である．

[命題 8.4] 式(8.7)の表現の分子の周辺モデル $p(\boldsymbol{i}_C)$ は，誘導部分グラフ $\mathcal{H}_{\mathcal{D}}(C)$ のハイパーエッジをファセットとする単体的複体が定義する階層モデルである．

証明 極大既約成分の数 $|\mathcal{C}|$ に関する帰納法で証明する．まず $|\mathcal{C}| = 1$ のときは自明である．そこで $|\mathcal{C}| = K - 1$ のときに成立すると仮定しよう．

式(8.6)より，

$$p(\boldsymbol{i}) = \exp\left\{\sum_{D \in \Delta} \mu_D(\boldsymbol{i}_D)\right\}$$

である．これから $H_{(K-1)}$-周辺を求めると，

$$\begin{aligned} p(\boldsymbol{i}_{H_{(K-1)}}) &= \sum_{\boldsymbol{i}_{R_{(K)}} \in \mathcal{I}_{R_{(K)}}} p(\boldsymbol{i}) \\ &= \sum_{\boldsymbol{i}_{R_{(K)}} \in \mathcal{I}_{R_{(K)}}} \exp\left\{\sum_{D \in \Delta} \mu_D(\boldsymbol{i}_D)\right\} \\ &= \exp\left\{\sum_{D \in \Delta(H_{(K-1)})} \mu_D(\boldsymbol{i}_D)\right\} \\ &\quad \times \exp\left\{\sum_{\boldsymbol{i}_{R_{(K)}} \in \mathcal{I}_{R_{(K)}}} \sum_{D \in \Delta \setminus \Delta(H_{(K-1)})} \mu_D(\boldsymbol{i}_D)\right\} \end{aligned}$$

より，

$$\log p(\boldsymbol{i}_{H_{(K-1)}}) = \sum_{D \in \Delta(H_{(K-1)})} \mu_D(\boldsymbol{i}_D) + \sum_{\boldsymbol{i}_{R_{(K)}} \in \mathcal{I}_{R_{(K)}}} \sum_{D \in \Delta \setminus \Delta(H_{(K-1)})} \mu_D(\boldsymbol{i}_D)$$

となる．この式の右辺第2項は $\boldsymbol{i}_{S_{(K)}}$ にしか依存しないので，第1項の $\mu_{S_{(K)}}(\boldsymbol{i}_{S_{(K)}})$ に吸収させることにより，

$$\log p(\boldsymbol{i}_{H_{(K-1)}}) = \sum_{D \in \Delta(H_{(K-1)})} \mu_D(\boldsymbol{i}_D)$$

と表すことが可能である．同様に

$$\log p(\boldsymbol{i}_{C_{(K)}}) = \sum_{D \in \Delta(C_{(K)})} \mu_D(\boldsymbol{i}_D), \quad \log p(\boldsymbol{i}_{S_{(K)}}) = \sum_{D \in \Delta(S_{(K)})} \mu_D(\boldsymbol{i}_D)$$

なども示すことができる．したがって，帰納法の仮定より題意を得る．■

この命題は階層モデルを定義するハイパーグラフ $\mathcal{H}_\mathcal{D}$ が可約な場合は，$\mathcal{H}_\mathcal{D}$ の分解に対応してモデルも分解されることを示している．単体的複体 Δ，あるいはそのファセットの集合 $\mathcal{D}$ が定義する階層モデルは，$\mathcal{H}_\mathcal{D}$ が可約のときは**可約モデル**，$\mathcal{H}_\mathcal{D}$ が既約のときには**既約モデル**とそれぞれ呼ばれる．

$\boldsymbol{x} = \{x(\boldsymbol{i}) \mid \boldsymbol{i} \in \mathcal{I}\}$ をモデル式(8.6)からの標本サイズ n の分割表とする．次に $\boldsymbol{x}$ から $p(\boldsymbol{i})$ を最尤推定することを考えよう．$p(\boldsymbol{i})$ の MLE $\hat{p}(\boldsymbol{i})$ は式(8.7)の分解に対応して以下のように求められる．

[定理 8.5]　$\hat{p}(\boldsymbol{i}_C)$ を周辺分割表 $x_C(\boldsymbol{i}_C)$，$\boldsymbol{i}_C \in \mathcal{I}_C$ から推定した $p(\boldsymbol{i}_C)$ の MLE とする．このとき $p(\boldsymbol{i})$ の MLE $\hat{p}(\boldsymbol{i})$ は

$$\hat{p}(\boldsymbol{i}) = \frac{\prod_{C \in \mathcal{C}} \hat{p}(\boldsymbol{i}_C)}{\prod_{S \in \mathcal{S}} (x(\boldsymbol{i}_S)/n)^{\nu(S)}} \tag{8.8}$$

と表される．

証明　尤度関数 L は式(8.7)から

$$L = \prod_{\boldsymbol{i} \in \mathcal{I}} p(\boldsymbol{i})^{x(\boldsymbol{i})} = \frac{\prod_{C \in \mathcal{C}} p(\boldsymbol{i}_C)^{x(\boldsymbol{i}_C)}}{\prod_{S \in \mathcal{S}} p(\boldsymbol{i}_S)^{x(\boldsymbol{i}_S)}} \tag{8.9}$$

と書ける．階層モデルの尤度方程式は式(7.4)で与えられているとおり

$$x(\boldsymbol{i}_D) = np(\boldsymbol{i}_D), \quad \boldsymbol{i}_D \in \mathcal{I}_D, \quad D \in \mathcal{D}$$

であった．ここで $S \in \mathcal{S}$ は $\mathcal{H}_\mathcal{D}$ の部分ハイパーエッジ，すなわち Δ のフェイスであったので，尤度方程式から $p(\boldsymbol{i}_S)$ の MLE $\hat{p}(\boldsymbol{i}_S)$ は

$$\hat{p}(\boldsymbol{i}_S) = \frac{x(\boldsymbol{i}_S)}{n}$$

となる．このことから尤度関数(8.9)の最大化の解は $p(\boldsymbol{i}_C)^{x(\boldsymbol{i}_C)}$, $C \in \mathcal{C}$ の最大化の解である $\hat{p}(\boldsymbol{i}_C)$ を用いて

$$\hat{p}(\boldsymbol{i}_C) = \frac{\prod_{C \in \mathcal{C}} \hat{p}(\boldsymbol{i}_C)}{\prod_{S \in \mathcal{S}} (x(\boldsymbol{i}_S)/n)^{\nu(S)}}$$

となる． ■

ところで $p(\boldsymbol{i}_C)^{x(\boldsymbol{i}_C)}$, $C \in \mathcal{C}$ は周辺分割表 $x(\boldsymbol{i}_C)$ による C-周辺モデル $p(\boldsymbol{i}_C)$ の尤度関数である．このことは，元の階層モデル $p(\boldsymbol{i})$, $\boldsymbol{i} \in \mathcal{I}$ の MLE を計算するためには，$\mathcal{H}_\mathcal{D}$ の極大既約成分に対応する部分モデル $p(\boldsymbol{i}_C)$, $\boldsymbol{i}_C \in \mathcal{I}_C$, $C \in \mathcal{C}$ の MLE が計算できれば十分であることを示している．

m 元分割表のセル数は $|\mathcal{I}| = I_1 \times \cdots \times I_m$ で，セル確率も $|\mathcal{I}|$ 個だけ存在する．一方，周辺セルの数は $\sum_{C \in \mathcal{C}} |\mathcal{I}_C|$ 個である．一般には $|\mathcal{I}| > \sum_{C \in \mathcal{C}} |\mathcal{I}_C|$ となる．したがって，$\hat{p}(\boldsymbol{i})$ を求めるには，$\hat{p}(\boldsymbol{i}_C)$, $C \in \mathcal{C}$ をそれぞれ求めた方が計算量的には効率的であるといえる．この点については第 10 章で再度議論する．

本節で議論してきた式(8.7)と命題 8.4 に基づく MLE 計算の分解の議論は $S \in \mathcal{S}$ が $\mathcal{H}_\mathcal{D}$ の部分エッジであること，言い換えればモデルの式(8.6)の表現において，$\mu_S(\boldsymbol{i}_S)$, $\boldsymbol{i}_S \in \mathcal{I}_S$ が自由なパラメータとなっていることに依存していることには注意が必要である．例えば図 8.6(a) のグラフが定義する 4 サイクルモデルを考えよう．このグラフには部分エッジセパレータは存在しない．

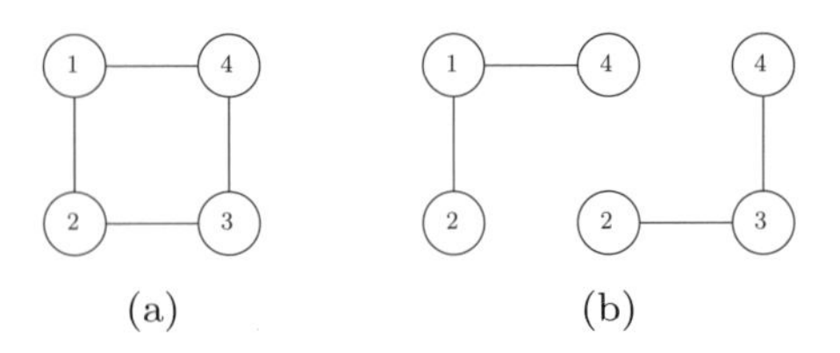

図 8.6　4 サイクルモデルの分解

したがって，このグラフは既約で，それ自身が極大既約成分となる．一方 $\{2, 4\}$ は部分エッジではないが，このグラフのセパレータではあることから，大域的マルコフ性を用いるとセル確率は

$$p(\boldsymbol{i}_{1234}) = \frac{p(\boldsymbol{i}_{124})p(\boldsymbol{i}_{234})}{p(\boldsymbol{i}_{24})}$$

のように分解され，また，MLE についても

$$\hat{p}(\boldsymbol{i}_{1234}) = \frac{\hat{p}(\boldsymbol{i}_{124})\hat{p}(\boldsymbol{i}_{234})}{\hat{p}(\boldsymbol{i}_{24})}$$

が成り立つ．しかし，周辺確率 $p(\boldsymbol{i}_{124}), p(\boldsymbol{i}_{234})$ は，図 8.6(b) に示された誘導部分グラフ $\mathcal{G}(\{1,2,4\}), \mathcal{G}(\{2,3,4\})$ が定義するようなグラフィカルモデルにはならないし，また，$p(\boldsymbol{i}_{24})$ も飽和モデルにはならない．一般にこれらの周辺確率のモデルは複雑で，その MLE の計算は一般には容易でない．

本節ではモデルの分解，可約モデル，既約モデルなどの概念を，ハイパーグラフ $\mathcal{H}_\mathcal{D}$ の分解に即して定義してきた．$\mathcal{H}_\mathcal{D}$ の分解と条件つき独立グラフ $\mathcal{G}_\mathcal{D}$ の分解とは一般には異なるので注意が必要である．

図 8.7 のグラフを $\mathcal{G} = (V, E)$ とし，このグラフの辺の集合 E を生成集合族 $\mathcal{D}$ とするような階層モデルを考えてみよう．つまりこの階層モデルは E の要素に対応する 2 因子交互作用からなるモデルである．$\mathcal{G}$ のクリークは $\{1, 2, 3, 4\}$ と $\{2, 3, 4, 5\}$ で $\mathcal{D}$ とは異なるので，このモデルはグラフィカルではない．

グラフ $\mathcal{G} = (V, E)$ で考えると $\{2, 3, 4\}$ がクリークセパレータになっているので，$(\{1\}, \{5\}, \{2, 3, 4\})$ はこのグラフの分解になっている．一方，ハイパーグラフ $\mathcal{H}_\mathcal{D}$ においては，$\{2, 3, 4\}$ はセパレータではあるが，部分エッジではない．実は $\mathcal{H}_\mathcal{D}$ には部分エッジセパレータが存在しないので，$\mathcal{H}$ は既約である．したがって，

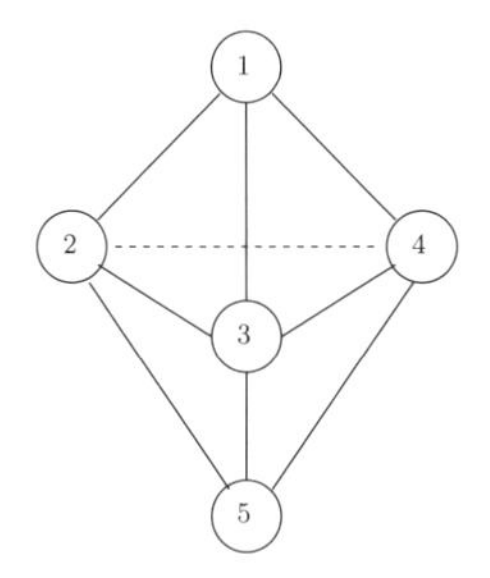

図 8.7 5 元既約モデル（点線 $\{2,4\}$ も辺）

$$p(\boldsymbol{i}) = \frac{p(\boldsymbol{i}_{1234})p(\boldsymbol{i}_{2345})}{p(\boldsymbol{i}_{234})}$$

という条件つき独立の関係は成立するが，この式はモデルの分解を表すものではない．この例からもわかるように，グラフィカルでない階層モデルの分解，可約，既約などの概念は，条件つき独立グラフでなく，ハイパーグラフに基づいて定義する必要がある．モデルがグラフィカルな場合には条件つきグラフに基づいて定義しても，ハイパーグラフによる定義と等価になる．

さて，あるコーダルグラフの極大クリークの集合 $\mathcal{C}$ を生成集合族とする階層モデルを考えてみよう．このモデルは 5.3 節で議論した分解可能モデルである．命題 8.3 より，コーダルグラフの場合，$\mathcal{C}$ が極大既約成分の集合になる．このとき MLE は式(8.8)のように書ける．分解可能モデルの尤度方程式は

$$x(\boldsymbol{i}_C) = np(\boldsymbol{i}_C), \quad \boldsymbol{i}_C \in \mathcal{I}_C, \quad C \in \mathcal{C}$$

となるので，$p(\boldsymbol{i}_C)$ の MLE $\hat{p}(\boldsymbol{i}_C)$ は

$$\hat{p}(\boldsymbol{i}_C) = \frac{x(\boldsymbol{i}_C)}{n}$$

となる．したがって，$\hat{p}(\boldsymbol{i})$ は

$$\hat{p}(\boldsymbol{i}) = \frac{\prod_{C\in\mathcal{C}}(x(\boldsymbol{i}_C)/n)}{\prod_{S\in\mathcal{S}}(x(\boldsymbol{i}_S)/n)^{\nu(S)}} \tag{8.10}$$

である．

前章でも述べたとおり，階層モデルの MLE は一般には明示的に得られず，その計算には反復計算が必要である．しかし，分解可能モデルの MLE は，式

(8.10)のように周辺頻度の有理式の形で明示的な解が得られる．実は，階層モデルの MLE の明示的な解が得られるのは分解可能モデルの場合のみであることも知られている．

[命題 8.6]　階層モデルの MLE の明示的な解が得られるのは分解可能モデルの場合のみである[1]．

8.4　可約モデルのマルコフ基底の再帰的計算法

第5章でも述べたとおり，階層モデルのマルコフ基底の理論的な導出は，分解可能モデルの場合を除き，一般には困難であることが知られている．また，4ti2 などのソフトウエアを用いても，表のサイズが大きい場合には，実用時間内での計算は困難である．

しかし，以下に述べるように，階層モデルでも可約なモデルの場合は，MLE の計算と同じように，マルコフ基底の計算も極大既約成分に対する部分モデルマルコフ基底から再帰的に構成できることが知られている[2]．

$\boldsymbol{z} := \{z(\boldsymbol{i}) \mid \boldsymbol{i} \in \mathcal{I}\}$ を単体的複体 Δ が定義する階層モデル $\mathcal{L}_\Delta$ の d 次の移動とする．$\boldsymbol{i}_1, \ldots, \boldsymbol{i}_d$ を $z(\boldsymbol{i}_a) > 0$ となるセルとし，$z(\boldsymbol{i}_a) = c > 0$ の場合，$\boldsymbol{i}_1, \ldots, \boldsymbol{i}_d$ の中に $\boldsymbol{i}_a$ が c 回出現するものとする．同様に，$\boldsymbol{i}'_1, \ldots, \boldsymbol{i}'_d$ を $z(\boldsymbol{i}'_a) < 0$ となるセルとし，$z(\boldsymbol{i}'_a) = -c < 0$ の場合は，$\boldsymbol{i}'_1, \ldots, \boldsymbol{i}'_d$ の中に $\boldsymbol{i}'_a$ が c 回出現するものとする．このとき 5.4 節にならって移動 $\boldsymbol{z}$ を

$$\boldsymbol{z} := (\boldsymbol{i}_1 \cdots \boldsymbol{i}_d) - (\boldsymbol{i}'_1 \cdots \boldsymbol{i}'_d)$$

のように表すことにする．

(V_1, V_2, S) を Δ のファセットの集合 $\mathcal{D}$ が定義するハイパーグラフ $\mathcal{H}_\mathcal{D} = (V, \mathcal{D})$ の分解で，$V_1 \cup V_2 \cup S = V$ を満たすとする．$\mathcal{L}_{\Delta(V_1 \cup S)}$, $\mathcal{L}_{\Delta(V_2 \cup S)}$ をそれぞれ $\Delta(V_1 \cup S)$, $\Delta(V_2 \cup S)$ が定義する階層モデルとする．$\mathcal{L}_{\Delta(V_l \cup S)}$, $l = 1,$

---

[1] この命題の証明は本書の範囲を超えるので，ここでは省略する．詳細については Geiger et al. [23] を参照されたい．

[2] Hoşten and Sullivant [34]，Dobra and Sullivant [16] による．

2 の移動について以下の補題が成立する．

[補題 8.7]　$\mathcal{L}_{\Delta(V_l \cup S)}$ の移動 $\boldsymbol{z}_l = \{z_l(\boldsymbol{i}_{V_1 \cup S})\}_{\boldsymbol{i}_{V_1 \cup S} \in \mathcal{I}_{V_1 \cup S}}$ は，次数が d の場合

$$\boldsymbol{z}_l = \big((\boldsymbol{i}_1, \boldsymbol{j}_1) \cdots (\boldsymbol{i}_d, \boldsymbol{j}_d)\big) - \big((\boldsymbol{i}'_1, \boldsymbol{j}_1) \cdots (\boldsymbol{i}'_d, \boldsymbol{j}_d)\big) \tag{8.11}$$
$$\boldsymbol{i}_a, \boldsymbol{i}'_a \in \mathcal{I}_{V_l}, \quad \boldsymbol{j}_a \in \mathcal{I}_S$$

のように表される[3]．

証明　S が $\mathcal{H}_{\mathcal{D}}$ の部分エッジであることから，$\boldsymbol{z}_l$ の S-周辺をとると

$$z_l(\boldsymbol{j}_S) = \sum_{\boldsymbol{i}_{V_l} \in \mathcal{I}_{V_l}} z_l(\boldsymbol{i}_{V_l}, \boldsymbol{j}_S) = 0, \quad \boldsymbol{j}_S \in \mathcal{I}_S$$

を満たすはずである．したがって，$\boldsymbol{z}_l$ の $\boldsymbol{j}_S$-断面 $\boldsymbol{z}_l^{\boldsymbol{j}_S}$ において，正の次数と負の次数は等しいはずである．このことは移動 $\boldsymbol{z}_l$ が式(8.11)の形で表されることと等価である．　■

いま，$\mathcal{L}_{\Delta(V_l \cup S)}, l = 1, 2$ のマルコフ基底 $\mathcal{B}(V_l \cup S)$ が与えられていると仮定しよう．m_l を $V_l \cup S$ の要素数 $m_l := |V_l \cup S|$ とすると，移動 $\boldsymbol{z}_l \in \mathcal{B}(V_l \cup S)$ は m_l 次元 $(m_l < m)$ の整数配列である．$\mathcal{B}(V_l \cup S)$ が与えられたとき，そこから m 次元整数配列の集合を以下のように求めることを考える．

[定義 8.8]　$(l, l') = (1, 2), (2, 1)$ とする．$\boldsymbol{z}_l$ が式(8.11)のように与えられたときに，$\boldsymbol{k} := \{\boldsymbol{k}_1, \ldots, \boldsymbol{k}_d\} \in \mathcal{I}_{V_{l'}} \times \cdots \times \mathcal{I}_{V_{l'}}$ に対し，$\boldsymbol{z}_l^{\boldsymbol{k}}$ を

$$\boldsymbol{z}_l^{\boldsymbol{k}} := \big((\boldsymbol{i}_1, \boldsymbol{j}_1, \boldsymbol{k}_1) \cdots (\boldsymbol{i}_d, \boldsymbol{j}_d, \boldsymbol{k}_d)\big) - \big((\boldsymbol{i}'_1, \boldsymbol{j}_1, \boldsymbol{k}_1) \cdots (\boldsymbol{i}'_d, \boldsymbol{j}_d, \boldsymbol{k}_d)\big) \tag{8.12}$$

と定義する．このとき $\mathrm{Ext}(\mathcal{B}(V_l \cup S) \to \mathcal{L}_\Delta)$ を

$$\mathrm{Ext}(\mathcal{B}(V_l \cup S) \to \mathcal{L}_\Delta) := \{\boldsymbol{z}_l^{\boldsymbol{k}} \mid \boldsymbol{z}_l \in \mathcal{B}(V_l \cup S),\ \boldsymbol{k} \in \mathcal{I}_{V_{l'}} \times \cdots \times \mathcal{I}_{V_{l'}}\} \tag{8.13}$$

で定義する．

[3] この補題は命題 5.1 の一般形である．

ここで $A_l,\ l = 1,2$ を $\mathcal{L}_{\Delta(V_l \cup S)}$ の配置行列とする．また，A_l の各列を $\boldsymbol{a}_l(\boldsymbol{i}_{V_l \cup S}),\ \boldsymbol{i}_{V_l \cup S} \in \mathcal{I}_{V_l \cup S}$ と書くことにする．このとき

$$A = \begin{pmatrix} \boldsymbol{a}_1(\boldsymbol{i}_{V_1 \cup S}) \\ \boldsymbol{a}_2(\boldsymbol{i}_{V_2 \cup S}) \end{pmatrix}_{\boldsymbol{i}_{V_1} \in \mathcal{I}_{V_1}, \boldsymbol{i}_{V_2} \in \mathcal{I}_{V_2}, \boldsymbol{i}_S \in \mathcal{I}_S}$$

が $\mathcal{L}_\Delta$ の配置行列となることは容易な計算で確認できる．

[定理 8.9]　$\mathrm{Ext}(\mathcal{B}(V_l \cup S) \to \mathcal{L}_\Delta),\ l = 1,2$ はいずれも $\mathcal{L}_\Delta$ の移動の集合である．

証明　$l = 1$ の場合を証明すれば十分である．$\boldsymbol{z} \in \mathrm{Ext}(\mathcal{B}(V_1) \to \mathcal{L}_\Delta)$ とする．また，$\mathcal{L}_\Delta$ の配置行列を A とする．このとき

$$A\boldsymbol{z} = \begin{pmatrix} \displaystyle\sum_{\boldsymbol{i}_{V_1 \cup S} \in \mathcal{I}_{V_1 \cup S}} \boldsymbol{a}_{V_1 \cup S}(\boldsymbol{i}_{V_1 \cup S}) z_{V_1 \cup S}(\boldsymbol{i}_{V_1 \cup S}) \\ \displaystyle\sum_{\boldsymbol{i}_{V_2 \cup S} \in \mathcal{I}_{V_2 \cup S}} \boldsymbol{a}_{V_2 \cup S}(\boldsymbol{i}_{V_2 \cup S}) z_{V_2 \cup S}(\boldsymbol{i}_{V_2 \cup S}) \end{pmatrix}$$

となる．ここで

$$z_{V_1 \cup S}(\boldsymbol{i}_{V_1 \cup S}) = \sum_{\boldsymbol{i}_{V_2} \in \mathcal{I}_{V_2}} z(\boldsymbol{i}), \quad z_{V_2 \cup S}(\boldsymbol{i}_{V_2 \cup S}) = \sum_{\boldsymbol{i}_{V_1} \in \mathcal{I}_{V_1}} z(\boldsymbol{i})$$

である．$\mathrm{Ext}(\mathcal{B}(V_1 \cup S) \to \mathcal{L}_\Delta)$ の定義より $z_{V_1 \cup S}(\boldsymbol{i}_{V_1 \cup S}) \in \mathcal{B}(V_1 \cup S)$ となるから，

$$\sum_{\boldsymbol{i}_{V_1 \cup S} \in \mathcal{I}_{V_1 \cup S}} \boldsymbol{a}_{V_1 \cup S}(\boldsymbol{i}_{V_1 \cup S}) z_{V_1 \cup S}(\boldsymbol{i}_{V_1 \cup S}) = 0$$

である．また，式(8.12)より

$$z_{V_2 \cup S}(\boldsymbol{i}_{V_2 \cup S}) = 0, \quad \boldsymbol{i}_{V_2 \cup S} \in \mathcal{I}_{V_2 \cup S} \tag{8.14}$$

となることもわかる．したがって，$\boldsymbol{z}$ は $A\boldsymbol{z} = 0$ を満たす整数配列，つまり $\mathcal{L}_\Delta$ の移動となる．∎

$\mathrm{Ext}(\mathcal{B}(V_l \cup S) \to \mathcal{L}_\Delta)$ の操作を**移動の拡大**と呼ぶことにする．

[定理 8.10] $\mathcal{B}(V_1 \cup S), \mathcal{B}(V_2 \cup S)$ をそれぞれ階層モデル $\mathcal{L}_{\Delta(V_1 \cup S)}, \mathcal{L}_{\Delta(V_2 \cup S)}$ のマルコフ基底とする．また，$\mathcal{B}_{V_1 \cup S, V_2 \cup S}$ を $V_1 \cup S, V_2 \cup S$ という二つのクリークからなるコーダルグラフが定義する分解可能モデルのマルコフ基底とする．このとき，

$$\mathcal{B} := \mathrm{Ext}(\mathcal{B}(V_1 \cup S) \to \mathcal{L}_\Delta) \cup \mathrm{Ext}(\mathcal{B}(V_2 \cup S) \to \mathcal{L}_\Delta) \cup \mathcal{B}_{V_1 \cup S, V_2 \cup S} \tag{8.15}$$

は $\mathcal{L}_\Delta$ のマルコフ基底をなす．

証明 $\boldsymbol{x} = \{x(\boldsymbol{i})\}_{\boldsymbol{i} \in \mathcal{I}}, \boldsymbol{x}' = \{x'(\boldsymbol{i})\}_{\boldsymbol{i} \in \mathcal{I}}$ を $\mathcal{L}_\Delta$ の同一ファイバーに属する 2 表とする．総頻度は n とする．$\boldsymbol{x}, \boldsymbol{x}'$ はそれぞれ

$$(\boldsymbol{i}_1 \boldsymbol{j}_1 \boldsymbol{k}_1) \cdots (\boldsymbol{i}_n \boldsymbol{j}_n \boldsymbol{k}_n), \quad (\boldsymbol{i}'_1 \boldsymbol{j}'_1 \boldsymbol{k}'_1) \cdots (\boldsymbol{i}'_n \boldsymbol{j}'_n \boldsymbol{k}'_n) \tag{8.16}$$
$$\boldsymbol{i}_k, \boldsymbol{i}'_k \in \mathcal{I}_{V_1}, \quad \boldsymbol{j}_k, \boldsymbol{j}'_k \in \mathcal{I}_S, \quad \boldsymbol{k}_k, \boldsymbol{k}'_k \in \mathcal{I}_{V_2}, \quad k = 1, \ldots, n$$

という n 個のセルに 1 ずつの頻度を持つ表であるとする．これは，例えば $x(\boldsymbol{i}_1 \boldsymbol{j}_1 \boldsymbol{k}_1) = c > 0$ の場合は $(\boldsymbol{i}_1 \boldsymbol{j}_1 \boldsymbol{k}_1) \cdots (\boldsymbol{i}_n \boldsymbol{j}_n \boldsymbol{k}_n)$ の中に $(\boldsymbol{i}_1 \boldsymbol{j}_1 \boldsymbol{k}_1)$ が c 回現れることを意味する．

$\boldsymbol{x}_{V_1 \cup S}$ と $\boldsymbol{x}'_{V_1 \cup S}$ をそれぞれ $\boldsymbol{x}, \boldsymbol{x}'$ の $(V_1 \cup S)$-周辺分割表とする．$\boldsymbol{x}_{V_1 \cup S}$, $\boldsymbol{x}'_{V_1 \cup S}$ は $\mathcal{L}_{\Delta(V_1 \cup S)}$ の同一ファイバーに属するので，ある $\mathcal{B}(V_1 \cup S)$ の移動の列 $\boldsymbol{z}^1_{V_1}, \ldots, \boldsymbol{z}^{L_1}_{V_1}$ が存在し，

$$\boldsymbol{x}'_{V_1} = \boldsymbol{x}_{V_1} + \sum_{i=1}^{L} \boldsymbol{z}^i_{V_1 \cup S}, \quad \boldsymbol{x}_{V_1} + \sum_{i=1}^{L'} \boldsymbol{z}^i_{V_1 \cup S} \geq \boldsymbol{0}, \quad L' \leq L$$

を満たす．$\boldsymbol{z}^1_{V_1 \cup S}$ を d 次の移動とした場合，n 個のセル $(\boldsymbol{i}_1 \boldsymbol{j}_1 \boldsymbol{k}_1) \cdots (\boldsymbol{i}_n \boldsymbol{j}_n \boldsymbol{k}_n)$ の順番を適当に入れ替えることにより $\boldsymbol{z}^1_{V_1 \cup S}$ は

$$\boldsymbol{z}^1_{V_1 \cup S} = (\boldsymbol{i}''_1 \boldsymbol{j}_1) \cdots (\boldsymbol{i}''_d, \boldsymbol{j}_d) - (\boldsymbol{i}_1 \boldsymbol{j}_1) \cdots (\boldsymbol{i}_d \boldsymbol{j}_d), \quad \boldsymbol{i}''_k \in \mathcal{I}_{V_1}$$

と表すことができる．

いま，$\boldsymbol{z}^1$ を

$$\boldsymbol{z}^1 = (\boldsymbol{i}_1''\boldsymbol{j}_1\boldsymbol{k}_1)\cdots(\boldsymbol{i}_d''\boldsymbol{j}_d\boldsymbol{k}_d) - (\boldsymbol{i}_1\boldsymbol{j}_1\boldsymbol{k}_1)\cdots(\boldsymbol{i}_d\boldsymbol{j}_d\boldsymbol{k}_d) \tag{8.17}$$

で定義しよう．このとき，定義 8.8 より $\boldsymbol{z}^1 \in \mathrm{Ext}(\mathcal{B}(V_1 \cup S) \to \mathcal{L}_\Delta)$ となり，また，式(8.16)より $\boldsymbol{x} + \boldsymbol{z}^1 \geq \boldsymbol{0}$ が成立する．同様の手続きを $\boldsymbol{z}_{V_1}^2, \ldots, \boldsymbol{z}_{V_1}^{L_1}$ についても適用することにより，

$$\boldsymbol{x} + \sum_{i=1}^{L'} \boldsymbol{z}^i \geq \boldsymbol{0}, \quad L' \leq L_1 \tag{8.18}$$

を満たすような $\boldsymbol{z}^2, \ldots, \boldsymbol{z}^L \in \mathrm{Ext}(\mathcal{B}(V_1) \to \Delta)$ を定義することが可能である．このとき

$$\boldsymbol{y} := \boldsymbol{x} + \sum_{i=1}^{L} \boldsymbol{z}_i$$

の $(V_1 \cup S)$-周辺は自明に $\boldsymbol{y}_{V_1 \cup S} = \boldsymbol{x}'_{V_1 \cup S}$ となる．また，$(V_2 \cup S)$-周辺も，式(8.14)から $\boldsymbol{y}_{V_2 \cup S} = \boldsymbol{x}_{V_2 \cup S}$ となることがわかる．

一方，$\boldsymbol{x}_{V_2 \cup S}$ と $\boldsymbol{x}'_{V_2 \cup S}$ も $\mathcal{L}_{\Delta(V_2 \cup S)}$ の同一ファイバーに属する．先ほどと同様に考えれば，

$$\boldsymbol{x}' + \sum_{i=1}^{L'} \boldsymbol{w}^l \geq 0 \quad L' \leq L_2 \tag{8.19}$$

を満たす $\boldsymbol{w}^1, \ldots, \boldsymbol{w}^{L_2} \in \mathrm{Ext}(\mathcal{B}(V_2 \cup S) \to \mathcal{L}_\Delta)$ が定義でき，

$$\boldsymbol{y}' := \boldsymbol{x}' + \sum_{l=1}^{L_2} \boldsymbol{w}^l$$

の $(V_1 \cup S)$-周辺，$(V_2 \cup S)$-周辺がそれぞれ $\boldsymbol{y}'_{V_1 \cup S} = \boldsymbol{x}'_{V_1 \cup S}$，$\boldsymbol{y}'_{V_2 \cup S} = \boldsymbol{x}_{V_2 \cup S}$ となる．

ここで，$\boldsymbol{y}$ と $\boldsymbol{y}'$ は $(V_1 \cup S)$-周辺，$(V_2 \cup S)$-周辺を共有しており，したがって，$V_1 \cup S, V_2 \cup S$ の二つのクリークからなるコーダルグラフが定義する分解可能モデルの同一ファイバーに属する．すなわちある $\mathcal{B}_{V_1 \cup S, V_2 \cup S}$ の移動の列 $\boldsymbol{u}^1, \ldots, \boldsymbol{u}^{L_3}$ が存在し，

$$\boldsymbol{y}' = \boldsymbol{y} + \sum_{i=1}^{L_3} \boldsymbol{u}^i, \quad \boldsymbol{y} + \sum_{i=1}^{L'} \boldsymbol{u}^i \geq \boldsymbol{0}, \quad L' \leq L_3 \tag{8.20}$$

を満たす．

式(8.18)，(8.19)，(8.20)は $\mathcal{L}_\Delta$ の同一ファイバーに属する任意の 2 表 $\boldsymbol{x}, \boldsymbol{x}'$ が，$\mathcal{B}$ の移動を用いて非負制約を満たしながら連結に結ばれることを示している．■

$C_{(1)}, \ldots, C_{(K)}$ をハイパーグラフ $\mathcal{H}_{\mathcal{D}} = (V, \mathcal{D})$ の極大既約成分の完全列とし，$S_{(2)}, \ldots, S_{(K)}$ をそれに対応する MVS，$H_{(k)} := C_{(1)} \cup \cdots \cup C_{(k)}$，$k = 1, \ldots, K$ とする．いま，各極大既約成分に対応する部分モデル $\mathcal{L}_{\Delta(C_{(k)})}$ のマルコフ基底 $\mathcal{B}(C_{(k)})$ が与えられているとする．ここで，$(H_{(k-1)}, C_{(k)}, S_{(k)})$ が $\mathcal{H}_{\mathcal{D}}(H_{(k-1)} \cup C_{(k)}) = \mathcal{H}_{\mathcal{D}}(H_{(k)})$ の分解になっていることに注意すると，

$$\begin{aligned} \mathcal{B}(H_{(k)}) := \mathrm{Ext}(\mathcal{B}(H_{(k-1)}) \to L_{\Delta(H_{(k)})}) \\ \cup \mathrm{Ext}(\mathcal{B}(C_{(k)}) \to L_{\Delta(H_{(k)})}) \cup \mathcal{B}(H_{(k-1)}, C_{(k)}, S_{(k)}) \end{aligned} \tag{8.21}$$

を $k = 2, \ldots, K$ の順に適用することにより，$\mathcal{L}_\Delta$ のマルコフ基底が得られることがわかる．

つまり，定理 8.10 の主張は，$\mathcal{L}_\Delta$ のマルコフ基底を計算するためには，その極大既約成分に対応した部分モデルのマルコフ基底が計算できれば十分であるということである．

5.4 節では，分解可能モデルには 2 次の移動からなるマルコフ基底が存在することを見た．ここで分解可能モデルに対し式(8.21)を適用することを考えてみよう．命題 8.3 よりコーダルグラフの極大既約成分はすべてクリークであった．また，命題 5.1 で示したように，二つのクリークからなるコーダルグラフが定義する分解可能モデルには，2 次の移動からなるマルコフ基底が存在する．さらに移動は拡大しても次数は変化しない．これらのことから，任意の分解可能モデルに対し式(8.21)を適用すると，2 次の移動のみからなるマルコフ基底が得られることがわかる．実はこの操作で得られるマルコフ基底は，5.4 節の定理 5.3 で得られるマルコフ基底と一般には異なるが，本節の議論に基づ

いても分解可能モデルの 2 次のマルコフ基底の存在を確認できることがわかる.

第9章 階層的部分空間モデル

分割表の階層モデルは，応用上は交互作用のパラメータに線形制約を加えて一般化された形でもよく用いられる．本章ではそのようなモデルを統一的に扱う枠組として階層的部分空間モデルというモデルのクラスを導入し，その性質をモデルの分解の観点から考察する．

9.1 階層モデルへの線形制約

例として 3×3 の2元分割表を考えよう．2元飽和モデルは定義 7.6 から

$$\log p(\boldsymbol{i}) = \mu_1(i_1) + \mu_2(i_2) + \mu_{12}(\boldsymbol{i}), \quad \boldsymbol{i} \in \mathcal{I} = \{1,2,3\} \times \{1,2,3\} \tag{9.1}$$

である．このモデルのパラメータ $\mu_1(i_1), \mu_2(i_2), \mu_{12}(\boldsymbol{i})$ には，$\sum_{\boldsymbol{i} \in \mathcal{I}} p(\boldsymbol{i}) = 1$ 以外の制約は存在しない．ここで2因子交互作用項 $\mu_{12}(\boldsymbol{i})$ に構造を入れることを考える．例えば $(1,1), (1,2), (2,1), (2,2)$ の四つのセルからなる部分表にしか交互作用が存在しないようなモデルを考えると，モデルは

$$\log p(\boldsymbol{i}) = \mu_1(i_1) + \mu_2(i_2) + \mu_{12}(\boldsymbol{i})\phi(\boldsymbol{i}), \quad \boldsymbol{i} \in \mathcal{I}, \tag{9.2}$$

$$\phi(\boldsymbol{i}) := \begin{cases} 1, & \boldsymbol{i} \in \{(1,1),(1,2),(2,1),(2,2)\} \\ 0, & \text{それ以外} \end{cases}$$

のように表すことができる．このモデルは飽和モデル式(9.1)の2因子交互作用項 $\mu_{12}(\boldsymbol{i})$ に対して

$$\mu_{12}(\boldsymbol{i}) = 0, \quad \boldsymbol{i} \notin \{(1,1),(1,2),(2,1),(2,2)\}$$

という線形制約が入ったモデルと考えることができる.

このモデルは2元変化点モデルなどと呼ばれ，順序カテゴリカルデータの交互作用の変化点モデルとして応用上用いられるモデルである[1].

ここでは2元表を例に考えたが，一般に多元表の階層モデルの交互作用項に線形制約が入ったモデルの中には，応用上重要なモデルが多く含まれる．本章ではそのようなモデルの統計的な性質について議論する.

9.2 階層的部分空間モデル

前節の議論を多元表のモデルへと一般化していこう．Δ を単体的複体とすると，階層モデル $\mathcal{L}_\Delta$ は定義7.6から

$$\log p(\boldsymbol{i}) = \sum_{D \in \Delta} \mu_D(\boldsymbol{i}_D) \tag{9.3}$$

と書ける．$\mathcal{L}_\Delta$ は交互作用項 $\mu_D(\boldsymbol{i}_D)$, $D \in \Delta$ の張る線形空間と考えることができる.

一方，階層モデル式(9.3)に線形制約の入ったモデルは一般に

$$\log p(\boldsymbol{i}) = \sum_{D \in \Delta} \phi_D(\boldsymbol{i}_D)\boldsymbol{\beta}_D \tag{9.4}$$

のように表現することが可能である．ここで，$\phi_D : \mathcal{I}_D \mapsto \mathbb{R}^{K^D}$ は既知の関数，$\boldsymbol{\beta}_D$ は $K_D \times 1$ パラメータベクトルとする．以下ではこのモデルを $\mathcal{L}$ と表すことにしよう.

$\mathcal{L}$ は $\boldsymbol{\beta}_D$, $D \in \Delta$ の張る空間と見なせるが，$\mathcal{L}$ の空間は階層モデル $\mathcal{L}_\Delta$ への線形制約であることから，$\mathcal{L}_\Delta$ の線形部分空間となる．$\mathcal{L}$ はモデルとしては $\mathcal{L}_\Delta$ の特殊形と見なすことができ，含まれる交互作用項は $\mathcal{L}_\Delta$ と同一なので，$\mathcal{L}_\Delta$ が有する変数間の条件つき独立関係は $\mathcal{L}$ においても成立する．すなわち $\mathcal{L}_\Delta$ の条件つき独立グラフ $\mathcal{G}$ が表す条件つき独立関係は $\mathcal{L}$ においても同様に

[1] Hirotsu [31] を参照.

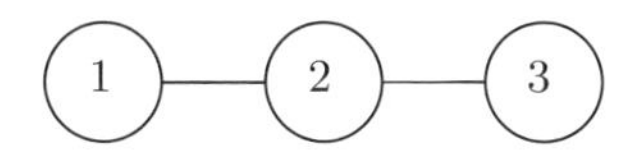

図 9.1 3 元条件つき独立モデル

成立する．

ある $D \in \Delta$ に対するすべての交互作用項に構造がないとき，すなわち式(9.4)の表現において $\phi_D(\boldsymbol{i}_D)\boldsymbol{\beta}_D = \mu_D(\boldsymbol{i}_D),\ \forall \boldsymbol{i}_D \in \mathcal{I}_D$ となるとき，D は $\mathcal{L}$ において**飽和している**と呼ぶことにする．

また，式(9.4)において，$D, D' \in \Delta,\ D \neq D'$ に対するパラメータ $\boldsymbol{\beta}_D, \boldsymbol{\beta}_{D'}$ 間に線形制約がない場合，式(9.4)の表現を $\mathcal{L}$ の正準形と呼ぶことにする．しかし，以下の例で見るように，$\boldsymbol{\beta}_D, \boldsymbol{\beta}_{D'}$ 間に線形制約がある場合でも，適当な変数変換によって正準形の表現が得ることは可能である．

[例 9.1（3 元条件つき独立モデル）] 図 9.1 のグラフに対応する 3 元条件つき独立モデルの場合，

$$\Delta = \{\{1\}, \{2\}, \{3\}, \{1, 2\}, \{2, 3\}\} \tag{9.5}$$

で，階層モデル $\mathcal{L}_\Delta$ は

$$\log p(\boldsymbol{i}) = \mu_1(\boldsymbol{i}_1) + \mu_2(\boldsymbol{i}_2) + \mu_3(\boldsymbol{i}_3) + \mu_{12}(\boldsymbol{i}_{12}) + \mu_{23}(\boldsymbol{i}_{23})$$

となる．

このモデルに例えば $\mu_{12}(\boldsymbol{i}_{12}) = 0,\ \boldsymbol{i}_{12} \in \mathcal{I}_{12},\ \mu_{23}(\boldsymbol{i}_{23}) = 0,\ \boldsymbol{i}_{23} \in \mathcal{I}_{23}$ という線形制約を入れたモデル

$$\log p(\boldsymbol{i}) = \mu_1(\boldsymbol{i}_1) + \mu_2(\boldsymbol{i}_2) + \mu_3(\boldsymbol{i}_3)$$

は，生成集合族 $\Delta' = \{\{1\}, \{2\}, \{3\}\} \subset \Delta$ に対する 3 元完全独立モデルである．

次に 2 因子交互作用に構造を入れた

$$\log p(\boldsymbol{i}) = \mu_1(\boldsymbol{i}_1) + \mu_2(\boldsymbol{i}_2) + \mu_3(\boldsymbol{i}_3) + \beta_{12}\phi_{12}(\boldsymbol{i}_{12}) + \beta_{23}\phi_{23}(\boldsymbol{i}_{23}) \tag{9.6}$$

というモデルを考えよう．$\phi_D(\boldsymbol{i}_D)$ としては，例えば 9.1 節で考えたような周

辺セルの部分集合 $\mathcal{I}'_D \subset \mathcal{I}_D$ に対する定義関数などを想定すればよい．式(9.6)のモデルは式(9.5)の Δ に対する式(9.4)の正準形の表現になっている．ここでこのモデルにさらに $\beta_{12} = \beta_{23} = \beta$ という線形制約を入れてみる．このときモデルは

$$p(\boldsymbol{i}) = \mu_1(\boldsymbol{i}_1) + \mu_2(\boldsymbol{i}_2) + \mu_3(\boldsymbol{i}_3) + \beta(\phi_{12}(\boldsymbol{i}_{12}) + \phi_{23}(\boldsymbol{i}_{23})) \tag{9.7}$$

と表現される．$\psi(\boldsymbol{i}) = \phi(\boldsymbol{i}_{12}) + \phi(\boldsymbol{i}_{23})$ とすれば，このモデルは3元の飽和モデルに対する式(9.4)の正準形の表現と考えることが可能である．逆に Δ に対する式(9.4)の正準形の表現になっていないことには注意する必要がある．

この例からもわかるように，モデル(9.4)の正準形は $\bar{\Delta}$ を用いて

$$\log p(\boldsymbol{i}) = \sum_{D \in \bar{\Delta}} \phi_D(\boldsymbol{i}_D)\boldsymbol{\beta}_D \tag{9.8}$$

のように表すことができる．一般に，$\Delta = \bar{\Delta}$ となるとは限らない．$\bar{\Delta}$ は，$\boldsymbol{\beta}_D = 0$ のような制約の場合には，$\bar{\Delta} \subset \Delta$ ともなりえるし，$\boldsymbol{\beta}_D, \boldsymbol{\beta}_{D'}$ 間に線形制約が存在する場合には，$\bar{\Delta} \supset \Delta$ ともなりえる．式(9.7)を見ると，$\bar{\Delta} = \{\{1\},\{2\},\{3\},\{1,2,3\}\}$ とすれば式(9.8)の形に表現できるので，$\bar{\Delta}$ は単体的複体である必要もない．しかし，本章では便宜上，式(9.8)の表現を与える最小の単体的複体として $\bar{\Delta}$ を定義することにする．このとき，$\bar{\Delta}$ は一意的に定まる．

以下では $\mathcal{L}_\Delta$ への線形制約つきのモデル $\mathcal{L}$ と言った場合には，式(9.8)の形の正準形を考えることにする．つまり交互作用項を表す Δ と正準形を定義する $\bar{\Delta}$ を区別して考えることにする．

ここで，

$$\boldsymbol{t}_D(\boldsymbol{i}_D) := \sum_{\boldsymbol{i}_{D^C} \in \mathcal{I}_{D^C}} \phi_D(\boldsymbol{i}_D)x(\boldsymbol{i})$$

と定義すると $\mathcal{L}$ の十分統計量 $\boldsymbol{t}$ は，

$$\boldsymbol{t} = \{\boldsymbol{t}_D(\boldsymbol{i}_D) \mid \boldsymbol{i}_D \in \mathcal{I}_D, D \in \bar{\Delta}\}$$

で与えられる．この十分統計量は階層モデルの場合に式(7.3)と一致すること

も容易に確認できる．

$\mathcal{L}$ は指数型分布族であることから，尤度方程式は

$$E[\boldsymbol{t}_D(\boldsymbol{i}_D)] = n \sum_{\boldsymbol{i}_{D^C} \in \mathcal{I}_{D^C}} \phi_D(\boldsymbol{i}_D) p(\boldsymbol{i}) = 0, \quad D \in \bar{\Delta} \tag{9.9}$$

となる．MLE は一般には明示的な解を持たず，その計算には次章で述べるような比例反復法 (IPF) などの反復計算が必要になる．しかし，D が $\mathcal{L}$ で飽和している場合，式(9.9)は

$$x_D(\boldsymbol{i}_D) = np(\boldsymbol{i}_D)$$

となり，したがって，D-周辺 $p(\boldsymbol{i}_D)$ の MLE は，相対頻度 $\hat{p}(\boldsymbol{i}_D) = x_D(\boldsymbol{i}_D)/n$ で与えられる．

9.3　線形制約つきモデルの分解

本節では線形制約つきモデル式(9.8)の分解について議論する．以下の定理は，階層モデルにおける命題 8.4 の一般形で，線形制約つき階層モデルの分解を議論する上で重要である．

[定理 9.2]　$\bar{\mathcal{D}}$ を $\bar{\Delta}$ のファセットの集合とする．(A, B, S) をハイパーグラフ $\mathcal{H}_{\bar{\mathcal{D}}} = (V, \bar{\mathcal{D}})$ の分解とし，また，S は $\mathcal{L}$ 上で飽和しているとする．

$$\bar{\Delta}(A \cup S) := \{D \cap (A \cup S) \mid D \in \bar{\Delta}\}$$

と定義したときに，$\mathcal{L}$ の $(A \cup S)$-周辺モデルは，式(9.8)を $A \cup S$ に制限した

$$\log p(\boldsymbol{i}_{A \cup S}) = \sum_{D \in \bar{\Delta}(A \cup S)} \phi_D(\boldsymbol{i}_D) \boldsymbol{\beta}_D$$

となる．

この定理は命題 8.4 と同様に証明できる．

[例 9.3（4 元モデル）]　単体的複体

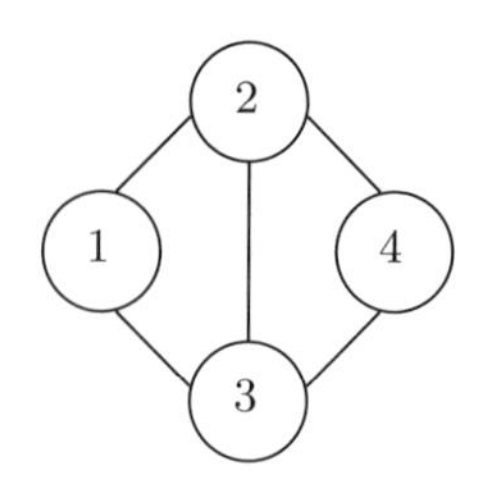

図 9.2　4元モデル

$$\mathcal{D} = \{\{1\}, \{2\}, \{3\}, \{4\}, \{1,2\}, \{1,3\}, \{2,3\}, \{2,4\}, \{3,4\}\}$$

に対する階層モデル $\mathcal{L}_\Delta$ は

$$\begin{aligned} \log p(\boldsymbol{i}) &= \mu_1(i_1) + \mu_2(i_2) + \mu_3(i_3) + \mu_4(i_4) \\ &\quad + \mu_{12}(\boldsymbol{i}_{12}) + \mu_{13}(\boldsymbol{i}_{13}) + \mu_{23}(\boldsymbol{i}_{23}) + \mu_{24}(\boldsymbol{i}_{24}) + \mu_{34}(\boldsymbol{i}_{34}) \end{aligned} \tag{9.10}$$

と表される．このモデルの場合，$\mathcal{H}_\mathcal{D}$ は条件つき独立グラフ $\mathcal{G}_\mathcal{D}$ と等価で，図 9.2 のコーダルグラフになるが，3 因子交互作用が存在しないため分解可能モデルではない．

ここで $\mathcal{L}_\Delta$ の $\{2,3\}$ 以外の 2 因子交互作用項に構造を仮定した

$$\begin{aligned} \log p(\boldsymbol{i}) &= \mu_1(i_1) + \mu_2(i_2) + \mu_3(i_3) + \mu_4(i_4) \\ &\quad + \beta_{12}\phi(\boldsymbol{i}_{12}) + \beta_{13}\phi(\boldsymbol{i}_{13}) + \mu_{23}(\boldsymbol{i}_{23}) + \beta_{24}\phi(\boldsymbol{i}_{24}) + \beta_{34}\phi(\boldsymbol{i}_{34}) \end{aligned} \tag{9.11}$$

というモデルについて考える．このモデルを $\mathcal{L}_a$ としよう．$\mathcal{L}_a$ では $\bar{\Delta} = \Delta$ で，図 9.2 のグラフが表す条件つき独立関係を有することから，

$$p(\boldsymbol{i}) = \frac{p(\boldsymbol{i}_{123})p(\boldsymbol{i}_{234})}{p(\boldsymbol{i}_{23})} \tag{9.12}$$

が成立する．$\mathcal{L}_a$ の場合，$\mathcal{G}_\mathcal{D}$ のクリークセパレータ $S = \{2,3\}$ がモデル内で飽和しているので，定理 9.2 から $\{1,2,3\}$-周辺，$\{2,3,4\}$-周辺はそれぞれ，式(9.11)のモデルを $\{1,2,3\}$, $\{2,3,4\}$ に制限した

$$\log p(\boldsymbol{i}_{123}) = \mu_1(i_1) + \mu_2(i_2) + \mu_3(i_3) + \beta_{12}\phi(\boldsymbol{i}_{12}) + \beta_{13}\phi(\boldsymbol{i}_{13}) + \mu_{23}(\boldsymbol{i}_{23}), \tag{9.13}$$

$$\log p(\boldsymbol{i}_{234}) = \mu_2(i_2) + \mu_3(i_3) + \mu_4(i_4) + \beta_{24}\phi(\boldsymbol{i}_{24}) + \beta_{34}\phi(\boldsymbol{i}_{34}) + \mu_{23}(\boldsymbol{i}_{23}) \tag{9.14}$$

となる．$p(\boldsymbol{i}_{123}), p(\boldsymbol{i}_{234})$ の MLE を $\hat{p}(\boldsymbol{i}_{123}), \hat{p}(\boldsymbol{i}_{234})$ と書くことにすれば，$p(\boldsymbol{i})$ の MLE $\hat{p}(\boldsymbol{i})$ は

$$\hat{p}(\boldsymbol{i}) = \frac{\hat{p}(\boldsymbol{i}_{123})\hat{p}(\boldsymbol{i}_{234})}{x(\boldsymbol{i}_{23})/n} \tag{9.15}$$

で与えられる．このことはモデル(9.11)を推定するためには，周辺モデル(9.13)，(9.14)が推定できれば十分であることを示している．

今度は $\{2,3\}$ の 2 因子交互作用のみに構造を仮定した

$$\begin{aligned}\log p(\boldsymbol{i}) &= \mu_1(i_1) + \mu_2(i_2) + \mu_3(i_3) + \mu_4(i_4) \\ &\quad + \mu_{12}(\boldsymbol{i}_{12}) + \mu_{13}(\boldsymbol{i}_{13}) + \beta_{23}\phi(\boldsymbol{i}_{23}) + \mu_{24}(\boldsymbol{i}_{24}) + \mu_{34}(\boldsymbol{i}_{34})\end{aligned} \tag{9.16}$$

というモデルについて考えてみよう．このモデルを $\mathcal{L}_b$ と書くことにする．$\mathcal{L}_b$ においても $\bar{\Delta} = \Delta$ で式(9.12)の条件つき独立関係は成立する．しかし $\mathcal{L}_b$ では $\mathcal{G}_{\mathcal{D}}$ のクリークセパレータである $\{2,3\}$ がモデル内で飽和していないため，$\{1,2,3\}$-周辺，$\{2,3,4\}$-周辺モデルは，式(9.16)のモデルを $\{1,2,3\}$, $\{2,3,4\}$ に制限した

$$\log p(\boldsymbol{i}) = \mu_1(i_1) + \mu_2(i_2) + \mu_3(i_3) + \mu_{12}(\boldsymbol{i}_{12}) + \mu_{13}(\boldsymbol{i}_{13}) + \beta_{23}\phi(\boldsymbol{i}_{23}),$$

$$\log p(\boldsymbol{i}) = \mu_2(i_2) + \mu_3(i_3) + \mu_4(i_4) + \beta_{23}\phi(\boldsymbol{i}_{23}) + \mu_{24}(\boldsymbol{i}_{24}) + \mu_{34}(\boldsymbol{i}_{34})$$

のような対数線形モデルの形に書くことは一般にはできない．したがって，MLE を計算する場合なども，周辺モデルごとの局所計算の議論が適用できない．

いまの例は，同じ $\bar{\Delta}$ に基づく正準形の表現を持つモデルであっても，モデルの分解が $\mathcal{H}_{\bar{\mathcal{D}}} = (V, \bar{\mathcal{D}})$ の分解とは必ずしも対応しないことを表している．つまり線形制約を入れたモデルにおける推論の分解可能性を議論するために

は，モデルの分解を $\bar{\mathcal{H}}$ の分解とは別に定義し直す必要がある．

$\bar{\mathcal{S}}$ を $\mathcal{H}_{\bar{\mathcal{D}}}$ の部分エッジMVSの集合としよう．$\bar{\mathcal{S}}$ の要素の中で，モデル $\mathcal{L}$ の中で飽和しているものの集合を $\mathcal{S}^*$ で表すことにする．$\mathcal{S}^*$ の要素を $\mathcal{L}$ のMVSと呼ぶことにする．$\mathcal{H}_{\bar{\mathcal{D}}}$ の2頂点 v, v' が $\mathcal{S}^*$ のどの要素でも $\mathcal{H}_{\bar{\Delta}}$ 上で分離されないとき，v と v' はモデル $\mathcal{L}$ 内で強連結であると定義する．$\mathcal{C}^*$ を互いに強連結な頂点集合の中で包含関係に関して極大な集合の族とする．$\mathcal{C}^*$ の要素を $\mathcal{L}$ の極大既約成分と呼ぶことにする．このとき $\mathcal{C}^*$ を極大クリークの集合として持つようなグラフ $\mathcal{G}^*$ はコーダルグラフとなり，また，$\mathcal{G}^*$ のMVSは $\mathcal{S}^*$ になる．$\mathcal{G}^*$ は $\mathcal{G}_{\bar{\mathcal{D}}}$ を部分グラフに含むことに注意すると，条件つき独立関係から $p(\boldsymbol{i})$ は

$$p(\boldsymbol{i}) = \frac{\prod_{C^* \in \mathcal{C}^*} p(\boldsymbol{i}_{C^*})}{\prod_{S^* \in \mathcal{S}^*} p(\boldsymbol{i}_{S^*})^{\nu(S^*)}} \tag{9.17}$$

のように表すことができる．さらに定理9.2を用いれば，周辺モデル $p(\boldsymbol{i}_{C^*})$ は $\mathcal{L}$ を C^* に制限したモデルであることがわかる．したがって，$p(\boldsymbol{i}_{C^*})$ のMLEを $\hat{p}(\boldsymbol{i}_{C^*})$ と書くことにすると，$S^* \in \mathcal{S}^*$ が $\mathcal{L}$ 内で飽和していることから，$p(\boldsymbol{i})$ のMLEは

$$\hat{p}(\boldsymbol{i}) = \frac{\prod_{C^* \in \mathcal{C}^*} \hat{p}(\boldsymbol{i}_{C^*})}{\prod_{S^* \in \mathcal{S}^*} (x_S(\boldsymbol{i}_{S^*})/n)^{\nu(S^*)}} \tag{9.18}$$

と書けることがわかる．

以下の定理は，$\mathcal{G}^*$ に基づくモデルの分解が最適な分解になることを示している．

[定理 9.4]　$\mathcal{G}^*$ は式(9.18)を満たす辺の数が最小のコーダルグラフである[2]．

[例 9.5（4元モデル）]　例9.3で議論した二つのモデル $\mathcal{L}_a, \mathcal{L}_b$ について再度考えてみよう．いずれも条件つき独立グラフ $\mathcal{G}_{\bar{\mathcal{D}}}$ は図9.2のグラフで，$\mathcal{S} = \{\{2,3\}\}$ である．

式(9.11)では $\{2,3\}$ は飽和しているので，$\mathcal{G}^* = \mathcal{G}_{\bar{\mathcal{D}}}$ となることから，$p(\boldsymbol{i})$ のMLEが式(9.15)のように書ける．

[2]　この定理の証明は煩雑であるので，ここでは省略する．詳細はHara et al. [27] を参照されたい．

一方，式(9.16)のモデルの場合は $\{2,3\}$ がモデル上で飽和していないため，モデルの MVS が存在しないことになる．このとき $\mathcal{G}^*$ は 4 頂点の完全グラフとなり，したがって，このモデルはこれ以上分解できない．

9.4 階層的部分空間モデル

本節では，前節までの議論を踏まえ，線形制約つき階層モデル（式(9.8)）をモデルの分解可能性の視点から層別するための一つのアプローチとして，階層的部分空間モデルというモデルのクラスを導入する．

[定義 9.6（階層的部分空間モデル）] $\mathcal{L}_\Delta$ を Δ が定義する階層モデル，$\mathcal{H}_\mathcal{D}$ を $\mathcal{L}_\Delta$ から定義されるハイパーグラフとそれぞれする．$\mathcal{S}$ を $\mathcal{H}_\mathcal{D}$ の部分エッジ MVS の集合とする．式(9.8)の正準形を持つモデル $\mathcal{L}$ が

(i) $\mathcal{L} \subset \mathcal{L}_\Delta$

(ii) $\mathcal{S}$ のすべての要素が $\mathcal{L}$ 上で飽和している

の 2 条件を満たすとき，$\mathcal{L}$ を $\mathcal{L}_\Delta$ の**階層的部分空間モデル**（hierarcahical subspace model，以下 **HSM**）と呼ぶ．

[例 9.7（4 元モデル）] 再び例 9.3 の二つのモデル $\mathcal{L}_a, \mathcal{L}_b$ を例にとって考えてみる．$\mathcal{L}_\Delta$ は式(9.10)のモデルである．このとき $\mathcal{L}_a$ は $\mathcal{L}_\Delta$ に対し，定義 9.6 の 2 条件を満たすので，$\mathcal{L}_\Delta$ の HSM である．

一方，$\mathcal{L}_b$ では $\{2,3\} \in \bar{\mathcal{S}}$ がモデル内で飽和していないため，定義 9.6 の条件 (ii) を満たさず，したがって，$\mathcal{L}_\Delta$ の HSM にはならない．しかし $\mathcal{L}_b$ の場合，$\mathcal{G}^*$ は 4 頂点の完全グラフになる．このことは $\mathcal{L}_b$ は 4 元飽和モデルの HSM にはなっていることを意味する．

$\mathcal{C}, \mathcal{S}$ を $\mathcal{H}_\mathcal{D}$ の極大既約成分，部分エッジ MVS の集合とする．$\mathcal{L}$ がある階層モデル $\mathcal{L}_\Delta$ の HSM であるということは，$\mathcal{C}^* = \mathcal{C}$，$\mathcal{S}^* = \mathcal{S}$ としたときに式(9.17)が成り立つということである．これはすなわち $\mathcal{L}$ が式(9.17)の意味で $\mathcal{L}_\Delta$ と少なくとも同等の分解可能性を有することを意味する．言い換えれば $\mathcal{L}_\Delta$ の HSM $\mathcal{L}$ は，$\mathcal{S}$ が $\mathcal{L}$ 上で飽和するように構成すればよいということにな

る．

今度は所与の線形制約つき階層モデル $\mathcal{L}$ の分解可能性について考察してみよう．例9.7からもわかるとおり，$\mathcal{L}$ を HSM として持つ階層モデル $\mathcal{L}_\Delta$ は必ず存在する．特に $\mathcal{L}$ は必ず飽和モデルの HSM にはなっている．しかしモデル $\mathcal{L}$ の分解可能性の視点からすると，$\mathcal{L}$ を HSM として持つようななるべく小さい階層モデルに興味がある．いま，$\mathcal{G}^*$ を前節で定義したコーダルグラフとしよう．$\mathcal{L}^*$ を $\mathcal{G}^*$ が定義する分解可能モデルとする．このとき定理9.4の系として以下の事実が成り立つ．

[系 9.8]　$\mathcal{L}^*$ は $\mathcal{L}$ を HSM として持つような最小の分解可能モデルである．

9.5　階層的部分空間モデルのマルコフ基底

本章で考えている制約つき階層モデル $\mathcal{L}$ は指数型分布族であるので，マルコフ基底による正確検定の議論が適用可能である．8.4節で可約な階層モデルのマルコフ基底の計算が，$\mathcal{H}_\mathcal{D}$ の極大既約成分の周辺モデルのマルコフ基底から再帰的に構成できることを示した．HSM のマルコフ基底も前節で定義したモデル分解を用いると，モデルの極大既約成分の周辺モデルのマルコフ基底から再帰的に構成できることを示すことができる．

$\mathcal{C}^*$ を $\mathcal{L}$ の極大既約成分とし，$\mathcal{H}^* = (V, \mathcal{C}^*)$ で定義する．(V_1, V_2, S) を $V_1 \cup V_2 \cup S = V$ を満たす $\mathcal{H}^*$ の分解とし，$\mathcal{L}_l, l = 1, 2$ を $V_l \cup S$ に対応する $\mathcal{L}$ の周辺モデルとする．$\mathcal{B}_l$ を $\mathcal{L}_l$ のマルコフ基底とする．$\boldsymbol{z}_l^{\boldsymbol{k}}$ を式(8.12)と同様に定義し，$\mathrm{Ext}(\mathcal{B}_l \to \mathcal{L})$ も定義8.8の式(8.13)と同様に

$$\mathrm{Ext}(\mathcal{B}_l \to \mathcal{L}) := \{\boldsymbol{z}_1^{\boldsymbol{k}} \mid \boldsymbol{z}_l \in \mathcal{B}_l,\ \boldsymbol{k} \in \mathcal{I}_{V_{l'}} \times \cdots \times \mathcal{I}_{V_{l'}}\}$$

で定義する．ここで $(l, l') = (1, 2), (2, 1)$ とする．このとき定理8.9, 8.10に対応して以下が成立する．

[定理 9.9]　$\mathrm{Ext}(\mathcal{B}_l \to \mathcal{L}), l = 1, 2$ はいずれも $\mathcal{L}$ の移動の集合である．

[定理 9.10]　$\mathcal{B}_1, \mathcal{B}_2$ をそれぞれ $\mathcal{L}_1, \mathcal{L}_2$ のマルコフ基底とする．また，

$\mathcal{B}_{V_1 \cup S, V_2 \cup S}$ を $V_1 \cup S, V_2 \cup S$ という二つのクリークからなるコーダルグラフが定義する分解可能モデルのマルコフ基底とする．このとき，

$$\mathcal{B} := \mathrm{Ext}(\mathcal{B}_1 \to \mathcal{L}) \cup \mathrm{Ext}(\mathcal{B}_2 \to \mathcal{L}) \cup \mathcal{B}_{V_1 \cup S, V_2 \cup S}$$

は $\mathcal{L}$ のマルコフ基底をなす．

これらの定理は定理 8.10 と同様に証明することが可能であるので，ここでは証明を省略する[3]．

9.6 CSI モデル

本節では，HSM の例として CSI モデル (context specific interaction model) を紹介する[4]．

9.6.1 CSI モデルの定義

Δ を単体的複体，$\mathcal{D}$ をそのファセットの集合とする．$\mathcal{B}_D$ を $D \in \mathcal{D}$ のある部分集合族とする．また，$B_D \in \mathcal{B}_D$ に対して，周辺セルの部分集合 $\bar{\mathcal{I}}_{B_D} \subset \mathcal{I}_{B_D}$ を一つ固定する．このとき CSI モデルは以下のように定義される．

$$\log p(\boldsymbol{i}) = \sum_{D \in \Delta} \mu_D(\boldsymbol{i}_D) \cdot \prod_{B_D \in \mathcal{B}_D} \prod_{\boldsymbol{j}_{B_D} \in \bar{\mathcal{I}}_{\mathcal{B}_D}} 1_{\boldsymbol{i}_{B_D} = \boldsymbol{j}_{B_D}}. \tag{9.19}$$

ここで $1_{\boldsymbol{i}_{B_D} = \boldsymbol{j}_{B_D}}$ は $\boldsymbol{i}_{B_D} = \boldsymbol{j}_{B_D}$ のときに 1，それ以外で 0 をとるような定義関数である．このモデルは，式(9.3)の階層モデルの特定の $\boldsymbol{i}_{B_D}$-断面の交互作用項に対し $\mu_D(\boldsymbol{i}_D) = 0$ という線形制約を課したモデルになっている．また，$\mathcal{B}_D = \{D\}, \bar{\mathcal{I}}_{B_D} = \bar{\mathcal{I}}_D$ とすれば，式(9.19)は階層モデルになる．したがって，すべての階層モデルは CSI モデルである．また，本章の冒頭で紹介した 2 元変化点モデル(9.2)が CSI モデルになることも容易に確認できる．

---

[3] 証明の詳細は Hara et al. [27] でも述べられている．

[4] CSI モデルの詳細については Højsgaard [32, 33] などを参照されたい．

表 9.1　ニュージャージー州の高校生の数学に対する意識調査

		郊外				都市部			
		女		男		女		男	
		受講	未受講	受講	未受講	受講	未受講	受講	未受講
大学進学	数理科学系								
	数学が必要	37	27	51	48	51	55	109	86
	必要でない	16	11	10	19	24	28	21	25
	文系								
	数学が必要	16	15	7	6	32	34	30	31
	必要でない	12	24	13	7	55	39	26	19
就職	数理科学系								
	数学が必要	10	8	12	15	2	1	9	5
	必要でない	9	4	8	9	8	9	4	5
	文系								
	数学が必要	7	10	7	3	5	2	1	3
	必要でない	8	4	6	4	10	9	3	6

出典：Fowkes [20]

9.6.2　CSI モデルによるデータ分析例

表 9.1 はアメリカニュージャージー州の高校生に対して行なわれた数学に対する意識調査のデータである．データは 2^6 の 6 元分割表で，以下の六つの項目からなる．

(1)　数学の授業を受講したか（受講 = 1, 未受講 = 2）

(2)　性別（女 = 1, 男 = 2）

(3)　学校の立地（郊外 = 1, 都市部 = 2）

(4)　将来，仕事で数学が必要になると思うか（必要 = 1, 不要 = 2）

(5)　適性（数理科学系 = 1, 文系 = 2）

(6)　進路（大学進学 = 1, 就職 = 2）

ここでは，このデータを図 9.3 のコーダルグラフ $\mathcal{G}_D$ が定義する分解可能モデル $\mathcal{L}_\Delta$

$$\log p(\boldsymbol{i}) = \mu_{1235}(\boldsymbol{i}_{1235}) + \mu_{2345}(\boldsymbol{i}_{2345}) + \mu_{3456}(\boldsymbol{i}_{3456}) \tag{9.20}$$

と，以下のモデル

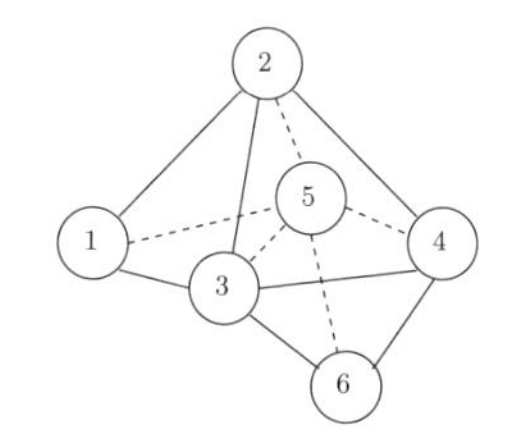

図 9.3 6 元分解可能モデル

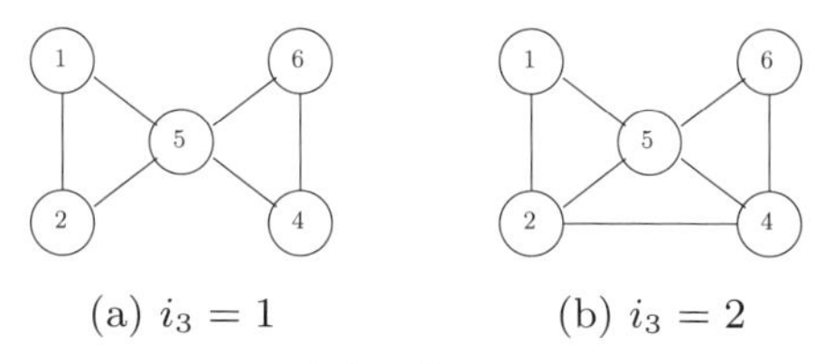

図 9.4 式(9.21)の CSI モデル

$$\log p(\boldsymbol{i}) = \mu_{1235}(\boldsymbol{i}_{1235}) + \mu_{235}(\boldsymbol{i}_{235}) \cdot 1_{i_3=1} + \mu_{345}(\boldsymbol{i}_{345}) \cdot 1_{i_3=1} + \mu_{2345}(\boldsymbol{i}_{2345}) \cdot 1_{i_3=2} + \mu_{3456}(\boldsymbol{i}_{3456}) \qquad (9.21)$$

を用いて分析することを考える[5]．このモデルには式(9.20)に存在する 3 因子以下の交互作用も存在し，それらはいずれも $\mathcal{L}$ で飽和していると仮定する．このモデルは $\mathcal{L}_\Delta$ から作った CSI モデルであることは容易に確認できる．

モデル(9.21)はモデル(9.20)の $\{2,3,4,5\}$ の 4 因子交互作用項に線形制約を入れたモデルになっている．モデル(9.21) の $(i_3 = 1)$-断面の 5 元表には $\{2, 4, 5\}$ の 3 因子交互作用と $\{2,4\}$ の 2 因子交互作用が存在しない．この断面は図 9.4(a) のグラフが定義する分解可能モデルをなす．一方，$(i_3 = 2)$-断面の 5 元表には，$\{2,4,5\}$ の 3 因子交互作用が存在し，モデルは図 9.4(b) のグラフが定義する分解可能モデルとなる．

この CSI モデルは，$\mathcal{G}_\mathcal{D}$ の MVS，$\{2,3,5\}$, $\{3,4,5\}$ がいずれもモデル内で飽和しているため，$\mathcal{L}_\Delta$ の HSM であることがわかる．したがって，セル確率は

[5] これらのモデルによる分析は Højsgaard [32]，Hara et al. [27] による．

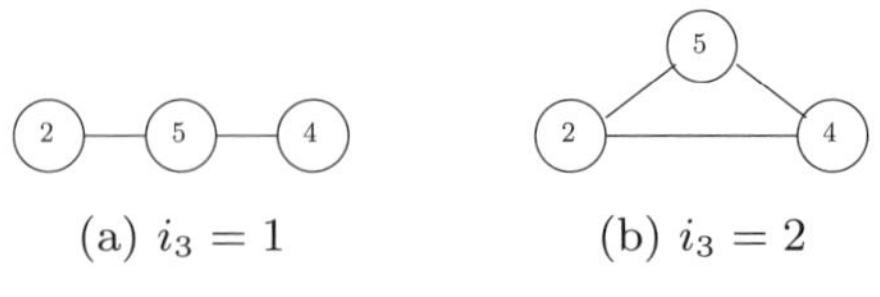

図 9.5　$\{2,3,4,5\}$-周辺モデル

$$p(\boldsymbol{i}) = \frac{p(\boldsymbol{i}_{1235})p(\boldsymbol{i}_{2345})p(\boldsymbol{i}_{3456})}{p(\boldsymbol{i}_{235})p(\boldsymbol{i}_{345})}$$

と分解され，$\{1,2,3,5\}$-周辺，$\{3,4,5,6\}$-周辺はいずれも4元飽和モデル，$\{2,3,4,5\}$-周辺は式(9.21)のモデルを $\{2,3,4,5\}$ に制限した

$$\log p(\boldsymbol{i}_{2345}) = \mu_{235}(\boldsymbol{i}_{235}) \cdot 1_{i_3=1} + \mu_{345}(\boldsymbol{i}_{345}) \cdot 1_{i_3=1} + \mu_{2345}(\boldsymbol{i}_{2345}) \cdot 1_{i_3=2}$$

というCSIモデルとなる．このモデルの $(i_3 = 1)$-断面は図9.5(a)の3元条件つき独立モデル，$i_3 = 2$ は図9.5(b)の3元飽和モデルとなる．このことから $p(\boldsymbol{i}_{2345})$ のMLEは

$$\hat{p}(\boldsymbol{i}_{2345}) = \begin{cases} \dfrac{(x(\boldsymbol{i}_{235})/n) \cdot (x(\boldsymbol{i}_{345})/n)}{x(\boldsymbol{i}_{35})/n}, & i_3 = 1 \\ x(\boldsymbol{i}_{2345})/n, & i_3 = 2 \end{cases}$$

となる．この $\hat{p}(\boldsymbol{i}_{2345})$ を用いると $p(\boldsymbol{i})$ のMLE$\hat{p}(\boldsymbol{i})$ は

$$\hat{p}(\boldsymbol{i}) = \frac{(x(\boldsymbol{i}_{1235})/n) \cdot \hat{p}(\boldsymbol{i}_{2345}) \cdot (x(\boldsymbol{i}_{3456})/n)}{(x(\boldsymbol{i}_{235})/n) \cdot (x(\boldsymbol{i}_{345})/n)}$$

となることがわかる．

次に，$\{2,3,4,5\}$ 交互作用項に入れた構造の有無

$$H_0 : \text{モデル}(9.21), \quad H_1 : \text{モデル}(9.20) \tag{9.22}$$

をマルコフ基底を用いて検定することを考えよう．この検定には帰無仮説のモデルである式(9.21)のCSIモデルのマルコフ基底が必要である．このマルコフ基底は定理9.10を用いることで計算が可能である．

まず，$\{2,3,4,5\}$-周辺のモデルのマルコフ基底について考えてみよう．$\{2,3,4,5\}$-周辺の $(i_3 = 1)$-断面は図9.5(a)の3元条件つき独立モデル，$(i_3 = 2)$-断面は図9.5(b)の3元飽和モデルであった．したがって，

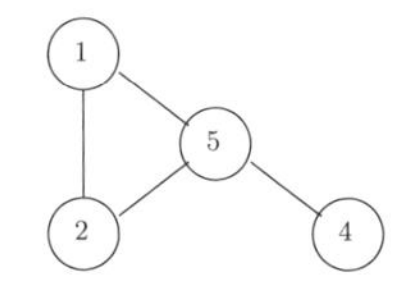

図 9.6 $\{1,2,3,4,5\}$-周辺の $(i_3=1)$-断面

- $(i_3=1)$-断面は 3 元条件つき独立モデルのマルコフ基底の要素
- $(i_3=2)$-断面はすべて 0

を満たす整数配列の集合が $\{2,3,4,5\}$-周辺モデルのマルコフ基底になる．これを $\mathcal{B}_{24,45}^{i_3=1}$ と書くことにする．

次に，定理 9.10 を用いて，$\mathcal{L}$ の $\{1,2,3,4,5\}$-周辺モデル $\mathcal{L}(\{1,2,3,4,5\})$ のマルコフ基底を求めてみよう．$\mathrm{Ext}(\mathcal{B}_{24,45}^{i_3=1} \to \mathcal{L}(\{1,2,3,4,5\}))$ により得られる移動の集合は，$(i_3=1)$-断面が図 9.6 の分解可能モデルのマルコフ基底の要素，$(i_3=2)$-断面がすべて 0 であるような移動の集合である．これを $\mathcal{B}_{124,45}^{i_3=1}$ と書くことにする．また，$\{1,2,3,5\}$, $\{2,3,4,5\}$ という二つのファセットからなる分解可能モデルのマルコフ基底を $\mathcal{B}_{1235,2345}$ と書くことにすると，$\{1,2,3,4,5\}$-周辺モデルのマルコフ基底 $\mathcal{B}_{12345}$ は定理 9.10 より

$$\mathcal{B}_{12345} := \mathcal{B}_{1235,2345} \cup \mathcal{B}_{124,45}^{i_3=1}$$

となる．

さらに，この結果を用いて全体のモデル $\mathcal{L}$ のマルコフ基底を求めてみよう．$\mathrm{Ext}(\mathcal{B}_{124,45}^{i_3=1} \to \mathcal{L})$ により得られる移動の集合は，$(i_3=1)$-断面が図 9.4(a) の分解可能モデルのマルコフ基底の要素，$(i_3=2)$-断面がすべて 0 であるような移動の集合となる．これを $\mathcal{B}_{124,456}^{i_3=1}$ と書くことにする．

また，$\mathrm{Ext}(\mathcal{B}_{1235,2345} \to \mathcal{L})$ により得られる移動の集合は，元の分解可能モデル $\mathcal{L}_\Delta$ のマルコフ基底になる．これを $\mathcal{B}_0$ と表す．

ここで定理 9.10 を用いると，全体のモデル $\mathcal{L}$ のマルコフ基底 $\mathcal{B}$ は

$$\mathcal{B} := \mathcal{B}_{124,456}^{i_3=1} \cup \mathcal{B}_0$$

となる．これはいくつかの分解可能モデルのマルコフ基底から構成されるので，2 次の移動によるマルコフ基底を明示的に求めることが可能である．

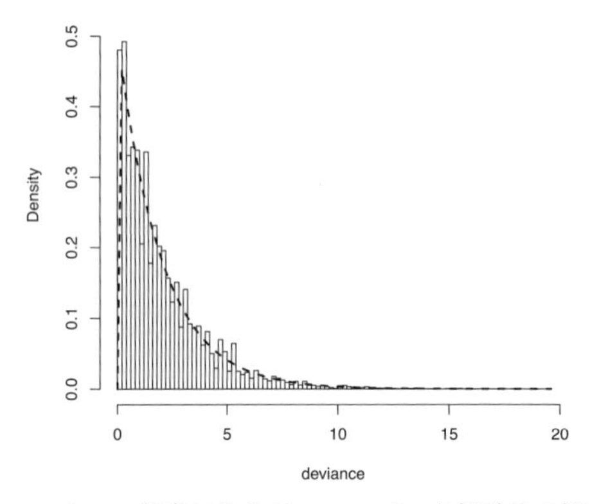

図 9.7　マルコフ基底による Pearson の χ^2 統計量の標本分布

$\mathcal{B}$ を用いると式(9.22)の条件つき正確検定を行うことが可能になる．ここでは検定統計量として Pearson のカイ二乗統計量を用いたところ，その値は 1.851 となった．$\mathcal{B}$ を用いて 10^5 回の分割表のサンプリングを行い，そこから求めた Pearson のカイ二乗統計量の標本分布と，漸近分布である自由度 2 のカイ二乗分布を図 9.7 に示す．標本分布から求めた p 値は 0.399 となり，結局 CSI モデル $\mathcal{L}$ が採択された．

第 10 章

グラフの三角化と比例反復法

これまでの章でも述べたとおり，階層モデルの最尤推定量は一般には明示的な解を持たず，その計算には反復計算を要する．本章では，標準的な反復計算のアルゴリズムである比例反復法を導入し，さらに条件つき独立グラフの構造を用いることにより，アルゴリズムの計算効率を改良することが可能であることを示す．

10.1　分割表の比例反復法

生成集合族を $\mathcal{D}$ の階層モデル $\mathcal{L}_{\Delta}$ の尤度方程式は，

$$x(\boldsymbol{i}_D) = np(\boldsymbol{i}_D), \quad \boldsymbol{i}_D \in \mathcal{I}_D, \quad D \in \mathcal{D} \tag{10.1}$$

となる．8.3 節でも述べたとおり，この解である MLE が明示的に求まるための必要十分条件は，$\mathcal{L}_{\Delta}$ が分解可能モデルであることであった．つまり分解可能モデル以外の階層モデルの MLE の計算には反復計算を要する．

比例反復法（iterative proportional fitting，以下 IPF）は MLE 計算のための標準的な反復計算アルゴリズムである．

[アルゴリズム 10.1（比例反復法）]

ステップ 1：初期値として $p^{(0)}(\boldsymbol{i}) \to 1/|\mathcal{I}|$ を入力．$t \to 0$.

ステップ 2：各 $D \in \mathcal{D}$ について，セル確率を以下で更新．

$$p^{(t+1)}(\boldsymbol{i}) = \frac{x(\boldsymbol{i}_D)/n}{p^{(t)}(\boldsymbol{i}_D)} \cdot p^{(t)}(\boldsymbol{i}), \quad \boldsymbol{i} \in \mathcal{I} \tag{10.2}$$

ステップ3：収束していれば終了．収束していなければステップ2に戻る．

このアルゴリズムのステップ2の式(10.2)の更新則において，$p^{(t+1)}(\boldsymbol{i})$ の D-周辺確率を求めると，

$$
\begin{aligned}
p^{(t+1)}(\boldsymbol{i}_D) &= \sum_{i_{D^c} \in \mathcal{I}_{D^c}} p^{(t+1)}(\boldsymbol{i}) \\
&= \frac{x(\boldsymbol{i}_D)/n}{p^{(t)}(\boldsymbol{i}_D)} \sum_{i_{D^c} \in \mathcal{I}_{D^c}} p^{(t)}(\boldsymbol{i}) \\
&= \frac{x(\boldsymbol{i}_D)}{n}
\end{aligned}
$$

となる．これは D に対する尤度方程式(10.1)と等価である．式(10.2)は各生成集合 $D \in \mathcal{D}$ に対する尤度方程式を満たすような更新則になっていることがわかる．また，$p^{(t)}(\boldsymbol{i})$ は $t \to \infty$ で MLE に収束すること，分解可能モデルに適用した場合には有限回で解に到達することが知られている[1]．

ステップ2では，各 $D \in \mathcal{D}$ に対して，すべてのセル確率を式(10.2)に従って更新するので更新回数はセル数である $|\mathcal{I}|$ 回となる．ここでモデル $\mathcal{L}_\Delta$ が可約であるとし，$\mathcal{C}, \mathcal{S}$ を $\mathcal{H} = (V, \mathcal{D})$ の極大既約成分，部分エッジ MVS の集合としよう．このとき，式(8.7)より，$p(\boldsymbol{i})$ は

$$
p(\boldsymbol{i}) = \frac{\prod_{C \in \mathcal{C}} p(\boldsymbol{i}_C)}{\prod_{S \in \mathcal{S}} p(\boldsymbol{i}_S)^{\nu(S)}}
$$

のように分解される．またこのとき，式(8.8)でも述べたように MLE も

$$
\hat{p}(\boldsymbol{i}) = \frac{\prod_{C \in \mathcal{C}} \hat{p}(\boldsymbol{i}_C)}{\prod_{S \in \mathcal{S}} (x(\boldsymbol{i}_S)/n)^{\nu(S)}}
$$

のように分解できる．そしてこのことは，元の階層モデル $p(\boldsymbol{i}), \boldsymbol{i} \in \mathcal{I}$ の MLE を計算するためには，$\mathcal{H}$ の極大既約成分に対する部分モデル $p(\boldsymbol{i}_C)$, $\boldsymbol{i}_C \in \mathcal{I}_C$, $C \in \mathcal{C}$ の MLE が計算できれば十分であることを示している．つまり IPF も各 $p(\boldsymbol{i}_C)$ に対して適用すればよい．$p(\boldsymbol{i}_C)$ に IPF を適用した場合の式(8.8)の更新回数は周辺セルの数 $|\mathcal{I}_C|$ である．したがって各 C についての更新回数の総和は $\sum_{C \in \mathcal{C}} |\mathcal{I}_C|$ となる．

---

[1] 証明の詳細は Lauritzen [36, 第4章] などを参照されたい．

例えば，すべての変数の水準数が I，極大既約成分の数が $K = |\mathcal{C}|$，すべての極大既約成分の変数の数が $|C|$ であった場合，$\sum_{C\in\mathcal{C}} |\mathcal{I}_C|$, $|\mathcal{I}|$ はそれぞれ

$$\sum_{C\in\mathcal{C}} |\mathcal{I}_C| = KI^{|C|}, \quad \mathcal{I} = I^{K|C|}$$

となり，$I \geq 2$ では $KI^{|C|} < I^{K|C|}$ となる．より一般の場合においても，K が大きい場合には $\sum_{C\in\mathcal{C}} |\mathcal{I}_C| < |\mathcal{I}|$ となる傾向にある．このことは，モデルが可約でその極大既約成分が既知の場合は，IPF をモデル全体に対して直接適用するより，極大既約成分への分解後の各周辺モデルに適用して，収束後に式(8.8)を用いて全体の MLE を計算した方が，計算効率的であることを意味している．

一方，モデルが既約の場合にはこうした議論が適用できない．しかし，次節で述べるように，モデルが既約の場合でもモデル $\mathcal{L}_\Delta$ の条件つき独立グラフ $\mathcal{G}_\mathcal{D}$ の構造を利用することにより，IPF の更新則の効率化が可能になる．

10.2 クリーク木を用いた情報伝搬アルゴリズム

以下では，モデルが既約でかつ飽和していないと仮定しよう．もし条件つき独立グラフ $\mathcal{G}_\mathcal{D}$ がコーダルでないときは，クリークでない MVS が存在する．一般に非コーダルグラフのクリークでない MVS に辺を加えてコーダルグラフを作る操作をグラフの**三角化**といい，$\mathcal{G}_\mathcal{D}$ を三角化することによって得られたコーダルグラフを $\mathcal{G}_\mathcal{D}$ の**コーダル拡張**という．

以下では $\mathcal{G}_\mathcal{D}$ のコーダル拡張を $\bar{\mathcal{G}}_\mathcal{D}$ と書くことにする．$\mathcal{G}_\mathcal{D}$ がコーダルの場合は，$\bar{\mathcal{G}}_\mathcal{D} = \mathcal{G}_\mathcal{D}$ となる．既約な $\mathcal{L}_\Delta$ の MLE 計算の IPF は，$\bar{\mathcal{G}}_\mathcal{D}$ の構造を用いることによりアルゴリズムを効率化することが可能である．

10.2.1 5 サイクルモデルの場合の情報伝搬アルゴリズム

本節では，このアルゴリズムの効率化の手順を理解のために，5 サイクルモデルを例に説明を与える．

[例 10.2（5 サイクルモデルの IPF）] 5 サイクルモデルは，条件つき独立グ

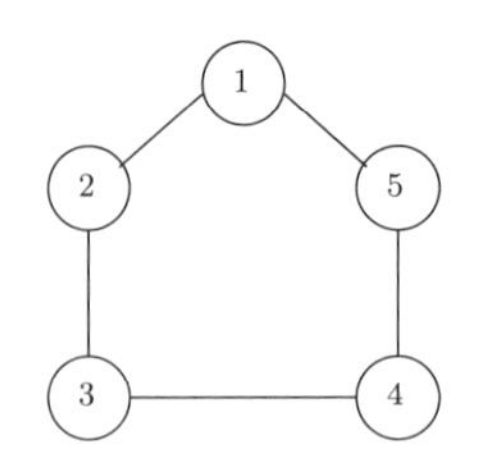

図 10.1　5 サイクルモデル

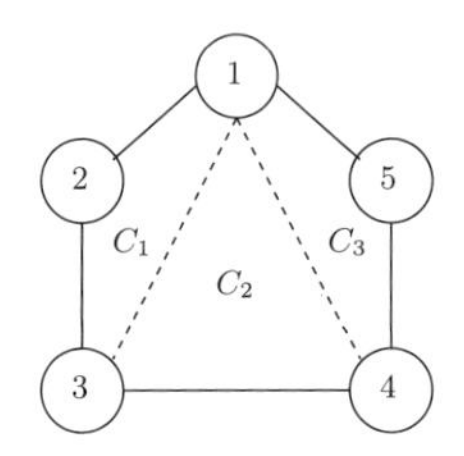

図 10.2　5 サイクルモデルの三角化

ラフ $\mathcal{G}_\mathcal{D}$ が図 10.1 の 5 角形のグラフであるようなグラフィカルモデルである．このとき，生成集合族 $\mathcal{D}$ は

$$\mathcal{D} = \{\{1,2\},\{2,3\},\{3,4\},\{4,5\},\{5,1\}\}$$

となる．ここでは簡単のため，すべての変数の水準数は I であると仮定する．このモデルは $\mathcal{G}_\mathcal{D}$ がコーダルグラフでないことから，分解可能モデルではない．したがって MLE の計算には IPF などの反復アルゴリズムを要する．アルゴリズム 10.1 を直接適用するには，$\mathcal{D}$ の各要素に対し式(10.2)の更新を収束するまで反復すればよい．式(10.2)の更新は，例えば，$D = \{1,2\}$ のときは

$$p^{(t+1)}(\boldsymbol{i}) = \frac{x(\boldsymbol{i}_{12})/n}{p^{(t)}(\boldsymbol{i}_{12})} \cdot p^{(t)}(\boldsymbol{i}), \quad \boldsymbol{i} \in \mathcal{I} \tag{10.3}$$

となる．更新回数はセル確率の数の I^5 回である．

図 10.2 は $\mathcal{G}_\mathcal{D}$ の三角化によって得られたコーダル拡張 $\bar{\mathcal{G}}_\mathcal{D}$ である．ここでは，この $\bar{\mathcal{G}}_\mathcal{D}$ の構造を用いて式(10.3)の $D = \{1,2\}$ に対する更新則を効率化することを考える．

$\bar{\mathcal{G}}_{\mathcal{D}}$ の極大クリーク，MVS の集合をそれぞれ $\bar{\mathcal{C}}, \bar{\mathcal{S}}$ とすると，

$$\bar{\mathcal{C}} = \{\{1,2,3\},\{1,3,4\},\{1,4,5\}\}, \quad \bar{\mathcal{S}} = \{\{1,3\},\{1,4\}\}$$

となる．$C_1 = \{1,2,3\}$, $C_2 = \{1,3,4\}$, $C_3 = \{1,4,5\}$, $S_2 = \{1,3\}$, $S_3 = \{1, 4\}$ と置くことにする．このとき，条件つき独立関係から

$$p(\boldsymbol{i}) = \frac{p(\boldsymbol{i}_{C_1})p(\boldsymbol{i}_{C_2})p(\boldsymbol{i}_{C_3})}{p(\boldsymbol{i}_{S_2})p(\boldsymbol{i}_{S_3})}$$

が成立する．8.3 節でも述べたとおり，各周辺モデルは，S_2, S_3 がクリークセパレータでないことから，一般には対応する誘導部分グラフが定義するグラフィカルモデルにはならない．しかし，ここではこの周辺確率を更新していくことを考える．

まず $\{1,2\}$ を含む $\bar{\mathcal{G}}_{\mathcal{D}}$ の極大クリークを選ぶ．この場合は C_1 である．そして $p(\boldsymbol{i}_{C_1})$ を以下で更新する．

$$p^{(t+1)}(\boldsymbol{i}_{C_1}) = \frac{x(\boldsymbol{i}_{12})/n}{p^{(t)}(\boldsymbol{i}_{12})} \cdot p^{(t)}(\boldsymbol{i}_{C_1}), \quad \boldsymbol{i}_{C_1} \in \mathcal{I}_{C_1}. \tag{10.4}$$

更新回数は周辺セルの数なので I^3 回である．

図 10.3(a) は $\bar{\mathcal{G}}_{\Delta}$ のクリーク木である．これを $\mathcal{T}$ と置くことにする．そして図 10.3(b) は $\mathcal{T}$ の C_1 を根とした有向木で，これを $\bar{\mathcal{T}}_C$ とする．8.2 節でも述べたように，クリーク木は頂点が極大クリーク，辺が MVS に対応する．いま，式(10.4)で計算した $p^{(t+1)}(\boldsymbol{i}_{C_1})$ から $\bar{\mathcal{T}}_{C_1}$ 上で C_1 から出ている辺 S_2 に対する周辺確率 $p^{(t+1)}(\boldsymbol{i}_{S_2})$ を計算し，それを辺 S_2 経由で C_2 に伝搬する（図 10.4(a)）．C_2 では $p^{(t+1)}(\boldsymbol{i}_{S_2})$ を受けとったら，$p(\boldsymbol{i}_{C_2})$, $\boldsymbol{i}_{C_2} \in \mathcal{I}_{C_2}$ を以下で更新する．

$$p^{(t+1)}(\boldsymbol{i}_{C_2}) = \frac{p^{(t+1)}(\boldsymbol{i}_{S_2})}{p^{(t)}(\boldsymbol{i}_{S_2})} \cdot p^{(t)}(\boldsymbol{i}_{C_2}), \quad \boldsymbol{i}_{C_2} \in \mathcal{I}_{C_2}. \tag{10.5}$$

これは左辺から計算した S_2 周辺を $p^{(t+1)}(\boldsymbol{i}_{S_2})$ と等しくするような更新則になっている．更新回数はこの場合も周辺セルの数なので I^3 回である．

今度は式(10.5)で計算した $p^{(t+1)}(\boldsymbol{i}_{C_2})$ から $\bar{\mathcal{T}}_{C_1}$ 上で C_2 から出ている辺 S_3 に対する周辺確率 $p^{(t+1)}(\boldsymbol{i}_{S_3})$ を計算し，それを辺 S_3 経由で C_3 に伝搬する

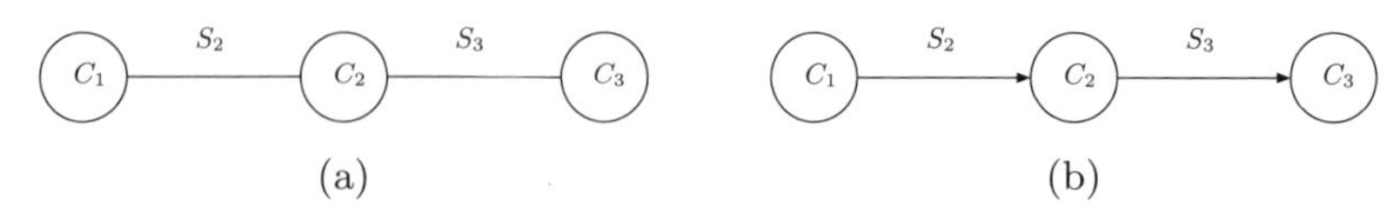

図 10.3　クリーク木

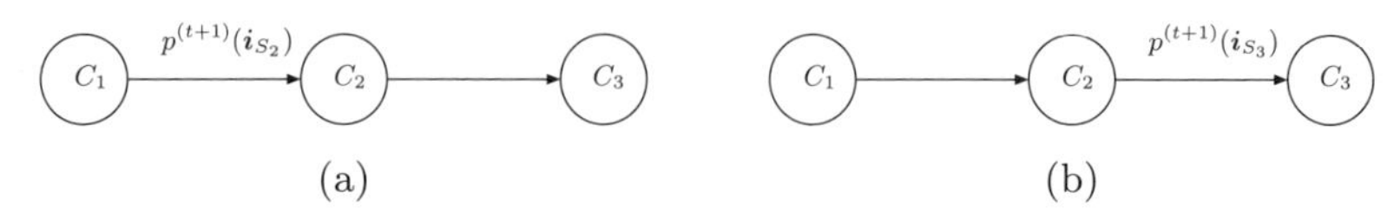

図 10.4　クリーク木上の情報伝搬

(図 10.4(b)). C_3 では $p^{(t+1)}(\boldsymbol{i}_{S_3})$ を受けとったら，$p(\boldsymbol{i}_{C_3})$, $\boldsymbol{i}_{C_3} \in \mathcal{I}_{C_3}$ を以下で更新する.

$$p^{(t+1)}(\boldsymbol{i}_{C_3}) = \frac{p^{(t+1)}(\boldsymbol{i}_{S_3})}{p^{(t)}(\boldsymbol{i}_{S_3})} \cdot p^{(t)}(\boldsymbol{i}_{C_3}), \quad \boldsymbol{i}_{C_3} \in \mathcal{I}_{C_3}. \tag{10.6}$$

これも式(10.5)と同様に左辺から計算した S_3 周辺を $p^{(t+1)}(\boldsymbol{i}_{S_3})$ と等しくするような更新則になっている．更新回数はこの場合も I^3 回である.

$p^{(t+1)}(\boldsymbol{i})$ は

$$p^{(t+1)}(\boldsymbol{i}) = \frac{p^{(t+1)}(\boldsymbol{i}_{C_1})p^{(t+1)}(\boldsymbol{i}_{C_2})p^{(t+1)}(\boldsymbol{i}_{C_3})}{p^{(t+1)}(\boldsymbol{i}_{S_2})p^{(t+1)}(\boldsymbol{i}_{S_3})}$$

であるが，これは式(10.4)，(10.5)，(10.6)より

$$\begin{aligned}
&\frac{p^{(t+1)}(\boldsymbol{i}_{C_1})p^{(t+1)}(\boldsymbol{i}_{C_2})p^{(t+1)}(\boldsymbol{i}_{C_3})}{p^{(t+1)}(\boldsymbol{i}_{S_2})p^{(t+1)}(\boldsymbol{i}_{S_3})} \\
&\quad = \frac{x(\boldsymbol{i}_{12})/n}{p^{(t)}(\boldsymbol{i}_{12})} \cdot p^{(t)}(\boldsymbol{i}_{C_1}) \cdot \frac{p^{(t+1)}(\boldsymbol{i}_{S_2})}{p^{(t)}(\boldsymbol{i}_{S_2})} \cdot p^{(t)}(\boldsymbol{i}_{C_2}) \cdot \frac{p^{(t+1)}(\boldsymbol{i}_{S_3})}{p^{(t)}(\boldsymbol{i}_{S_3})} \cdot p^{(t)}(\boldsymbol{i}_{C_3}) \\
&\quad\quad \times \frac{1}{p^{(t+1)}(\boldsymbol{i}_{S_2})p^{(t+1)}(\boldsymbol{i}_{S_3})} \\
&\quad = \frac{x(\boldsymbol{i}_{12})/n}{p^{(t)}(\boldsymbol{i}_{12})} \cdot \frac{p^{(t)}(\boldsymbol{i}_{C_1})p^{(t)}(\boldsymbol{i}_{C_2})p^{(t)}(\boldsymbol{i}_{C_3})}{p^{(t)}(\boldsymbol{i}_{S_2})p^{(t)}(\boldsymbol{i}_{S_3})} = \frac{x(\boldsymbol{i}_{12})/n}{p^{(t)}(\boldsymbol{i}_{12})} \cdot p^{(t)}(\boldsymbol{i})
\end{aligned}$$

となる．これは式(10.3)と等価であることがわかる．つまり，ここで述べたコーダル拡張 $\bar{\mathcal{G}}_D$ のクリーク木上の情報伝搬を用いたアルゴリズムによる更新は，IPF の更新と等価であることがわかる.

$p^{(t)}(\boldsymbol{i})$ から $p^{(t+1)}(\boldsymbol{i})$ を求めるまでの更新回数は，式(10.3)を直接適用した場合で I^5 回，クリーク木上の情報伝搬を用いた場合で $3I^3$ 回である．$I \geq 2$

で $3I^3 < I^5$ となるので，クリーク木上の情報伝搬を用いた方が少ない更新回数でセル確率を更新することができることがわかる．これらの事実は $\{1, 2\}$ 以外の他の生成集合に対する更新についても同様である．

10.2.2　階層モデルの情報伝搬アルゴリズム

本節では，前節の5サイクルモデルでの議論を，一般の階層モデルの場合へと一般化することを考えてみよう．更新則は式(10.2)であった．先ほどと同様に，$\bar{\mathcal{G}}_{\mathcal{D}}$ を $\mathcal{G}_{\mathcal{D}}$ のコーダル拡張，$\bar{\mathcal{C}}$ を $\bar{\mathcal{G}}_{\mathcal{D}}$ の極大クリークの集合とする．また，$\mathcal{T}$ を $\bar{\mathcal{G}}_{\mathcal{D}}$ のクリーク木とし，$\bar{\mathcal{T}}_C$ を $\mathcal{T}$ から作った C を根とする有向木とする．このとき，階層モデルに対する情報伝搬を用いたIPFの更新則は以下のように記述できる．

[アルゴリズム 10.3（情報伝搬を用いた IPF の更新アルゴリズム）]

ステップ1：$D \subset C$ を満たす $C \in \bar{\mathcal{C}}$ を一つ選ぶ．

ステップ2：$p^{(t)}(\boldsymbol{i}_C)$ を以下で更新．

$$p^{(t+1)}(\boldsymbol{i}_C) = \frac{x(\boldsymbol{i}_D)/n}{p^{(t)}(\boldsymbol{i}_D)} \cdot p^{(t)}(\boldsymbol{i}_C)$$

ステップ3：$\bar{\mathcal{T}}_C$ 上の C の子孫の集合 $\mathrm{de}_{\bar{\mathcal{T}}_C}(C)$ のすべての要素 C' について，8.2節で述べた，$\bar{\mathcal{T}}_C$ から求まるクリークの完全列の順番に $p^{(t)}(\boldsymbol{i}_{C'})$ を以下で更新．

(i) C' の親 C'' から $p^{(t)}(\boldsymbol{i}_{C' \cap C''})$ を受けとる．

(ii) $p^{(t)}(\boldsymbol{i}_{C'})$ を

$$p^{(t+1)}(\boldsymbol{i}_{C'}) = \frac{p^{(t+1)}(\boldsymbol{i}_{C' \cap C''})}{p^{(t)}(\boldsymbol{i}_{C' \cap C''})} \cdot p^{(t)}(\boldsymbol{i}_{C'})$$

で更新．

アルゴリズム10.3から得られる $p^{(t+1)}(\boldsymbol{i}_C)$ と，その周辺から計算される $p^{(t+1)}(\boldsymbol{i}_S)$ を用いると $p^{(t+1)}(\boldsymbol{i})$ は

$$p^{(t+1)}(\boldsymbol{i}) = \frac{\prod_{C \in \mathcal{C}} p^{(t+1)}(\boldsymbol{i}_C)}{\prod_{S \in \mathcal{S}} p^{(t+1)}(\boldsymbol{i}_S)}$$

と表されるが，実はこの $p^{(t+1)}(\boldsymbol{i})$ は式(10.2)を満たすことが示される．

[定理 10.4]　アルゴリズム 10.3 から得られる $p^{t+1}(\boldsymbol{i})$ は式(10.2)を満たす．

証明　ステップ 3(i) の $\bar{T}_C$ から定義できる $\bar{\mathcal{C}}$ の要素の完全列を $C = C_{(1)}, C_{(2)}, \ldots, C_{(K)}$ とする．ステップ 2, 3 より，

$$
\begin{aligned}
p^{(t+1)}(\boldsymbol{i}) &= \frac{\prod_{k=1}^{K} p^{(t+1)}(\boldsymbol{i}_{C_{(k)}})}{\prod_{k=2}^{K} p^{(t+1)}(\boldsymbol{i}_{S_{(k)}})} \\
&= \frac{x(\boldsymbol{i}_D)/n}{p^{(t)}(\boldsymbol{i}_D)} \cdot p^{(t)}(\boldsymbol{i}_C) \cdot \prod_{k=2}^{K} \left(\frac{p^{(t+1)}(\boldsymbol{i}_{S_{(k)}})}{p^{(t)}(\boldsymbol{i}_{S_{(k)}})} \cdot p^{(t)}(\boldsymbol{i}_{C_{(k)}}) \right) \\
&\quad \times \frac{1}{\prod_{k=2}^{K} p(\boldsymbol{i}_{S_{(k)}})} \\
&= \frac{x(\boldsymbol{i}_D)/n}{p^{(t)}(\boldsymbol{i}_D)} \cdot \frac{\prod_{k=1}^{K} p^{(t)}(\boldsymbol{i}_{C_{(k)}})}{\prod_{k=2}^{K} p^{(t)}(\boldsymbol{i}_{S_{(k)}})} = \frac{x(\boldsymbol{i}_D)/n}{p^{(t)}(\boldsymbol{i}_D)} \cdot p^{(t)}(\boldsymbol{i}).
\end{aligned}
$$
■

例としてすべての変数が I 水準の m サイクルモデルの場合を考えよう．m サイクルモデルとは m 角形のグラフが定義するグラフィカルモデルである．このとき，$\mathcal{G}_D$ に $m-3$ 本の対角線を加えることで $\bar{\mathcal{G}}_D$ としてすべての極大クリークが三角形になるようなコーダル拡張がとれる．極大クリークの頂点数は 3 で極大クリークの数は $m-2$ である．式(10.2)の更新則を直接適用した場合の更新回数は，I^m 回であるのに対し，アルゴリズム 10.3 を適用した場合の更新回数は $(m-2)\cdot I^3$ である．$I \geq 2$ で $(m-2)\cdot I^3 \leq I^m$ となる．このことは，モデルが既約な場合でも，アルゴリズム 10.3 の適用によって IPF の更新則の計算を効率化できることを表している．

第 11 章

Imset による条件つき独立性の推論

本章では Studený [43] によって導入された imset の方法による条件つき独立性に関する推論について基礎的な事項を解説する．本章では議論の簡単のために，多元分割表の確率モデルにおける条件つき独立性について議論する．

11.1 導　　入

ここでは，3 変数および 4 変数の場合について条件つき独立性に関する基本的な事項を確認する．まず 3 変数の場合を考える．X, Y, Z をそれぞれ有限個の値をとる確率変数とし，同時確率関数を

$$p(i,j,k) = P(X=i,\ Y=j,\ Z=k)$$

と置く．$Z=k$ を与えたもとで X と Y が条件つき独立であることは，それぞれの条件つき分布を考えることにより，

$$\frac{p(i,j,k)}{p_Z(k)} = \frac{p_{XZ}(i,k)}{p_Z(k)} \frac{p_{YZ}(j,k)}{p_Z(k)}, \quad \forall i,j \tag{11.1}$$

と表される．ただし (X,Z) の周辺確率関数を p_{XZ}，Z の周辺確率関数を p_Z などと表している．また分母の $p_Z(k)$ が 0 となるような k については両辺とも定義されないが，$p_{XZ}(i,k)$ や $p_{YZ}(j,k)$ と比較して $p_Z(k)$ が一番項数の多い同時確率の和であるから，この場合は和の各項が 0 となることに注意して，両辺を $0=0$ と解釈する．式(11.1)がすべての k について成り立つときに，Z

を与えたもとで X と Y は条件つき独立であると呼び,

$$X \perp\!\!\!\perp Y \mid Z$$

と表す.

さて式(11.1)で両辺に $p_Z(k)$ を1回掛けると条件つき独立性が成り立つための同値な条件として

$$p(i,j,k) = \frac{p_{XZ}(i,k)p_{YZ}(j,k)}{p_Z(k)} \tag{11.2}$$

を得る. ここで任意の3変数確率関数 $p(i,j,k)$ に対してその周辺確率 p_{XZ}, p_{YZ}, p_Z から右辺を定義し, それを $\tilde{p}(i,j,k)$ と置く. すなわち与えられた $p(i,$ $j,k)$ から $\tilde{p}(i,j,k)$ を

$$\tilde{p}(i,j,k) = \frac{p_{XZ}(i,k)p_{YZ}(j,k)}{p_Z(k)} \tag{11.3}$$

と定義する. ただし上と同様 $p_Z(k) = 0$ となるような k については $\tilde{p}(i,j,k)$ $= 0$ と定義する. ここで $\tilde{p}(i,j,k)$ の和をまず j についてとると

$$\sum_j \tilde{p}(i,j,k) = \frac{p_{XZ}(i,k)}{p_Z(k)} \sum_y p_{YZ}(j,k) = \frac{p_{XZ}(i,k)}{p_Z(k)} p_Z(k) = p_{XZ}(i,k)$$

となり, 右辺は (X,Z) の周辺確率であるから, 右辺の和をさらに i と k についてとると $\sum_{i,j,k} \tilde{p}(i,j,k) = 1$ となる. すなわち $\tilde{p}(i,j,k)$ は常に確率関数であることがわかる.

次に式(11.2)の右辺の形に注目すると, 分母の $p_Z(k)$ を分子の p_{XZ} あるいは p_{YZ} のどちらかと組み合わせて考えることにより, ある関数 g,h を用いて

$$p(i,j,k) = g(i,k)h(j,k) \tag{11.4}$$

の形に書けていることがわかる. ここで g,h の基準化は定まらないことに注意する.

逆にある g,h を用いて $p(i,j,k)$ が式(11.4)の形に書けていると仮定すれば

$$p_{XZ}(i,k) = g(i,k)\sum_j h(j,k), \quad p_{YZ}(j,k) = \sum_i g(i,k)\, h(j,k),$$
$$p_Z(k) = \Bigl(\sum_i g(i,k)\Bigr)\Bigl(\sum_j h(j,k)\Bigr)$$

となり

$$\begin{aligned}\frac{p_{XZ}(i,k)p_{YZ}(j,k)}{p_Z(k)} &= \frac{(g(i,k)\sum_j h(j,k)) \times (\sum_i g(i,k)\, h(j,k))}{(\sum_i g(i,k))(\sum_j h(j,k))} \\ &= g(i,j)h(j,k) = p(i,j,k)\end{aligned}$$

を得るから条件つき独立性が成り立つ．すなわち式(11.4)も条件つき独立性のための必要十分条件を与えている．また X, Y, Z が単一の確率変数でなくそれぞれいくつかの変数からなるベクトルであっても，式(11.4)が条件つき独立性のための必要十分条件を与えることは，同じ議論からわかる．

次に 4 変数（あるいは 4 個の変数のベクトル）の場合を考えよう．X, Y, Z, U の同時確率関数を $p(i,j,k,l) = P(X = i,\ Y = j,\ Z = k,\ U = l)$ と表す．ここで semi-graphoid の公理と呼ばれる次のような条件つき独立性の間の含意のルールが知られている．

- Decomposition: $X \perp\!\!\!\perp YU \mid Z \;\Rightarrow\; X \perp\!\!\!\perp Y \mid Z$.
- Weak union: $X \perp\!\!\!\perp YU \mid Z \;\Rightarrow\; X \perp\!\!\!\perp U \mid YZ$.
- Contraction: $X \perp\!\!\!\perp Y \mid Z,\ X \perp\!\!\!\perp U \mid YZ \;\Rightarrow\; X \perp\!\!\!\perp YU \mid Z$.

ただし例えば $X \perp\!\!\!\perp YU \mid Z$ は Z を与えたもとで X と (Y, U) が条件つき独立であることを表している．これらのルールを確認しておこう．Decomposition は U について和をとり周辺分布を考えればすぐにわかる．Weak union については，条件より $p(i,j,k,l) = g(i,k)h(j,k,l)$ と書けるが，ここで g が引数としては j も含んでいると見ればわかる．すなわち g は引数として j を含むものの，g の値は実際には j に依存しないと見るわけである．Contraction については

$$p(i,j,k,l) = \frac{p(i,j,k)p(j,k,l)}{p(j,k)} = \frac{p(i,k)p(j,k)}{p(k)}\frac{p(j,k,l)}{p(j,k)} = \frac{p(i,k)p(j,k,l)}{p(k)}$$

よりわかる．ただしここでは変数を示す下つき添字を省略している．

実は，上の三つのルールは以下の単一の同値性として表せることに注意する：

$$X \perp\!\!\!\perp U \mid YZ,\ X \perp\!\!\!\perp Y \mid Z \quad \Leftrightarrow \quad X \perp\!\!\!\perp YU \mid Z. \tag{11.5}$$

上の三つのルールに加えて，次のルールも考えるときには graphoid の公理と呼ぶ.

- Intersection: $X \perp\!\!\!\perp Y \mid ZU,\ X \perp\!\!\!\perp U \mid YZ \ \Rightarrow\ X \perp\!\!\!\perp YU \mid Z.$

ただしこのルールを保証するには $p(j,k,l)$ がすべての j,k,l に対して正であることを追加的に仮定する．この追加的な仮定のもとで $p(i,j,k,l)$ を二通りに表すと

$$\frac{p(i,k,l)p(j,k,l)}{p(k,l)} = \frac{p(i,j,k)p(j,k,l)}{p(j,k)}$$

であり，$p(j,k,l) > 0$ の仮定のもとで両辺を $p(j,k,l)$ で割れば

$$p(i,k,l)p(j,k) = p(i,j,k)p(k,l)$$

を得るから，ここで j について和をとると

$$p(i,k,l)p(k) = p(i,k)p(k,l)$$

より $X \perp\!\!\!\perp U \mid Z$ を得る．したがって contraction を組み合わせると $X \perp\!\!\!\perp YU \mid Z$ が成り立つことがわかる．このように intersection には追加的な仮定が必要であるが，semi-graphoid の公理の三つのルールは常に成り立つことに注意する．以下では semi-gaphoid の公理のみを考えることとする．

ここまでは4変数までを考えてきたが，次に一般次元の場合の確率関数の記法を整理する．記法は基本的にこれまでの章と同様であるが，本章に限っては [43] に従い次のような省略記法を用いる．まず n 個の変数の集合を $N = \{1,\ldots,n\}$ と表す．N の部分集合 A,B に対して和集合 $A \cup B$ を AB と略記する．積集合は通常のように $A \cap B$ と表す．N の部分集合 A に対して A に属する変数 $\boldsymbol{X}_A$ の周辺確率関数を $p_A(\boldsymbol{x}_A)$ で表す．ただし $p_A(\boldsymbol{x})$, $p(\boldsymbol{x}_A)$ とも略記する．さらに本章では $p(A)$ という簡便な記法を用いることもある．次に A, B,C を互いに排反な N の部分集合として，$\boldsymbol{X}_A \perp\!\!\!\perp \boldsymbol{X}_B \mid \boldsymbol{X}_C$，すなわち $\boldsymbol{X}_C$

を与えたもとで $\boldsymbol{X}_A$ と $\boldsymbol{X}_B$ が条件つき独立であることを，式(11.2)と同様に

$$p_{ABC}(\boldsymbol{x}_A, \boldsymbol{x}_B, \boldsymbol{x}_C) = \frac{p_{AC}(\boldsymbol{x}_{AC})p_{BC}(\boldsymbol{x}_{BC})}{p_C(\boldsymbol{x}_C)}, \quad \forall \boldsymbol{x}_A, \boldsymbol{x}_B, \boldsymbol{x}_C$$

と表すことができる．本章では $\boldsymbol{X}_A \perp\!\!\!\perp \boldsymbol{X}_B \mid \boldsymbol{X}_C$ をさらに $A \perp\!\!\!\perp B \mid C$ と略記しよう．以上でベクトルには太字を使っているが単一の変数のときには x_i のように通常の文字で表す．

11.2 Multiinformation の定義と性質

いま $p(\boldsymbol{x}), q(\boldsymbol{x})$ を二つの確率関数とし，p に対する q のカルバック・ライブラー情報量 (Kullback-Leibler divergence) を

$$H(p \mid q) = \sum_{\boldsymbol{x}} p(\boldsymbol{x}) \log \frac{p(\boldsymbol{x})}{q(\boldsymbol{x})} \tag{11.6}$$

と定義する．ただし $p(\boldsymbol{x}) = 0,\ q(\boldsymbol{x}) \geq 0$ となる $\boldsymbol{x}$ については右辺の和に現れる項を 0 と定義し，また $p(\boldsymbol{x}) > 0,\ q(\boldsymbol{x}) = 0$ となる $\boldsymbol{x}$ については $+\infty$ と定義する．よく知られているように

$$H(p \mid q) \geq 0 \tag{11.7}$$

であり，等号条件は $p = q$ すなわち

$$H(p \mid q) = 0 \ \Leftrightarrow \ p(\boldsymbol{x}) = q(\boldsymbol{x}),\ \forall \boldsymbol{x} \tag{11.8}$$

である．また今後本章では

$$H(p) = -\sum_{\boldsymbol{x}} p(\boldsymbol{x}) \log p(\boldsymbol{x})$$

により Shannon のエントロピーを表す．$p(\boldsymbol{x}) = p(x_1, \ldots, x_n)$ を n 変数の同時確率関数とし，$S \subset N$ に対して $p_S(\boldsymbol{x}_S)$ を S-周辺確率とする．特に $p_{\{i\}}(x_i)$ は第 i 変数の周辺確率関数を表す．ここで与えられた確率関数 p に対する multiinformation を Studený [43] に従って定義する．

[定義 11.1] 各 $S \subset N$ に対して multiinformation $m_p(S)$ を

$$m_p(S) = H\left(p_S \,\middle|\, \prod_{i \in S} p_{\{i\}}\right)$$

と置く．ただし $\prod_{i\in S} p_{\{i\}}$ は p のもとでの各変数の周辺分布 $p_{\{i\}}$ を持つ独立な確率変数 X_i，$i \in S$ の同時分布を表す．また空集合 $S = \emptyset$ に対しては $m_p(\emptyset) = 1$ と置く．

S が 2 個の要素からなる集合 $S = \{a, b\}$ のときは $m_p(\{a, b\})$ は情報理論において相互情報量 $I(X_a; X_b)$ と呼ばれる量に一致している．したがって multiinformation は相互情報量を任意のサイズの集合に拡張したものと見ることもできる．Multiinformation m_p は N の部分集合を引数とする関数であるが，N の部分集合全体は N のベキ集合と呼ばれ 2^N と表記されることが多いから，今後「ベキ集合 2^N 上の関数」と呼ぶこととする．

$m_p(S)$ の定義に現れる対数を展開すると次のようになる．

$$\begin{aligned} m_p(S) &= \sum_{\boldsymbol{x}_S} p_S(\boldsymbol{x}_S) \log p_S(\boldsymbol{x}_S) - \sum_{\boldsymbol{x}_S} \sum_{i \in S} p(\boldsymbol{x}_S) \log p_{\{i\}}(x_i) \\ &= -H(p_S) - \sum_{i \in S} \sum_{\boldsymbol{x}_S} p(\boldsymbol{x}_S) \log p_{\{i\}}(x_i). \end{aligned}$$

ここで $\sum_{\boldsymbol{x}_S} p(\boldsymbol{x}_S) \log p_{\{i\}}(x_i)$ において，x_i 以外の変数 x_j，$j \neq i$ の和を先にとると

$$\sum_{i \in S} \sum_{\boldsymbol{x}_S} p(\boldsymbol{x}_S) \log p_{\{i\}}(x_i) = \sum_{x_i} p_{\{i\}}(x_i) \log p_{\{i\}}(x_i) = -H(p_{\{i\}})$$

となるから，結局

$$m_p(S) = -H(p_S) + \sum_{i \in S} H(p_{\{i\}}) \tag{11.9}$$

と表すことができる．すなわち“線形項” $\sum_{i\in S} H(p_{\{i\}})$ を除いて multiinformation は Shannon のエントロピーの符号を反転したものと同じものである．

ここで A, B, C を N の互いに排反な部分集合とし，所与の確率関数 p に対して式(11.3)と同様に

$$\tilde{p}_{ABC}(\boldsymbol{x}_{ABC}) = \frac{p_{AC}(\boldsymbol{x}_{AB})p_{BC}(\boldsymbol{x}_{BC})}{p_C(\boldsymbol{x}_C)}$$

と定義すると $\tilde{p}_{ABC}$ は確率分布となっている．そこで $H(p_{ABC} \mid \tilde{p}_{ABC}) \geq 0$ であり，等号条件は

$$\begin{aligned} H(p_{ABC} \mid \tilde{p}_{ABC}) = 0 &\Leftrightarrow p_{ABC}(\boldsymbol{x}_{ABC}) = \frac{p_{AC}(\boldsymbol{x}_{AB})p_{BC}(\boldsymbol{x}_{BC})}{p_C(\boldsymbol{x}_C)}, \ \forall \boldsymbol{x}_{ABC} \\ &\Leftrightarrow A \perp\!\!\!\perp B \mid C \end{aligned} \tag{11.10}$$

と与えられる．式(11.9)と同様の展開を行うと

$$H(p_{ABC} \mid \tilde{p}_{ABC}) = -H(p_{ABC}) - H(p_C) + H(p_{AC}) + H(p_{BC})$$

となることがわかる．また式(11.9)において線形項は $H(p_{ABC} \mid \tilde{p}_{ABC})$ においてキャンセルすることが容易にわかるから

$$H(p_{ABC} \mid \tilde{p}_{ABC}) = m_p(ABC) + m_p(C) - m_p(AC) - m_p(BC)$$

も成り立つ．このことより，N の任意の互いに排反な部分集合 A, B, C に対して

$$m_p(ABC) + m_p(C) \geq m_p(AC) + m_p(BC) \tag{11.11}$$

であり，等号条件が

$$m_p(ABC) + m_p(C) = m_p(AC) + m_p(BC) \ \Leftrightarrow \ A \perp\!\!\!\perp B \mid C \tag{11.12}$$

のように独立性のための必要十分条件となることがわかる．

一般に 2^N 上の関数 f で

$$f(E \cup F) + f(E \cap F) \geq f(E) + f(F), \quad E, F \subset N \tag{11.13}$$

を満たす関数を優モジュラ関数 (supermodular function) と呼ぶ．図 11.1 にあるように $A = E \setminus F$, $B = F \setminus E$, $C = E \cap F$ と置けば，式(11.11)は m_p（あるいは $-H$）が 優モジュラ関数であることを示している．

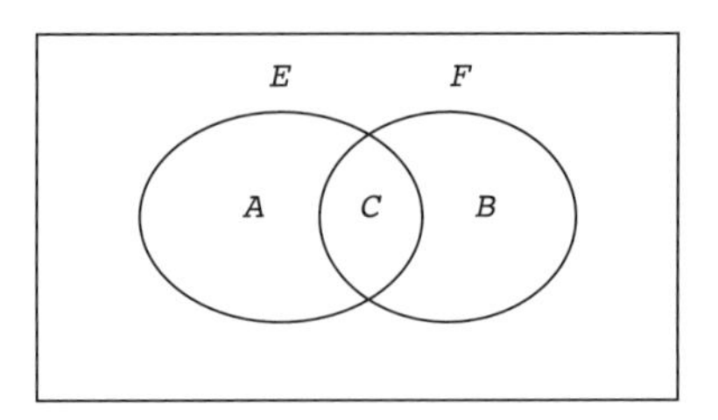

図 11.1　優モジュラ関数

11.3　Imset の定義と利用法

Multiinformation m_p は $2^N = 2^{\{1,\ldots,n\}}$ 上の関数であるが，N の部分集合の総数は 2^n なので，すべての値をベクトルとして並べて

$$\boldsymbol{m} = \Big(m_p(\emptyset), m_p(\{1\}), \ldots, m_p(\{n\}), m_p(\{1,2\}), \ldots, m_p(N)\Big)$$

のように 2^n 次元のベクトルと考えることもできる．このとき

$$H(p_{ABC} \mid \tilde{p}_{ABC}) = m_p(ABC) + m_p(C) - m_p(AC) - m_p(BC)$$

は $\boldsymbol{m}$ と次の形のベクトル $\boldsymbol{u}$

$$\boldsymbol{u} = (0, \ldots, 0, \underbrace{1}_{C}, 0, \ldots, 0, \underbrace{-1}_{AB}, 0, \ldots, 0, \underbrace{-1}_{AC}, 0, \ldots, 0, \underbrace{1}_{ABC}, 0, \ldots, 0)$$

との内積と見ることができる．この $\boldsymbol{u}$ については，逆に今度は N の部分集合を引数とする関数 u と考えて次のように semi-elementary imset を定義する．

[定義 11.2]　N の互いに排反な部分集合 A, B, C に対して，N の部分集合を引数とする関数 $u_{\langle A,B \mid C\rangle}(\cdot)$ を

$$u_{\langle A,B \mid C\rangle}(S) = \delta_{ABC}(S) + \delta_C(S) - \delta_{AC}(S) - \delta_{BC}(S), \quad S \subset N$$

と表し semi-elementary imset と呼ぶ．ただし

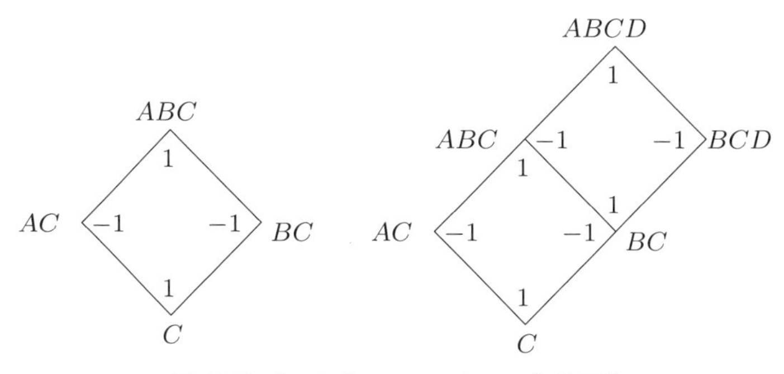

図 11.2　Semi-elementary imset とその和

$$\delta_E(S) = \begin{cases} 1 & \text{if } S = E \\ 0 & \text{otherwise} \end{cases}$$

は $S = E$ のときのみ 1 をとり，他の S については 0 をとる関数である．

以下では structural imset や elementary imset と呼ばれるものも定義し，imset 自体は semi-elementary imset を含んだ総称とする．また imset という用語は Studený による造語である．$u_{\langle A,B\,|\,C\rangle}(S)$ という記法で用いたように，N の互いに排反な三つの部分集合 A, B, C の組 (triplet) で C が条件に対応するものを $\langle A, B\,|\,C\rangle$ と表す．またこのような triplet の集合を $\mathcal{T}(N)$ で表す：

$$\mathcal{T}(N) = \{\langle A, B\,|\,C\rangle \mid A, B, C \text{ は } N \text{ の排反な部分集合}\}.$$

Semi-elementary imset $u_{\langle A,B\,|\,C\rangle}$ は図 11.2 の左のように図示するとわかりやすい．ここで図 11.2 の右側より，互いに排反な $A, B, C, D \subset N$ について

$$u_{\langle A,BD\,|\,C\rangle} = u_{\langle A,B\,|\,C\rangle} + u_{\langle A,D\,|\,BC\rangle} \tag{11.14}$$

という関係が成り立っていることがわかる．

ところで，ベキ集合 2^N 上の二つの関数 f, g についてそれらの標準内積を

$$\langle f, g\rangle = \sum_{S\subset N} f(S)g(S)$$

と表せば

$$H(p_{ABC} \mid \tilde{p}_{ABC}) = \langle m_p, u_{\langle A,B \mid C \rangle} \rangle$$

と書ける．この内積は常に非負であり，

$$A \perp\!\!\!\perp B \mid C \;\Leftrightarrow\; \langle m_p, u_{\langle A,B \mid C \rangle} \rangle = 0$$

であった．ここで式(11.14)と m_p の内積をとると

$$\langle m_p, u_{\langle A,BD \mid C \rangle} \rangle = \langle m_p, u_{\langle A,B \mid C \rangle} \rangle + \langle m_p, u_{\langle A,D \mid BC \rangle} \rangle$$

であるが，ここで両辺のすべての項が非負であることに注目すると，

$$\langle m_p, u_{\langle A,BD \mid C \rangle} \rangle = 0 \;\Leftrightarrow\; \langle m_p, u_{\langle A,B \mid C \rangle} \rangle = \langle m_p, u_{\langle A,D \mid BC \rangle} \rangle = 0$$

の成り立つことがわかる．すなわち imset により式(11.5)の同値性の別証が与えられたことになる．

Imset を用いると，semi-graphoid の公理のようなルールを適用する証明では扱いにくいような独立性に関する命題が証明できる．その一つの例とし，次の関係を考えよう．

$$u_{\langle A,B \mid C \rangle} + u_{\langle A,C \mid D \rangle} + u_{\langle A,D \mid B \rangle} = u_{\langle A,B \mid D \rangle} + u_{\langle A,D \mid C \rangle} + u_{\langle A,C \mid B \rangle}. \tag{11.15}$$

両辺で $\delta_B, \delta_C, \delta_D$ は係数が $+1$ で共通であり，同様に $\delta_{ABC}, \delta_{ACD}, \delta_{ABD}$ も係数が $+1$ で共通である．そこで A が関係する $\delta_{AB}, \delta_{AC}, \delta_{AD}$ を見ると両辺で係数が -1 で共通である．さらに A が関係しない $\delta_{BC}, \delta_{BD}, \delta_{CD}$ を見ても両辺で係数が -1 で共通である．したがって式(11.15)が成り立っていることが確認できる．

ここで再び式(11.15)の両辺と m_p の内積をとると

$$\begin{aligned} &\langle m_p, u_{\langle A,B \mid C \rangle} \rangle + \langle m_p, u_{\langle A,C \mid D \rangle} \rangle + \langle m_p, u_{\langle A,D \mid B \rangle} \rangle \\ &\quad = \langle m_p, u_{\langle A,B \mid D \rangle} \rangle + \langle m_p, u_{\langle A,D \mid C \rangle} \rangle + \langle m_p, u_{\langle A,C \mid B \rangle} \rangle \end{aligned}$$

となるが，両辺のすべての項は非負であるから，imset を用いた議論により，条件つき独立性に関する次の同値関係が示されたことになる．

$$A \perp\!\!\!\perp B \,|\, C,\ A \perp\!\!\!\perp C \,|\, D,\ A \perp\!\!\!\perp D \,|\, B$$
$$\Leftrightarrow A \perp\!\!\!\perp C \,|\, B,\ A \perp\!\!\!\perp D \,|\, C,\ A \perp\!\!\!\perp B \,|\, D.$$

11.4 Imset の完備性

Semi-graphoid の公理は，任意の確率関数 p について，p がいくつかの条件つき独立性を満たすならば，他の条件つき独立性も必ず成り立つ規則を示している．また graphoid の公理は，正の確率関数に限れば，追加的な規則が成り立つことを示している．この観点からは，任意に与えられた確率関数 p のもとで同時に成り立ち得る条件つき独立性の集合を確定することが基本的な問題となる．Studený は imset の方法によってこの集合を必ず記述できるという事実を示した．この事実は imset の完備性と呼ばれ imset の方法の重要性を示すものである．

所与の確率関数 p のもとで $\boldsymbol{X}_A \perp\!\!\!\perp \boldsymbol{X}_B \mid \boldsymbol{X}_C$ の条件つき独立性が成り立つことを $A \perp\!\!\!\perp B \,|\, C\,[p]$ と表す．そして p のもとで成り立つ条件つき独立性の集合を

$$\mathcal{M}_p = \{\langle A, B \,|\, C\rangle \mid A \perp\!\!\!\perp B \,|\, C\,[p]\} \tag{11.16}$$

と表し，$\mathcal{M}_p$ を p のもとでの条件つき独立モデルと呼ぶ．

次に structural imset を定義する．

［定義 11.3］ 2^N 上の整数値関数 u が structural imset であるとは，u が semi-elementary imset $u_{\langle A,B \,|\, C\rangle}$ の非負有理数結合で表されることである．すなわち

$$u = \sum_{A,B,C \subset N} q_{\langle A,B \,|\, C\rangle} u_{\langle A,B \,|\, C\rangle}, \quad q_{\langle A,B \,|\, C\rangle} \geq 0.$$

ただし，A, B, C は互いに排反で $q_{\langle A,B \,|\, C\rangle}$ は非負有理数である．Structural imset の集合を $\mathcal{S}(N)$ と表す．

Structural imset u が与えられたとき，この u について，「C の条件のもと

で A と B が条件つき独立である」ことを

$$A \perp\!\!\!\perp B \,|\, C\,[u] \;\Leftrightarrow\; \exists k \in \mathbb{N},\; k \cdot u - u_{\langle A,B\,|\,C\rangle} \in \mathcal{S}(N) \tag{11.17}$$

で定義し，$A \perp\!\!\!\perp B \,|\, C\,[u]$ と表すことにする．u について成り立つ条件つき独立性の集合を

$$\mathcal{M}_u = \{\langle A, B \,|\, C\rangle \in \mathcal{T}(N) \mid A \perp\!\!\!\perp B \,|\, C\,[u]\} \tag{11.18}$$

と表し，$\mathcal{M}_u$ を u によって誘導された条件つき独立モデルと呼ぶ．

完備性定理は，どのような確率分布 p の条件つき独立モデル $\mathcal{M}_p$ も，必ずある structural imset u によって誘導された条件つき独立モデル $\mathcal{M}_u$ として表されることを主張している．

[定理 11.4（Studený [43, Theorem 5.2]）]　任意の確率関数 p に対して structural imset $u \in \mathcal{S}(N)$ が存在して $\mathcal{M}_p = \mathcal{M}_u$ となる．

証明　所与の p に対して structural imset u を $u = \sum_{\langle A,B\,|\,C\rangle \in \mathcal{M}_p} u_{\langle A,B\,|\,C\rangle}$ と定義する．明らかに $\mathcal{M}_p \subset \mathcal{M}_u$．さて任意の $\langle A, B \,|\, C\rangle \in \mathcal{M}_u$ について，式(11.17)が成り立つように k を選ぶ．このとき

$$0 = \langle m_p, k \cdot u\rangle = \langle m_p, k \cdot u - u_{\langle A,B\,|\,C\rangle}\rangle + \langle m_p, u_{\langle A,B\,|\,C\rangle}\rangle$$

であるが，ここで両辺の各項は非負であるから $\langle m_p, u_{\langle A,B\,|\,C\rangle}\rangle = 0$ となり $\langle A, B \,|\, C\rangle \in \mathcal{M}_p$ が成り立つ．したがって $\mathcal{M}_u \subset \mathcal{M}_p$ である．■

この定理は imset の有用性を示す基本的な定理であるが，その逆が成り立つかが疑問に感じられる．すなわち任意の structual imset u に対して $\mathcal{M}_u = \mathcal{M}_p$ となるような確率分布 p が存在するかという疑問である．この逆は 4 変数以上では成り立たないことが知られている．4 変数の場合の反例は以下の図 11.3 で示す．

11.5 Elementary imset と Imset のなす錐

Imset $u_{\langle A,B\,|\,C\rangle}$ のうち A および B が単一要素からなる集合（a, b と記す）となるもの $u_{\langle a,b\,|\,C\rangle}$ を elementary imset と呼ぶ．Elementary imset の集合を $\mathcal{E}(N)$ と表す．

さて式(11.14)は左辺に現れている集合 BD を，右辺で B と D に分解しているものと見ることができる．この操作を次々に繰り返していくと，任意の semi-elementary imset $u_{\langle A,B\,|\,C\rangle}$ は elementary imset の非負整数和として表されることがわかる．同様に任意の structural imset $u \in \mathcal{S}$ は $\mathcal{E}(N)$ の要素の非負有理数結合として表される．このように考えると $\mathcal{E}(N)$ の要素の非負実数結合が重要な働きをすることがわかる．$\mathcal{E}(N)$ の要素の非負実数結合全体は多面錐をなす．この多面錐を $\mathrm{cone}(\mathcal{E}(N))$ と表し imset のなす錐と呼ぶことにする．各 elementary imset $u_{\langle a,b\,|\,C\rangle}$ は $\mathrm{cone}(\mathcal{E}(N))$ の端点ベクトル（すなわち $\mathrm{cone}(\mathcal{E}(N))$ の比例的でない 2 本のベクトルの非負結合としては表されないベクトル）であることが示される．

ところで式(11.13)の優モジュラ関数の定義は

$$f : \text{優モジュラ} \;\Leftrightarrow\; \langle f, u_{\langle A,B\,|\,C\rangle}\rangle \geq 0,\ \forall\langle A, B\,|\,C\rangle \in \mathcal{T}(N)$$

であるが，任意の semi-elementary imset が elementary imset の非負整数結合で表されることから f が優モジュラであるための必要十分条件が

$$f : \text{優モジュラ} \;\Leftrightarrow\; \langle f, u_{\langle a,b\,|\,C\rangle}\rangle \geq 0,\ \forall u_{\langle a,b\,|\,C\rangle} \in \mathcal{E}(N)$$

と表されることがわかる．このことは優モジュラ関数の全体が $\mathrm{cone}(\mathcal{E}(N))$ の双対錐であることを示している．すなわち優モジュラ関数の集合を $\mathcal{K}(N)$ と表すとき

$$\mathcal{K}(N) = \mathrm{cone}(\mathcal{E}(N))^{\perp}$$

である．双対錐についてよく知られているように，$\mathcal{K}(N)^{\perp} = \mathrm{cone}(\mathcal{E}(N))$ も成り立つ．このように，錐とその双対錐は一対一の関係にあるから，これらの数学的な性質を研究するにはどちらの錐に注目しても同値である．優モジュラ

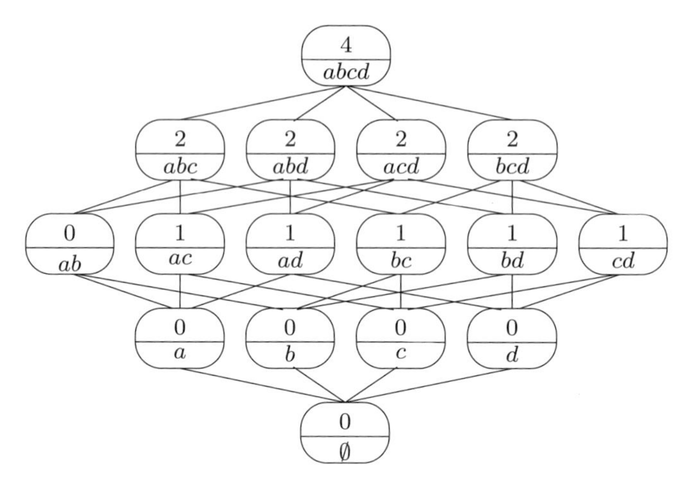

図 11.3　確率分布に対応しない $\mathcal{K}(N)$ の端点ベクトル f

関数については，離散最適化などの分野でも豊富な研究の蓄積がある．

図 11.3 に 4 変数 $N=\{a,b,c,d\}$ の場合の優モジュラ関数の例 f を示す．実はこの f は $\mathcal{K}(N)$ の端点ベクトルとなっている．この f に直交する elementary imset に対応する triplet の集合は

$$\{\langle a,b\,|\,\emptyset\rangle,\langle c,d\,|\,a\rangle,\langle c,d\,|\,b\rangle,\langle a,b\,|\,c\rangle,\langle a,d\,|\,c\rangle,\langle b,d\,|\,c\rangle,$$
$$\langle a,b\,|\,d\rangle,\langle a,c\,|\,d\rangle,\langle b,c\,|\,d\rangle,\langle c,d\,|\,ab\rangle\}$$

であり，これらの elementary imset の和として定義される structual imset u を

$$u=u_{\langle a,b\,|\,\emptyset\rangle}+u_{\langle c,d\,|\,a\rangle}+u_{\langle c,d\,|\,b\rangle}+u_{\langle a,b\,|\,c\rangle}+u_{\langle a,d\,|\,c\rangle}+u_{\langle b,d\,|\,c\rangle}$$
$$+u_{\langle a,b\,|\,d\rangle}+u_{\langle a,c\,|\,d\rangle}+u_{\langle b,c\,|\,d\rangle}+u_{\langle c,d\,|\,ab\rangle}$$

と置く．この u から誘導された条件つき独立モデル $\mathcal{M}_u$ はどの確率分布 p の条件つき独立モデル $\mathcal{M}_p$ とも一致しないことが知られている．

第 III 部

実験計画法における グレブナー基底

第 III 部では実験計画法におけるグレブナー基底の役割について解説する．まず第 12 章で実験計画をなす点集合から定義される計画イデアルの概念と，この概念に基づくモデルの識別性の判定について解説する．第 13 章では 2 水準計画の指示関数を定義し，指示関数により実験計画の特徴付けが得られることを示す．第 14 章ではマルコフ基底の理論と実験計画の理論にまたがる話題として，実験計画において観測値が離散の場合の正確検定の方法を論じる．

第 12 章 一部実施要因計画とグレブナー基底

本章では，グレブナー基底の理論の実験計画法への最初の応用である Pistone and Wynn [40] の結果を紹介する．[40] は，繰り返しのない計画をイデアルとして特徴づけ，多項式モデルの母数の識別性の問題とイデアル所属問題との関係を示した．本章では一部実施要因計画のグレブナー基底を用いた設計・解析の方法について述べる．

12.1 計画イデアル

まず，本書で扱う**計画**に関して，記号を定義する．本章は，水準が有理数 $\mathbb{Q}$ で表される，繰り返しのない計画を扱う．計画を考える因子の数を m と置き，m 個の因子は適当に順序がつけられているとする．$i = 1, \ldots, m$ について，第 i 番目の因子の水準を表す有限集合を

$$P_i = \{p_{i1}, \ldots, p_{in_i}\}$$

と書く．n_i は第 i 番目の因子の水準数である．点集合

$$P = P_1 \times \cdots \times P_m \subset \mathbb{Q}^m$$

を，m 因子の**組合せ配置計画**と呼ぶ．P の要素は，この計画の各実験において設定される因子の水準の組合せであり，これを $\boldsymbol{d} = (d_1, \ldots, d_m) \in P$ で表す．$D \subset P$ と置く．D が P の真部分集合のとき，D を P の**一部実施計画**と呼ぶ．以後，計画 D に含まれる点の数，すなわちこの計画の実験回数を n と置く．$D = P$ のときは，$n = \prod_{i=1}^{m} n_i$ である．

計画を代数的に扱う準備として，計画イデアルを定義しよう．実験回数 n の m 因子計画 $D \subset P$ は，$\mathbb{Q}^m$ の n 点からなる部分集合であり，これはゼロ次元の（つまり，有限個しか点を持たない）代数的多様体である．いま，各因子に対応する不定元 $\boldsymbol{x} = \{x_1, \ldots, x_m\}$ と多項式環 $\mathbb{Q}[\boldsymbol{x}] = \mathbb{Q}[x_1, \ldots, x_m]$ を導入する．すると，D の要素を解とする多項式の集合として，多項式環 $\mathbb{Q}[\boldsymbol{x}]$ のイデアルを定義することができる．これを D の**計画イデアル**と呼び，

$$I(D) = \{f(\boldsymbol{x}) \in \mathbb{Q}[\boldsymbol{x}] \mid f(\boldsymbol{d}) = 0 \text{ for all } \boldsymbol{d} \in D\}$$

と書く．計画イデアルは根基イデアルである．つまり，任意の計画 $D \subseteq \mathbb{Q}^m$ に対して，「ある自然数 $k > 0$ に対して $f^k(\boldsymbol{d}) = 0$ がすべての $\boldsymbol{d} \in D$ について成り立つなら，すべての $\boldsymbol{d} \in D$ について $f(\boldsymbol{d}) = 0$」が成り立つ．

計画イデアルの生成系が，どのように記述できるかを考えよう．組合せ配置計画の場合は簡単である．$i = 1, \ldots, m$ に対して，一変数多項式

$$f_i(x_i) = (x_i - p_{i1}) \cdots (x_i - p_{in_i})$$

を定義すれば，組合せ配置計画 P は連立方程式

$$f_1(x_1) = 0, \ \ldots, \ f_m(x_m) = 0$$

の解集合に他ならない．したがって，

$$I(P) = \langle f_1(x_1), \ \ldots, \ f_m(x_m) \rangle \tag{12.1}$$

である．例えば，2 水準 2 因子の組合せ配置計画（これを 2^2 組合せ配置計画と呼ぶ．以後同様に，2 水準 m 因子の組合せ配置計画を 2^m 組合せ配置計画，あるいは単に 2^m 計画と呼ぶ）であれば，水準の定め方に応じて，$P = \{-1, 1\} \times \{-1, 1\}$ のときは

$$I(P) = \langle (x_1 + 1)(x_1 - 1), (x_2 + 1)(x_2 - 1) \rangle$$

となり，$P = \{0, 1\} \times \{0, 1\}$ のときは

$$I(P) = \langle x_1(x_1 - 1), x_2(x_2 - 1) \rangle$$

となる．

次に，一般の一部実施計画 $D \subset P$ に対して，計画イデアル $I(D)$ を記述する方法を考えよう．まず，$n=1$ の場合，つまり，$D=\{\boldsymbol{d}\}=\{(d_1,\ldots,d_m)\}$ と表せる場合は，D は $P_i=\{d_i\}, i=1,\ldots,m$ の場合，つまり，水準数がすべて1の m 因子の組合せ配置計画に他ならないから，式(12.1)より

$$I(D)=\langle x_1-d_1,\ldots,x_m-d_m\rangle$$

と書ける．次に，一般の n 点からなる計画 D について考えよう．D を

$$D=\{\boldsymbol{d}_1,\ldots,\boldsymbol{d}_n\},$$
$$\boldsymbol{d}_j=(d_{j1},\ldots,d_{jm}),\ j=1,\ldots,n$$

と表せば，D を解とする連立方程式を考えることにより，D の計画イデアルは

$$I(D)=\bigcap_{j=1}^{n}\langle x_1-d_{j1},\ldots,x_m-d_{jm}\rangle \tag{12.2}$$

となることがわかる．すなわち，一般に計画イデアルは，イデアルの共通部分として表すことができる．イデアルの共通部分は，グレブナー基底の最も基本的な理論の一つである消去定理（A.8節）より求めることができる．まず，例を示す．

[例 12.1]　2^3 組合せ配置計画 $P=\{-1,1\}\times\{-1,1\}\times\{-1,1\}$ の部分集合である，$n=4$ 点からなる3因子の一部実施計画

$$D=\{(1,1,1),(1,-1,-1),(-1,1,-1),(-1,-1,1)\}=\{\boldsymbol{d}_1,\boldsymbol{d}_2,\boldsymbol{d}_3,\boldsymbol{d}_4\} \tag{12.3}$$

の計画イデアルを求めよう．D は，2^3 組合せ配置計画を定める連立方程式

$$x_1^2-1=0,\ x_2^2-1=0,\ x_3^2-1=0$$

に，関係式

$$x_1x_2x_3 = 1 \tag{12.4}$$

を追加してできる連立方程式の解集合である．式(12.4)のような関係式を，その計画の**定義関係**と呼び，定義関係から定まる一部実施計画を**レギュラーな一部実施計画**と呼ぶ．2 水準 m 因子のレギュラーな一部実施計画は，定義関係の数を r とすれば 2^{m-r} 個の実験点からなるから，2^{m-r} 計画と呼ぶことが多い．実験計画法の文脈ではさらに，その計画の分解能（定義関係に現れる単項式のうち，次数が最小のもの）をローマ数字による下添字としてつけることが多い．したがってこの例の計画は，2^{3-1}_{III}-計画と表記される[1]．この D の 4 点を解とするような $\mathbb{Q}[\boldsymbol{x}] = \mathbb{Q}[x_1, x_2, x_3]$ の多項式による連立方程式を求めたい．そのために，新たな不定元 $\boldsymbol{t} = (t_1, t_2, t_3, t_4)$ を導入して，$\mathbb{Q}[\boldsymbol{t}, \boldsymbol{x}]$ の多項式による連立方程式

$$\begin{cases} t_1(x_1-1) = t_1(x_2-1) = t_1(x_3-1) = 0 \\ t_2(x_1-1) = t_2(x_2+1) = t_2(x_3+1) = 0 \\ t_3(x_1+1) = t_3(x_2-1) = t_3(x_3+1) = 0 \\ t_4(x_1+1) = t_4(x_2+1) = t_4(x_3-1) = 0 \\ t_1+t_2+t_3+t_4-1 = 0 \end{cases}$$

の $\mathbb{Q}^7$ における解を考えよう．すると，始めの四つの式から，「$t_j = 0$ または $\boldsymbol{x} = \boldsymbol{d}_j$」が得られ $(j = 1, 2, 3, 4)$，さらに最後の式から，t_j がすべて 0 となる場合が除かれる．四つの実験点はすべて異なるので，結局，$\mathbb{Q}^7$ における解は，$(t_1, t_2, t_3, t_4, x_1, x_2, x_3) = \{(1, 0, 0, 0, \boldsymbol{d}_1), (0, 1, 0, 0, \boldsymbol{d}_2), (0, 0, 1, 0, \boldsymbol{d}_3), (0, 0, 0, 1, \boldsymbol{d}_4)\}$ の 4 点であることがわかる．以上から，$\mathbb{Q}[\boldsymbol{t}, \boldsymbol{x}]$ のイデアル

$$\begin{aligned} I = \Big\langle\ & t_1(x_1-1),\ t_1(x_2-1),\ t_1(x_3-1),\ t_2(x_1-1),\ t_2(x_2+1), \\ & t_2(x_3+1),\ t_3(x_1+1),\ t_3(x_2-1),\ t_3(x_3+1),\ t_4(x_1+1), \\ & t_4(x_2+1),\ t_4(x_3-1),\ t_1+t_2+t_3+t_4-1\ \Big\rangle \end{aligned}$$

[1] 定義関係の正確な定義は 13.3 節で与える．分解能の意味については 12.3 節で説明する．これらの実験計画法の基本的な用語については，例えば [49] なども参照．

を定義すれば，D の計画イデアルは $I(D)=I\cap\mathbb{Q}[\boldsymbol{x}]$ で与えられることがわかった．つまり，$I(D)$ は I の（5次の）消去イデアルとして得ることができる．あとは，消去定理を適用するため，適切な単項式順序のもとでの I のグレブナー基底を求めればよい．例えば，$t_1 \succ t_2 \succ t_3 \succ t_4 \succ x_1 \succ x_2 \succ x_3$ なる**純辞書式順序**に関する I のグレブナー基底は

$$\begin{aligned}G_{\mathrm{purelex}}=\{\ &4t_1-x_2x_3-x_2-x_3-1,\ 4t_2-x_2x_3+x_2+x_3-1,\\&4t_3+x_2x_3-x_2+x_3-1,\ 4t_4+x_2x_3+x_2-x_3-1,\\&x_1-x_2x_3,\ x_2^2-1,\ x_3^2-1\ \}\end{aligned}$$

となるから，消去定理より，$I(D)$ のグレブナー基底による表現

$$I(D)=\langle x_1-x_2x_3,\ x_2^2-1,\ x_3^2-1\rangle \tag{12.5}$$

が得られる．また，**逆辞書式順序**に関する I のグレブナー基底は

$$\begin{aligned}G_{\mathrm{rev}}=\{\ &4t_1-x_1-x_2-x_3-1,\ 4t_2-x_1+x_2+x_3-1,\\&4t_3-x_1+x_2-x_3-1,\ 4t_4+x_1+x_2-x_3-1,\\&x_1x_2-x_3,\ x_1x_3-x_2,\ x_2x_3-x_1,\ x_1^2-1,\ x_2^2-1,\ x_3^2-1\ \}\end{aligned}$$

となるから，消去定理より $I(D)$ のグレブナー基底による表現

$$\{x_1x_2-x_3,\ x_1x_3-x_2,\ x_2x_3-x_1,\ x_1^2-1, x_2^2-1, x_3^2-1\} \tag{12.6}$$

が得られる．

上の例を一般化して，D の計画イデアル(12.2)のグレブナー基底を得る方法をまとめておこう．まず，$\mathbb{Q}[t_1,\ldots,t_n,x_1,\ldots,x_m]$ のイデアル

$$I=\langle t_j(x_1-d_{j1}),\ldots,t_j(x_m-d_{jm}),\ j=1,\ldots,n,\ t_1+\cdots+t_n-1\rangle$$

の，$\{t_1,\ldots,t_n\}\succ\{x_1,\ldots,x_m\}$ なる消去順序のもとでのグレブナー基底 G を求める．すると，$G\cap\mathbb{Q}[x_1,\ldots,x_m]$ が $I(D)$ のグレブナー基底となる．

一般に，一部実施計画の計画イデアルを式(12.2)から求めるには，消去定理を利用するのが自然であるから，計画イデアルの生成系はグレブナー基底

として得られることになる．例 12.1 で確認したように，一般にグレブナー基底は単項式順序により変化するが，式(12.5)と式(12.6)の表現は，いずれも，この 2_{III}^{3-1}-計画を定める定義関係 $x_1x_2x_3 = 1$ を示唆していることに気づく．本章では，これらの関係を明らかにし，さらに，計画イデアルのグレブナー基底を求めることの（積極的な）意義についても明らかにする．

本節の最後に，計画イデアルとそのグレブナー基底に関するいくつかの性質をまとめる．いずれも，グレブナー基底の性質から直ちに示されるので，証明は省略する．

[定理 12.2] $P \subset \mathbb{Q}^{m_1}$, $P^* \subset \mathbb{Q}^{m_2}$ をそれぞれ m_1 因子，m_2 因子の組合せ配置計画とし，$D_1 \subset P, D_2 \subset P^*$ をそれぞれの一部実施計画とする．このとき，計画 $D_1 \times D_2 = \{(\boldsymbol{d}^{(1)}, \boldsymbol{d}^{(2)}) \mid \boldsymbol{d}^{(1)} \in D_1,\ \boldsymbol{d}^{(2)} \in D_2\} \subset \mathbb{Q}^{m_1+m_2}$ の計画イデアルは，F_1, F_2 をそれぞれの計画イデアルの生成系，つまり $I(D_1) = \langle F_1 \rangle$, $I(D_2) = \langle F_2 \rangle$ とすれば，$I(D_1 \times D_2) = \langle F_1, F_2 \rangle$ である．さらに，$Q[x_1, \ldots, x_{m_1+m_2}]$ における単項式順序を $\prec$ とし，$\prec$ を $Q[x_1, \ldots, x_{m_1}]$ に制限した単項式順序に対する $I(D_1)$ のグレブナー基底を G_1，$\prec$ を $Q[x_{m_1+1}, \ldots, x_{m_1+m_2}]$ に制限した単項式順序に対する $I(D_2)$ のグレブナー基底を G_2 とすれば，$\{G_1, G_2\}$ は，単項式順序 $\prec$ に対する $I(D_1 \times D_2)$ のグレブナー基底である．

[定理 12.3] $D_1, D_2 \subset \mathbb{Q}^m$ をそれぞれ m 因子の計画とし，$\prec$ を $\mathbb{Q}[x_1, \ldots, x_m]$ の単項式順序とする．$\prec$ に関する $I(D_1), I(D_2)$ のグレブナー基底をそれぞれ G_1, G_2 と置く．このとき，$\{G_1, G_2\}$ は，計画 $D_1 \cup D_2 = \{\{\boldsymbol{d}\} \mid \boldsymbol{d} \in D_1$ または $\boldsymbol{d} \in D_2\}$ の計画イデアル $I(D_1 \cup D_2)$ の $\prec$ に関するグレブナー基底となる．

[定理 12.4] $D \subset \mathbb{Q}^m$ を m 因子の計画とする．$\mathbb{Q}[x_1, \ldots, x_m]$ の単項式順序 $\prec$ に対する $I(D)$ のグレブナー基底を G と置く．$f_1, \ldots, f_s \in \mathbb{Q}[x_1, \ldots, x_m]$ に関する D の像を

$$\tilde{D} = \{(f_1(\boldsymbol{d}), \ldots, f_s(\boldsymbol{d})) \mid \boldsymbol{d} \in D\}$$

と書き，$\tilde{D}$ は D と同じ数の実験点からなる s 因子の計画であるとする．この

とき，

$$I(\tilde{D}) = \langle G, y_i - f_i, i = 1, \ldots, s \rangle \cap \mathbb{Q}[y_1, \ldots, y_s]$$

である．

定理 12.4 は，$I(\tilde{D})$ のグレブナー基底が，消去定理により得られることを示している．つまり，$\mathbb{Q}[x_1, \ldots, x_m, y_1, \ldots, y_s]$ における $\{x_1, \ldots, x_m\} \succ' \{y_1, \ldots, y_s\}$ なる消去順序 $\prec'$ を，$\prec'$ を $\mathbb{Q}[x_1, \ldots, x_m]$ に制限したものが $\prec$ に一致するように定めて，消去定理を用いればよい．定理 12.4 の簡単な応用としては，水準の変更がある．例えば，例 12.1 で見た 2 水準の一部実施計画では，水準を $\{-1, 1\}$ と置いていたが，水準を $\{0, 1\}$ と置くのも標準的な設定の一つである．例 12.1 の結果の一つ，例えば式(12.5)から，水準を $\{0, 1\}$ ととり直した場合のグレブナー基底を求めるには，$f_i = \frac{1}{2}x_i + \frac{1}{2}, i = 1, 2, 3$ に対して定理 12.4 を適用すればよい．例えば純辞書式順序に対して

$$\left\langle x_1 - x_2x_3, x_2^2 - 1, x_3^2 - 1, y_1 - \frac{x_1 + 1}{2}, y_2 - \frac{x_2 + 1}{2}, y_3 - \frac{x_3 + 1}{2} \right\rangle$$

の（消去順序に対する）グレブナー基底は

$$\begin{aligned} \{\, & y_3^2 - y_3, y_2^2 - y_2, y_1 - 2y_2y_3 + y_2 + y_3 - 1, \\ & x_3 - 2y_3 + 1, x_2 - 2y_2 + 1, x_1 - 4y_2y_3 + 2y_2 + 2y_3 - 1 \,\} \end{aligned}$$

となるので，これから，$I(\tilde{D})$ のグレブナー基底

$$I(\tilde{D}) = \{y_3^2 - y_3, y_2^2 - y_2, y_1 - 2y_2y_3 + y_2 + y_3 - 1\}$$

が得られる．

12.2　標準単項式から得られる飽和モデル

本節では，計画を代数的に扱うこと，つまり，計画イデアルを考えることの利点の一つとして，[40] の結果の一部を紹介する．これは具体的には，計画イデアルに関する **Macaulay の定理**（A.10 節の定理 A.32）を，対応する実験

計画データに対して多項式モデルを当てはめた際の母数の識別性の問題に翻訳したもの，とまとめることができる．まず，計画イデアルに対する標準単項式の集合の定義から始めよう．

前節で，m 因子の計画 $D \subset \mathbb{Q}^m$ に対して不定元 $\boldsymbol{x} = \{x_1, \ldots, x_m\}$ と多項式環 $\mathbb{Q}[\boldsymbol{x}]$ を定義した．$\alpha = (\alpha_1, \ldots, \alpha_m) \in \mathbb{N}^m$ を非負整数ベクトルとし，$\mathbb{Q}[\boldsymbol{x}]$ の単項式を $\boldsymbol{x}^{\boldsymbol{\alpha}} = x_1^{\alpha_1} \cdots x_m^{\alpha_m}$ で表す．単項式順序 $\prec$ を固定すれば，D の計画イデアル $I(D) \subset \mathbb{Q}[x_1, \ldots, x_m]$ の，この単項式順序 $\prec$ に関する**イニシャルイデアル**

$$\mathrm{in}_{\prec}(I(D)) = \langle \{\mathrm{in}_{\prec}(f) \mid 0 \neq f \in I(D)\} \rangle$$

が定義できる（定義 A.12）．このとき，多項式環 $\mathbb{Q}[\boldsymbol{x}]$ の単項式 $\boldsymbol{x}^{\boldsymbol{\alpha}}$ は，$\boldsymbol{x}^{\boldsymbol{\alpha}} \notin \mathrm{in}_{\prec}(I(D))$ であるとき，$\mathrm{in}_{\prec}(I(D))$ に関する**標準単項式**と呼ばれる（A.10 節）．この標準単項式の集合を，$\mathrm{Est}_{\prec}(D)$ と書く．グレブナー基底の性質から，

$$\begin{aligned}\mathrm{Est}_{\prec}(D) &= \{\boldsymbol{x}^{\boldsymbol{\alpha}} \mid \boldsymbol{x}^{\boldsymbol{\alpha}} \notin \mathrm{in}_{<}(I(D))\} \\ &= \{\boldsymbol{x}^{\boldsymbol{\alpha}} \mid \boldsymbol{x}^{\boldsymbol{\alpha}} \text{ は } I(D) \text{ の } \prec \text{ に関するグレブナー基底の} \\ &\qquad \text{どの元の先頭項でも割り切れない}\}\end{aligned}$$

と書くことができる．

一般に，異なる単項式順序に対してはグレブナー基底も異なるから，標準単項式の集合 $\mathrm{Est}_{\prec}(D)$ も異なる．Macauley の定理は，これらの異なる $\mathrm{Est}_{\prec}(D)$ が，いずれも線型空間 $\mathbb{Q}[\boldsymbol{x}]/I(D)$ の $\mathbb{Q}$ 上の基底となることを述べている．特に，以下が成り立つ．

[定理 12.5]　$\mathrm{Est}_{\prec}(D)$ の元の数は，計画 D の実験点の数 n に等しい．

例えば，前節の 2_{III}^{3-1} 計画（例 12.1）において，純辞書式順序に関するグレブナー基底(12.5)から得られる標準単項式の集合は

$$\mathrm{Est}_{\mathrm{purelex}}(D) = \{1, x_2, x_3, x_2x_3\} \tag{12.7}$$

であり，逆辞書式順序に関するグレブナー基底(12.6)から得られる標準単項式

の集合は

$$\mathrm{Est}_{\mathrm{rev}}(D) = \{1, x_1, x_2, x_3\} \tag{12.8}$$

である．両者は異なるが，元の数はともに，実験点の数 $n = 4$ に等しい．

Macauley の定理の主張を，計画イデアルの文脈でより具体的に理解するために，モデル行列を定義しよう．準備として，標準単項式の集合 $\mathrm{Est}_{\prec}(D)$ は，非負整数ベクトルの集合 L を用いて $\{\boldsymbol{x}^{\boldsymbol{\alpha}} \mid \boldsymbol{\alpha} \in L\}$ と表せることに注目しておく．

[定義 12.6]　単項式順序 $\prec$ を固定する．m 因子の n 点からなる計画 $D \subset \mathbb{Q}^m$ を $D = \{\boldsymbol{d}_1, \ldots, \boldsymbol{d}_n\}$ と表す．$L \subset \mathbb{N}^m$ を，$\mathrm{Est}_{\prec}(D) = \{\boldsymbol{x}^{\boldsymbol{\alpha}} \mid \boldsymbol{\alpha} \in L\}$ で定まる非負整数ベクトルの集合とする．このとき，$\boldsymbol{d}_j^{\boldsymbol{\alpha}}$, $j = 1, \ldots, n$, $\boldsymbol{\alpha} \in L$ を j を行のラベル，α を列のラベルとして並べた行列

$$Z = [\boldsymbol{d}_j^{\boldsymbol{\alpha}}]_{j=1,\ldots,n;\boldsymbol{\alpha}\in L}$$

を，**モデル行列**と呼ぶ．

モデル行列の列数は，L の要素数に等しいから，これは定理 12.5 より行数と等しく n となる．つまり，Z は $n \times n$ の正方行列である．

モデル行列の性質を述べる前に，いくつかの例で実際にモデル行列を計算してみよう．

[例 12.7]　例 12.1 の 2_{III}^{3-1} 計画(12.3)において，純辞書式順序から得られるモデル行列は(12.7)より

$\mathrm{Est}_{\mathrm{purelex}}(D)$	1	x_2	x_3	x_2x_3
$\boldsymbol{\alpha}$	$(0,0,0)$	$(0,1,0)$	$(0,0,1)$	$(0,1,1)$
$(1,1,1)$	1	1	1	1
$(1,-1,-1)$	1	-1	-1	1
$(-1,1,-1)$	1	1	-1	-1
$(-1,-1,1)$	1	-1	1	-1

つまり

$$Z = \begin{pmatrix} 1 & 1 & 1 & 1 \\ 1 & -1 & -1 & 1 \\ 1 & 1 & -1 & -1 \\ 1 & -1 & 1 & -1 \end{pmatrix}$$

である．同様に，逆辞書式順序から得られるモデル行列は，(12.8) より

$$Z = \begin{pmatrix} 1 & 1 & 1 & 1 \\ 1 & 1 & -1 & -1 \\ 1 & -1 & 1 & -1 \\ 1 & -1 & -1 & 1 \end{pmatrix}$$

である．

[例 12.8] $m = 4$ の 3 水準因子に対する，実験回数 $n = 9$ の計画（3_{III}^{4-2}-計画）

$$\begin{pmatrix} -1 & -1 & -1 & -1 \\ -1 & 0 & 0 & 0 \\ -1 & 1 & 1 & 1 \\ 0 & -1 & 0 & 1 \\ 0 & 0 & 1 & -1 \\ 0 & 1 & -1 & 0 \\ 1 & -1 & 1 & 0 \\ 1 & 0 & -1 & 1 \\ 1 & 1 & 0 & -1 \end{pmatrix} \tag{12.9}$$

について考える（各行が実験点に対応する）．例 12.1 と同様に，対応する計画イデアルのグレブナー基底を求めれば，純辞書式順序では

$$\left\{ \underline{x_1} + \frac{3}{4}(3x_4^2 - x_4 - 2)x_3^2 + \frac{1}{4}(3x_4^2 + 3x_4 - 2)x_3 - \frac{3}{2}x_4^2 + \frac{1}{2}x_4 + 1, \right.$$
$$\left. \underline{x_2} - \frac{3}{2}x_4x_3^2 - \frac{1}{2}(3x_4^2 - 2)x_3 + x_4,\ \underline{x_3^3} - x_3,\ \underline{x_4^3} - x_4 \right\}$$

となり，逆辞書式順序では

$$\left\{ \underline{x_3^3} - x_3,\ \underline{x_3^2x_4} + x_3^2 - x_2x_4 - \frac{2}{3}x_1 - \frac{1}{3}x_2 - \frac{2}{3}x_4 - \frac{2}{3}, \right.$$
$$\underline{x_2x_4^2} + x_3^2 - x_2x_4 - \frac{2}{3}x_1 - \frac{2}{3}x_2 - \frac{1}{3}x_3 - \frac{2}{3},$$
$$\underline{x_3x_4^2} - x_3^2 + x_2x_4 + \frac{2}{3}x_1 - \frac{1}{3}x_2 - \frac{2}{3}x_3 + \frac{2}{3},$$
$$\underline{x_4^3} - x_4,\ \underline{x_1^2} + 2x_3^2 - 2x_2x_4 - x_1 - 2,$$
$$\underline{x_1x_2} + \frac{1}{2}x_3^2 - \frac{1}{2}x_4^2 + \frac{1}{2}x_3 + \frac{1}{2}x_4,$$
$$\underline{x_2^2} - x_3^2 + x_2x_4 - x_3x_4,$$
$$\underline{x_1x_3} - \frac{1}{2}x_3^2 + \frac{1}{2}x_2x_4 - \frac{1}{2}x_3x_4 + \frac{1}{2}x_4^2 + \frac{1}{2}x_2 + \frac{1}{2}x_4,$$
$$\underline{x_2x_3} + x_3^2 - x_2x_4 - x_4^2,$$
$$\left. \underline{x_1x_4} - \frac{1}{2}x_2x_4 + \frac{1}{2}x_3x_4 + \frac{1}{2}x_2 + \frac{1}{2}x_3 \right\}$$

となる（下線はそれぞれの単項式順序に関する先頭項である）．したがって，標準単項式の集合は，それぞれ

$$\mathrm{Est}_{\mathrm{purelex}}(D) = \{1,\ x_3,\ x_4,\ x_3^2,\ x_3x_4,\ x_4^2,\ x_3^2x_4,\ x_3x_4^2,\ x_3^2x_4^2\},$$
$$\mathrm{Est}_{\mathrm{rev}}(D) = \{1,\ x_1,\ x_2,\ x_3,\ x_4,\ x_3^2,\ x_4^2,\ x_2x_4,\ x_3x_4\}$$

となる．したがって，モデル行列は，純辞書式順序に対しては

$$Z = \begin{pmatrix} 1 & -1 & -1 & 1 & 1 & 1 & -1 & -1 & 1 \\ 1 & 0 & 0 & 0 & 0 & 0 & 0 & 0 & 0 \\ 1 & 1 & 1 & 1 & 1 & 1 & 1 & 1 & 1 \\ 1 & 0 & 1 & 0 & 0 & 1 & 0 & 0 & 0 \\ 1 & 1 & -1 & 1 & -1 & 1 & -1 & 1 & 1 \\ 1 & -1 & 0 & 1 & 0 & 0 & 0 & 0 & 0 \\ 1 & 1 & 0 & 1 & 0 & 0 & 0 & 0 & 0 \\ 1 & -1 & 1 & 1 & -1 & 1 & 1 & -1 & 1 \\ 1 & 0 & -1 & 0 & 0 & 1 & 0 & 0 & 0 \end{pmatrix} \tag{12.10}$$

となり，逆辞書式順序に対しては

$$Z = \begin{pmatrix} 1 & -1 & -1 & -1 & -1 & 1 & 1 & 1 & 1 \\ 1 & -1 & 0 & 0 & 0 & 0 & 0 & 0 & 0 \\ 1 & -1 & 1 & 1 & 1 & 1 & 1 & 1 & 1 \\ 1 & 0 & -1 & 0 & 1 & 0 & 1 & -1 & 0 \\ 1 & 0 & 0 & 1 & -1 & 1 & 1 & 0 & -1 \\ 1 & 0 & 1 & -1 & 0 & 1 & 0 & 0 & 0 \\ 1 & 1 & -1 & 1 & 0 & 1 & 0 & 0 & 0 \\ 1 & 1 & 0 & -1 & 1 & 1 & 1 & 0 & -1 \\ 1 & 1 & 1 & 0 & -1 & 0 & 1 & -1 & 0 \end{pmatrix}$$

となる．

上の例よりわかるように，モデル行列の各列は標準単項式の並べ方に依存し，各行は実験点の並べ方に依存する．Macaulay の定理の帰結として以下が直ちにわかる．

[定理 12.9] モデル行列 Z は非特異な $n \times n$ 行列である．

モデル行列の性質を，さらに詳しく見ていこう．いま，m 因子の n 点からなる計画 $D \subset \mathbb{Q}^m$ を $D = \{\boldsymbol{d}_1, \ldots, \boldsymbol{d}_n\}$ と置き，この計画の各点における観測値からなるベクトルを $\boldsymbol{y} = (y_1, \ldots, y_n)' \in \mathbb{R}^n$ と置く．観測値に対する確率変数ベクトルを $\boldsymbol{Y} = (Y_1, \ldots, Y_n)'$ と置き，$\boldsymbol{Y}$ に対する線形モデルを考える．ここで，n 次元の母数 $\boldsymbol{\theta}$ を導入すれば，Macauley の定理より，線形モデル $\boldsymbol{Y} = Z\boldsymbol{\theta} + \boldsymbol{\varepsilon}$ は飽和モデルとなる．したがってこの母数は残差ゼロで推定でき，推定値は定理 12.9 から $\hat{\boldsymbol{\theta}} = (Z'Z)^{-1}Z'\boldsymbol{y} = Z^{-1}\boldsymbol{y}$ となる．ここでの母数 $\boldsymbol{\theta}$ の各元は，標準単項式に対応する．この推定値 $Z^{-1}\boldsymbol{y}$ を係数とする多項式は，観測値 $\boldsymbol{y}$ に対する補完多項式の明示的な表現に他ならない．

以上を，定理としてまとめる．準備として，計画 $D = \{\boldsymbol{d}_1, \ldots, \boldsymbol{d}_n\}$ の各計画点に対する**指示多項式** (indictator polynomial) を定義する．

[定義 12.10]　$\mathbb{Q}[x_1, \ldots, x_m]$ の多項式 $f_{\{\boldsymbol{d}\}}(\boldsymbol{x})$ が m 因子の計画 $D \subseteq \mathbb{Q}^m$ の点 $\boldsymbol{d} \in D$ の指示多項式であるとは，

$$f_{\{\boldsymbol{d}\}}(\boldsymbol{x}) = \begin{cases} 1, & \text{if } \boldsymbol{x} = \boldsymbol{d} \\ 0, & \text{if } \boldsymbol{x} \neq \boldsymbol{d} \text{ かつ } \boldsymbol{x} \in D \end{cases}$$

を満たすことをいう．

計画 D の各点の指示多項式，および，観測値 $\boldsymbol{y}$ に対する補完多項式は，モデル行列から以下のように求められる．

[定理 12.11]　m 因子の n 点からなる計画 $D = \{\boldsymbol{d}_1, \ldots, \boldsymbol{d}_n\} \subseteq \mathbb{Q}^m$ に対し，単項式順序 $\prec$ に関する標準単項式の集合を $\mathrm{Est}_{\prec}(D) = \{\boldsymbol{x}^{\boldsymbol{\alpha}} \mid \boldsymbol{\alpha} \in L\}$ と置き，Z を対応するモデル行列とする．$\boldsymbol{y}$ をこの計画 D の各点における観測値からなるベクトルとし，D 上の実数値関数 $f : D \to \mathbb{R}$ が $\boldsymbol{y} = (f(\boldsymbol{d}_1), \ldots, f(\boldsymbol{d}_n))'$ を満たすとする．このとき，

$$f(\boldsymbol{x}) = \sum_{\boldsymbol{\alpha} \in L} c_{\boldsymbol{\alpha}} \boldsymbol{x}^{\boldsymbol{\alpha}}$$

と書ける．ただし，$\{c_{\boldsymbol{\alpha}} \mid \boldsymbol{\alpha} \in L\}$ は $Z^{-1}\boldsymbol{y}$ の各元である．

$f(\boldsymbol{x})$ は，観測値 $\boldsymbol{y}$ に対する補完多項式に他ならない．また，$f(\boldsymbol{x})$ は，この計画の各点に対する指示多項式に，左から観測値ベクトル $\boldsymbol{y}'$ を掛けたものに他ならない．実際に，例で確認してみよう．

[例 12.12] 例 12.8 で得られたモデル行列(12.10)から，この計画(12.9)の各点に対する指示多項式を求めてベクトルとして表すと，

$$
(Z^{-1})' \begin{bmatrix} 1 \\ x_3 \\ x_4 \\ x_3^2 \\ x_3x_4 \\ x_4^2 \\ x_3^2x_4 \\ x_3x_4^2 \\ x_3^2x_4^2 \end{bmatrix} = \frac{1}{4} \begin{bmatrix} 0 & 0 & 0 & 0 & 1 & 0 & -1 & -1 & 1 \\ 4 & 0 & 0 & -4 & 0 & -4 & 0 & 0 & 4 \\ 0 & 0 & 0 & 0 & 1 & 0 & 1 & 1 & 1 \\ 0 & 0 & 2 & 0 & 0 & 2 & -2 & 0 & -2 \\ 0 & 0 & 0 & 0 & -1 & 0 & -1 & 1 & 1 \\ 0 & -2 & 0 & 2 & 0 & 0 & 0 & 2 & -2 \\ 0 & 2 & 0 & 2 & 0 & 0 & 0 & -2 & -2 \\ 0 & 0 & 0 & 0 & -1 & 0 & 1 & -1 & 1 \\ 0 & 0 & -2 & 0 & 0 & 2 & 2 & 0 & -2 \end{bmatrix} \begin{bmatrix} 1 \\ x_3 \\ x_4 \\ x_3^2 \\ x_3x_4 \\ x_4^2 \\ x_3^2x_4 \\ x_3x_4^2 \\ x_3^2x_4^2 \end{bmatrix}
$$

$$
= \frac{1}{4} \begin{bmatrix} x_3x_4 - x_3^2x_4 - x_3x_4^2 + x_3^2x_4^2 \\ 4 - 4x_3^2 - 4x_4^2 + 4x_3^2x_4^2 \\ x_3x_4 + x_3^2x_4 + x_3x_4^2 + x_3^2x_4^2 \\ 2x_4 + 2x_4^2 - 2x_3^2x_4 - 2x_3^2x_4^2 \\ -x_3x_4 - x_3^2x_4 + x_3x_4^2 + x_3^2x_4^2 \\ -2x_3 + 2x_3^2 + 2x_3x_4^2 - 2x_3^2x_4^2 \\ 2x_3 + 2x_3^2 - 2x_3x_4^2 - 2x_3^2x_4^2 \\ -x_3x_4 + x_3^2x_4 - x_3x_4^2 + x_3^2x_4^2 \\ -2x_4 + 2x_4^2 + 2x_3^2x_4 - 2x_3^2x_4^2 \end{bmatrix}
$$

となる．これに，左から観測値ベクトル $\boldsymbol{y}' = (y_1, \ldots, y_9)$ を掛けたものが補完多項式であり，この場合，

$$
\begin{aligned}
f(\boldsymbol{x}) = y_2 &- \frac{y_6 - y_7}{2}x_3 + \frac{y_4 - y_9}{2}x_4 - \frac{2y_2 - y_6 - y_7}{2}x_3^2 \\
&+ \frac{y_1 + y_3 - y_5 - y_8}{4}x_3x_4 - \frac{2y_2 - y_4 - y_9}{2}x_4^2 \\
&- \frac{y_1 - y_3 + 2y_4 + y_5 - y_8 - 2y_9}{4}x_3^2x_4 \\
&- \frac{y_1 - y_3 - y_5 - 2y_6 + 2y_7 + y_8}{4}x_3x_4^2 \\
&+ \frac{y_1 + 4y_2 + y_3 - 2y_4 + y_5 - 2y_6 - 2y_7 + y_8 - 2y_9}{4}x_3^2x_4^2
\end{aligned}
$$

となる．

12.3　母数の識別性とイデアル所属問題

前節で得られた補完多項式は，母数の次元が観測値の次元と等しい多項式モデルの母数に，観測値から一意的に定まる推定値を代入したものに他ならない．以後，このような多項式モデルを，飽和多項式モデルと呼ぶ．統計モデルは，母数が異なれば常に異なる分布を与えるとき**識別可能**なモデルと呼ばれ，識別可能モデルにおいてはすべての母数の推定値が観測値から一意的に定まる．観測値と同じ数の母数を持つモデルは飽和モデルのみが（ちょうど）識別可能なモデルであり，前節の方法は，多項式モデルに関して飽和多項式モデルを具体的に求めるための手法の一つということができる．

[定理 12.13]　$D = \{\boldsymbol{d}_1, \ldots, \boldsymbol{d}_n\}$ を計画，$\prec$ を任意の単項式順序とする．このとき，多項式モデル

$$
\sum_{\boldsymbol{x}^{\boldsymbol{\alpha}} \in \mathrm{Est}_{\prec}(D)} \theta_{\boldsymbol{\alpha}} \boldsymbol{x}^{\boldsymbol{\alpha}} \tag{12.11}
$$

は飽和モデルであり，母数の推定値はデータから一意的に定まる．つまり，$\boldsymbol{d}_i \in D$ における観測値を y_i とするとき，連立方程式

$$
y_i = \sum_{\boldsymbol{x}^{\boldsymbol{\alpha}} \in \mathrm{Est}_{\prec}(D)} \theta_{\boldsymbol{\alpha}} \boldsymbol{x}^{\boldsymbol{\alpha}}(\boldsymbol{d}_i), \quad i = 1, \ldots, n
$$

は $\boldsymbol{\theta}_{\boldsymbol{\alpha}}$ について一意的に解ける．

定理 12.13 は，標準単項式の集合から定められる多項式モデルが飽和モデルとなり，すべての母数が一意的に推定できることを示している．標準単項式の集合は単項式順序に依存することに注意しよう．逆にいえば，さまざまな単項式順序のもとでの標準単項式（グレブナー基底）を求めることで，さまざまな飽和多項式モデルを得ることができる．例えば，例 12.1 の 2_{III}^{3-1} 計画では，$x_1 \succ x_2 \succ x_3$ なる純辞書式順序に関する標準単項式の集合(12.7)からは多項式モデル

$$f(x_1, x_2, x_3) = \theta_{000} + \theta_{010}x_2 + \theta_{001}x_3 + \theta_{011}x_2x_3 \tag{12.12}$$

が得られ，逆辞書式順序に関する標準単項式の集合(12.8)からは多項式モデル

$$f(x_1, x_2, x_3) = \theta_{000} + \theta_{100}x_1 + \theta_{010}x_2 + \theta_{001}x_3 \tag{12.13}$$

が得られる．これらはいずれも飽和多項式モデルである．

上の例からもわかるように，定理 12.13 により得られる多項式モデルは，必ず階層モデルになる．つまり，ある項 $\theta_{\boldsymbol{\alpha}}\boldsymbol{x}^{\boldsymbol{\alpha}}$ がモデルに含まれるのであれば，$\{\theta_{\boldsymbol{\beta}}\boldsymbol{x}^{\boldsymbol{\beta}} \mid$ すべての i について $\beta_i \leq \alpha_i\}$ もすべてモデルに含まれる．このことは，標準単項式の定義から従う．

式(12.12)，(12.13)の二つのモデルは，単項式順序の選び方についての示唆を与えている．式(12.12)のモデルは x_1 の項を含まないが，これは $x_1 \succ x_2 \succ x_3$ なる純辞書式順序に関するグレブナー基底(12.5)が，x_1 を含む項を優先的に先頭項としていることの結果であり，一方で，式(12.13)のモデルは，次数を考慮した項順序に関するグレブナー基底(12.6)の先頭項に 1 次の項が含まれないことを反映している．これらの考察から，例えば，「注目したい因子の効果に優先順位がありそれを反映したモデルを構築したい」のであれば純辞書式順序を用いればよく，「どの因子の効果も同程度に重視したい」のであれば次数つきの項順序を用いればよい，という方針が考えられる．

定理 12.13 は，すべての飽和多項式モデルを与えるものではない．つまり，ある D に関しては，定義 12.6 において，$\{\boldsymbol{x}^{\boldsymbol{\alpha}} \mid \boldsymbol{\alpha} \in L\}$ がどの単項式順序に関する標準単項式の集合とも一致しないような $L \subset \mathbb{N}^m$ で，行列 $Z = [\boldsymbol{d}_j^{\boldsymbol{\alpha}}]_{j=1,\ldots,n;\boldsymbol{\alpha}\in L}$ がフルランクになるようなものが存在する．

[例 12.14]　$m = 2$ 因子の $n = 5$ 点からなる計画

$$D = \{(0,0),\ (0,-1),\ (1,0),\ (1,1),\ (-1,1)\} \subseteq \mathbb{Q}^2 \tag{12.14}$$

について考える．すべての可能な単項式順序に関する，この計画イデアルの標準単項式の集合は，$\{1, x_1, x_1^2, x_2, x_1x_2\}$ と $\{1, x_2, x_2^2, x_1, x_1x_2\}$ のいずれかと一致する．一方で，単項式の集合 $\{1, x_1, x_2, x_1^2, x_2^2\}$ から定められる行列 Z は

$$Z = \begin{pmatrix} 1 & 0 & 0 & 0 & 0 \\ 1 & 0 & -1 & 0 & 1 \\ 1 & 1 & 0 & 1 & 0 \\ 1 & 1 & 1 & 1 & 1 \\ 1 & -1 & 1 & 1 & 1 \end{pmatrix}$$

であるからフルランクである．つまり，多項式モデル

$$f(x_1, x_2) = \theta_{00} + \theta_{10}x_1 + \theta_{01}x_2 + \theta_{20}x_1^2 + \theta_{02}x_2^2 \tag{12.15}$$

は，定理 12.13 の方法では得られない飽和多項式モデルである．

このように，計画 D の標準単項式の集合を，すべての可能な単項式順序に関して求めたものは，この計画の**代数的扇** (algebraic fan) と呼ばれる．上の例では，式(12.14)の計画 D の代数的扇は $\{\{1, x_1, x_1^2, x_2, x_1x_2\}, \{1, x_2, x_2^2, x_1, x_1x_2\}\}$ である．代数的扇に注目して，計画を特徴づけることも可能である．例えば，代数的扇が元を一つしか持たないような計画は，**極小扇計画**と呼ばれる．逆に，実験点の数 n と等しい数の元を持つ単項式の集合で，階層構造を持つものすべてからなる代数的扇を持つ計画は，**極大扇計画**と呼ばれる．これらの話題に興味がある読者は，[39, 3.10 節] などを参照してほしい．

逆に，多項式モデルが与えられたとき，それが識別可能モデルかどうかを判定する方法を考えよう．標準単項式のみからなるモデル，つまり定理 12.13 の飽和単項式モデルの部分モデルは，明らかに識別可能モデルである．問題は，与えられた多項式モデルが，適当に与えた単項式順序に対する標準単項式以外の項を含む場合である．ここでの重要な性質は，任意の単項式順序 $\prec$ につい

て，標準単項式集合 $\mathrm{Est}_{\prec}(D)$ の任意の元は剰余類 $\mathbb{Q}[\boldsymbol{x}]/I(D)$ の代表元であることである．つまり，定理 12.13 において，式(12.11)に現れる単項式を同値類の任意の他の元（これは単項式とは限らない）に置き換えたものも，やはり同じ母数を持つ識別可能な（同値な）多項式モデルである．こうして「置き換えられた」項は，もとの標準単項式と D 上で区別できないことに注意しよう．こうして，$\mathbb{Q}[\boldsymbol{x}]$ の任意の多項式モデルのどの項も，それが含まれる同値類の代表元である標準単項式で表すことができることから，識別可能性が判定できる．つまり，与えられた多項式モデル

$$f(\boldsymbol{x}) = \sum_{\boldsymbol{\beta}} \mu_{\boldsymbol{\beta}} \boldsymbol{x}^{\boldsymbol{\beta}}$$

について，適当な単項式順序 $\prec$ に関するグレブナー基底 G による割り算の余りを求め，これを

$$g(\boldsymbol{x}) = \sum_{\boldsymbol{x}^{\boldsymbol{\alpha}} \in \mathrm{Est}_{\prec}(D)} \theta_{\boldsymbol{\alpha}} \boldsymbol{x}^{\boldsymbol{\alpha}}$$

と書く．$g(\boldsymbol{x})$ は $f(\boldsymbol{x})$ と D 上で区別できない，つまり，$f(\boldsymbol{d}) = g(\boldsymbol{d})$ が任意の $\boldsymbol{d} \in D$ について成り立つ．定理 12.13 より，$g(\boldsymbol{x})$ の母数 $\{\theta_{\boldsymbol{\alpha}}\}$ は一意的に推定できるから，これから $f(\boldsymbol{x})$ の母数 $\{\mu_{\boldsymbol{\beta}}\}$ が一意的に定まれば，つまり，写像 $\{\mu_{\boldsymbol{\beta}}\} \mapsto \{\theta_{\boldsymbol{\alpha}}\}$ が単射であれば，$f(\boldsymbol{x})$ は識別可能モデルである．

[例 12.15]　例 12.14 において，式(12.15)の多項式モデルの母数が一意的に推定できることを確認しよう．計画イデアルのグレブナー基底は，例えば $x_1 \succ x_2$ なる逆辞書式順序では

$$G = \left\{ \underline{x_1^2} + x_1x_2 - \frac{1}{2}x_2^2 - x_1 - \frac{1}{2}x_2,\ \underline{x_2^3} - x_2,\ \underline{x_1x_2^2} - x_1x_2 \right\}$$

となり，標準単項式の集合は $\{1, x_2, x_2^2, x_1, x_1x_2\}$ である．したがって，多項式モデル(12.15)と D 上で同値なモデルは，G による割り算により

$$\begin{aligned} g(\boldsymbol{x}) &= \theta_{00} + \theta_{10}x_1 + \theta_{01}x_2 + \theta_{20}\left(-x_1x_2 + \frac{1}{2}x_2^2 + x_1 + \frac{1}{2}x_2\right) + \theta_{02}x_2^2 \\ &= \theta_{00} + (\theta_{10} + \theta_{20})x_1 + \left(\theta_{01} + \frac{1}{2}\theta_{20}\right)x_2 - \theta_{20}x_1x_2 + \left(\theta_{02} + \frac{1}{2}\theta_{20}\right)x_2^2 \end{aligned}$$

と求まる．母数

$$\mu_{00}=\theta_{00},\quad \mu_{10}=\theta_{10}+\theta_{20},\quad \mu_{01}=\theta_{01}+\frac{1}{2}\theta_{20},$$
$$\mu_{11}=-\theta_{20},\quad \mu_{02}=\theta_{02}+\frac{1}{2}\theta_{20}$$

は一意的に定まるから，この逆変換により $\{\theta_{00},\theta_{10},\theta_{01},\theta_{20},\theta_{02}\}$ も一意的に定まる．したがって，式(12.15)の母数は一意的に定まる．

一方で

$$h(\boldsymbol{x})=\theta_{00}+\theta_{10}x_1+\theta_{01}x_2+\theta_{02}x_2^2+\theta_{03}x_2^3$$

は識別可能ではない．なぜなら，G による割り算が，

$$\begin{aligned} h(\boldsymbol{x}) &= \theta_{00}+\theta_{10}x_1+\theta_{01}x_2+\theta_{02}x_2^2+\theta_{03}x_2 \\ &= \theta_{00}+\theta_{10}x_1+(\theta_{01}+\theta_{03})x_2+\theta_{02}x_2^2 \end{aligned}$$

となり，θ_{01} と θ_{03} は $\theta_{01}+\theta_{03}$ の形でしか推定できないからである．

重要な点として，モデルの識別可能性は，計画とモデルのみに依存し，単項式順序には依存しない．このことは，異なる単項式順序に対する標準単項式の集合が，いずれも同じベクトル空間の基底をなし，基底の変換は非特異な線形変換であることから従う．つまり，ある多項式モデルが計画 D において識別可能であることが，ある単項式順序に関して定理 12.13 より示されれば，別のいかなる単項式順序についても識別可能である．一方で，識別可能性は，水準のとり方に依存する．このことは例えば，2 水準計画において，水準を $\{0,1\}$ と設定した場合には x^2 と x が区別できず，一方で水準を $\{-1,1\}$ と設定した場合には x^3 と x が区別できないことからもわかる．

母数の識別可能性は，実験計画法の文脈においては，因子の効果の交絡（あるいは別名関係）として説明することができる．伝統的な実験計画法の文脈では，因子の効果の交絡は，レギュラーな一部実施計画に関して議論されるが，計画イデアルを導入することにより，レギュラーでない一般の一部実施計画に関しても概念を拡張することができる．まずは，基本的な，レギュラーな 2 水準計画で考えてみよう．

[例 12.16]　$m = 5$ の 2 水準因子について，定義関係

$$x_1x_2x_4 = x_1x_3x_5 = 1 \tag{12.16}$$

から定められる実験回数 $n = 8$ の計画（2_{III}^{5-2} 計画）を考える．計画行列は，因子の水準を $\{-1, 1\}$ とするとき，以下のようになる．

x_1	x_2	x_3	x_4	x_5
−1	−1	−1	1	1
−1	−1	1	1	−1
−1	1	−1	−1	1
−1	1	1	−1	−1
1	−1	−1	−1	−1
1	−1	1	−1	1
1	1	−1	1	−1
1	1	1	1	1

この計画 D の計画行列のグレブナー基底は，$x_1 \succ \cdots \succ x_5$ なる逆辞書式順序では

$$\Big\{\ \underline{x_1x_2} - x_4,\ \underline{x_1x_4} - x_2,\ \underline{x_2x_4} - x_1,\ \underline{x_1x_3} - x_5,\ \underline{x_1x_5} - x_3,\ \underline{x_3x_5} - x_1,$$
$$\underline{x_2x_3} - x_4x_5,\ \underline{x_3x_4} - x_2x_5,\ \underline{x_1^2} - 1,\ \underline{x_2^2} - 1,\ \underline{x_3^2} - 1,\ \underline{x_4^2} - 1,\ \underline{x_5^2} - 1\ \Big\}$$

となり，標準単項式の集合は

$$\mathrm{Est}(D) = \{1,\ x_1,\ x_2,\ x_3,\ x_4,\ x_5,\ x_2x_5,\ x_4x_5\}$$

となる．したがって，多項式モデル

$$\begin{aligned} f(\boldsymbol{x}) &= \theta_{00000} + \theta_{10000}x_1 + \theta_{01000}x_2 + \theta_{00100}x_3 + \theta_{00010}x_4 + \theta_{00001}x_5 \\ &\quad + \theta_{01001}x_2x_5 + \theta_{00011}x_4x_5 \end{aligned} \tag{12.17}$$

は，この計画の飽和多項式モデルの一つである．ここで，式(12.17)の右辺の各項が代表元である同値類とはどのようなものかを考えてみよう．これは，式(12.16)の定義関係，より厳密には，式(12.16)の項を掛け合わせて $x_i^2 = 1$

$(i = 1, \ldots, 5)$ の条件下で整理した

$$x_1x_2x_4 = x_1x_3x_5 = x_2x_3x_4x_5 = 1$$

の各項に，$\mathrm{Est}(D)$ の各項を掛けることで得られる．平方自由な単項式（$\boldsymbol{x}^{\boldsymbol{\alpha}}$ において $\boldsymbol{\alpha}$ の成分が 0 または 1 のもの．5.4 節を参照）をすべて書き出してみると，以下のようになる．

$$\begin{aligned}
1 &= x_1x_2x_4 &&= x_1x_3x_5 &&= x_2x_3x_4x_5 \\
x_1 &= x_2x_4 &&= x_3x_5 &&= x_1x_2x_3x_4x_5 \\
x_2 &= x_1x_4 &&= x_1x_2x_3x_5 &&= x_3x_4x_5 \\
x_3 &= x_1x_2x_3x_4 &&= x_1x_5 &&= x_2x_4x_5 \\
x_4 &= x_1x_2 &&= x_1x_3x_4x_5 &&= x_2x_3x_5 \\
x_5 &= x_1x_2x_4x_5 &&= x_1x_3 &&= x_2x_3x_4 \\
x_2x_3 &= x_1x_3x_4 &&= x_1x_2x_5 &&= x_4x_5 \\
x_2x_5 &= x_1x_4x_5 &&= x_1x_2x_3 &&= x_3x_4
\end{aligned}$$

この式から例えば，x_2x_5 を代表元とする同値類には x_3x_4 が含まれるから，式(12.17)の右辺の x_2x_5 を x_3x_4 に置き換えたモデルも同等（したがって識別可能）であることがわかる．同様に，上の式の各行から高々 1 個の項を選んでできる多項式モデルはすべて，母数が一意的に推定できる．

実験計画法の文脈では，上の例の x_2x_5 は「因子 2 と因子 5 の **2 因子交互作用**」と呼ばれ，これが「因子 3 と因子 4 の 2 因子交互作用と交絡している」という．同様に，各因子の主効果も，それぞれいずれかの 2 因子交互作用と交絡しており，このような計画は**分解能** III の計画と呼ばれる．また，この交絡関係は，計画イデアルでは

$$x_2x_5 - x_3x_4 \in I(D)$$

として表現できることに注意しよう．つまり，交絡関係は，多項式の**イデアル所属問題**として特徴づけられる．より一般的にまとめると，以下のようにな

る．

[定理 12.17]　二つのモデル f, g が計画 D で交絡していることと，$f - g \in I(D)$ であることは同値である．

これで，12.1 節で述べた，計画イデアルのグレブナー基底を求めることの「積極的な意義」が明らかになった．まとめると，まず，計画イデアルの（任意の単項式順序に関する）グレブナー基底を求めることで，その単項式順序に関する標準単項式の集合が得られ，それは飽和多項式モデルを与える．さらに，任意の多項式モデルに対しては，そのグレブナー基底による割り算を実行することで，そのモデルの識別可能性を判定することができる．この割り算の余りは，与えたモデルと計画上で交絡する．さらに重要な点として，定理 12.17 は，レギュラーな一部実施計画だけでなく，任意の計画に関して交絡関係の代数的な定義を与えている．

第 13 章

2 水準計画の指示関数

本章では，実験計画法の理論において最も基本的である，2 水準計画を考察する．伝統的な実験計画法の教科書における 2 水準計画の理論は，そのほとんどがレギュラーな計画についてのものである．一方，前章で見たような代数的な議論においては，計画は単なる点集合として扱われるため，計画がレギュラーか否かの区別は不要である．本章では，Fontana, Pistone and Rogantin [19] により提案された，指示関数による 2 水準計画の記述に関して説明する．

13.1　組合せ配置計画の応答空間

本章では，m 個の 2 水準因子の計画について，[19] により定義された**指示関数** (indicator function) について考察する．本章ではそれぞれの因子の水準を $\{-1,1\}$ と定める．したがって，m 因子の組合せ配置計画（2^m 計画）は $P=\{-1,1\}^m$ となり，$D\subset P$ はその一部実施計画である．

指示関数は，m 変数の多項式環 $\mathbb{Q}[\boldsymbol{x}]=\mathbb{Q}[x_1,\ldots,x_m]$ の元として表現される．多項式環の変数は不定元と呼ばれるが，これを通常の変数と見れば，多項式 $f\in\mathbb{Q}[\boldsymbol{x}]$ は P 上の有理数値関数となる．さらに，係数を実数に拡張し，多項式環 $\mathbb{R}[\boldsymbol{x}]$ で考えれば，計画 $D=\{\boldsymbol{d}_1,\ldots,\boldsymbol{d}_n\}$ で得られた任意の観測値ベクトル $\boldsymbol{y}=(y_1,\ldots,y_n)\in\mathbb{R}^n$ に対して $f(\boldsymbol{d}_j)=y_j,\ j=1,\ldots,n$ となるような $\mathbb{R}[\boldsymbol{x}]\ni f:D\to\mathbb{R}$ が存在することと，その具体的な構成法を，前章で見た（定理 12.11）．ここで，組合せ配置計画 $P=\{-1,1\}^m$ 上のすべての実数値関数の集合 $\mathbb{R}^P=\{f\mid f:P\to\mathbb{R}\}$ を考える．これはベクトル空間であり，ま

た，関数の値としてすべての観測値を与えるから，P の**応答空間**と呼ばれる．応答空間に関する基本的な性質の確認から始めよう．

$\mathcal{P} = 2^{\{1,2,\ldots,m\}}$ を，$\{1,\ldots,m\}$ のすべての部分集合からなる集合とする．$I \in \mathcal{P}$ の要素数を $|I|$ と書く．ここで，$I \in \mathcal{P}$ に対し，係数が 1 の平方自由な単項式として表される $\mathbb{R}^P$ の元を

$$C_I(\boldsymbol{x}) = \prod_{i \in I} x_i$$

と定義する．$\boldsymbol{d} = (d_1,\ldots,d_m) \in P$ に対して，$C_{\{i\}}$ はその第 i 因子の水準をそのまま返す関数，つまり $C_{\{i\}}(\boldsymbol{d}) = d_i$ であり，$C_I(\boldsymbol{d}) = \prod_{i \in I} C_{\{i\}}(\boldsymbol{d})$，および $C_\emptyset(\boldsymbol{d}) = 1$ である．$C_I(\boldsymbol{x})$ は，$|I| > 1$ のとき $|I|$ 因子交互作用項と呼び，$|I| = 1$ のときは主効果項，$I = \emptyset$ のときは定数項と呼ぶ．組合せ配置計画 P の計画イデアルのグレブナー基底は $\{x_1^2 - 1,\ldots,x_m^2 - 1\}$ であるから，$\{C_I(\boldsymbol{x}) \mid I \in \mathcal{P}\}$ は P の標準単項式の集合である．したがって，前章の議論から，P 上の任意の関数 $f \in \mathbb{R}^P$ は

$$f(\boldsymbol{x}) = \sum_{I \in \mathcal{P}} b_I C_I(\boldsymbol{x})$$

と一意的に表すことができることがわかる．つまり，$\{C_I(\boldsymbol{x}) \mid I \in \mathcal{P}\}$ は $\mathbb{R}^P$ の基底をなす．さらに，$\{C_I(\boldsymbol{x}) \mid I \in \mathcal{P}\}$ は P の直交基底であることを以下で確認しよう．関数 $f \in \mathbb{R}^P$ の P 上での平均を

$$E_P(f) = \frac{1}{2^m} \sum_{\boldsymbol{d} \in P} f(\boldsymbol{d}) \tag{13.1}$$

と定義する．$E(\cdot)$ は通常は期待値をとる記号として用いられるから，やや混乱するが，[19] を始めいくつかの文献で用いられている記号であるので，ここでも用いることにする．さらに，$I, J \in \mathcal{P}$ の対称差 (symmetric difference) を

$$I \triangle J = (I \cup J) \setminus (I \cap J)$$

と書く．例えば $I = \{1,2,3\}$, $J = \{1,3,4\}$ であれば，$I \triangle J = \{2,4\}$ である．以下，$I, J, K, \ldots \in \mathcal{P}$ は，特に断りのない場合は互いに異なる集合であるとする．関数 $f \in \mathbb{R}^P$ について，以下の定義を与える．

[定義 13.1]　関数 $f \in \mathbb{R}^P$ は，

$$E_P(f) = 0$$

を満たすとき，**対比** (contrast) と呼ぶ．また，二つの関数 $f, g \in \mathbb{R}^P$ は，

$$E_P(fg) = 0$$

を満たすとき，P 上で直交する (orthogonal) と呼ぶ．

このとき，ベクトル空間 $\mathbb{R}^P$ の基底 $\{C_I(\boldsymbol{x}) \mid I \in \mathcal{P}\}$ に関して以下の性質が成り立つ．

[補題 13.2]

(1)　任意の $I, J \in \mathcal{P}$, $\boldsymbol{d} \in P$ について $C_I(\boldsymbol{d})C_J(\boldsymbol{d}) = C_{I \triangle J}(\boldsymbol{d})$.

(2)　$E_P(C_I) = \begin{cases} 1, & \text{if } I = \emptyset \\ 0, & \text{if } I \neq \emptyset. \end{cases}$.

(3)　$E_P(C_I C_J) = E_P(C_{I \triangle J}) = \begin{cases} 1, & \text{if } I = J \\ 0, & \text{if } I \neq J. \end{cases}$.

つまり，$C_I(\boldsymbol{x})$ は $I \neq \emptyset$ のとき P 上で対比であり，異なる I, J について $C_I(\boldsymbol{x}), C_J(\boldsymbol{x})$ は P 上で直交する．

13.2　2水準計画の指示関数

[19] により与えられた指示関数 (indicator function) の定義は以下である．

[定義 13.3]　P を m 因子の組合せ配置計画（2^m 計画）とする．このとき，一部実施計画 $D \subset P$ の**指示関数**とは，$\mathbb{Q}[\boldsymbol{x}] = \mathbb{Q}[x_1, \ldots, x_m]$ に属する多項式で

$$f_D(\boldsymbol{d}) = \begin{cases} 1, & \text{if } \boldsymbol{d} \in D \\ 0, & \text{if } \boldsymbol{d} \in P \setminus D \end{cases}$$

を満たすものをいう．

前章で定義した，計画の各点 $\boldsymbol{d}$ の指示多項式 $f_{\{\boldsymbol{d}\}}(\boldsymbol{x})$（定義 12.10）は，1 点からなる計画 $D=\{\boldsymbol{d}\}$ の指示関数に他ならない．本章で扱う計画は，前章同様，繰り返しのないものとする．繰り返しのある計画について，[48] では，上の定義を拡張して $f(\boldsymbol{d})\in\{0,1,2,\ldots\}$ を $\boldsymbol{d}$ での実験回数と定義している．本章では考えやすい定義 13.3 で話を進めるが，[48] で指摘されているように，そのように拡張した指示関数（counting function と呼んでいる文献もある）に対しても，本章の結果の多くは同様に成立する．

与えられた計画 D の指示関数を求める方法を考えよう．まず，計画が 1 点 $D=\{\boldsymbol{d}\}=\{(d_1,\ldots,d_m)\}$ からなる場合，この指示関数は

$$f_{\{\boldsymbol{d}\}}(\boldsymbol{x})=\left(\prod_{i:d_i=1}\frac{1+x_i}{2}\right)\left(\prod_{i:d_i=-1}\frac{1-x_i}{2}\right)=\prod_{i=1}^{m}\frac{1+d_ix_i}{2}$$

である．さらに，二つの排反な計画 D_1,D_2 について，

$$f_{D_1\cup D_2}(\boldsymbol{x})=f_{D_1}(\boldsymbol{x})+f_{D_2}(\boldsymbol{x})$$

が成り立つ．したがって，計画 D の指示関数は，

$$f_D(\boldsymbol{x})=\sum_{\boldsymbol{d}\in D}f_{\{\boldsymbol{d}\}}(\boldsymbol{x})$$

で与えられる．

13.1 節で確認したように，任意の計画 $D\subset P=\{-1,1\}^m$ に対して，その指示関数は平方自由な P 上の多項式として一意な表現を持つ．この性質により，2 水準の一部実施計画の特徴づけを，代数的に扱いやすい，多項式の特徴づけに置き換えることが可能となる．

指示関数と，前章の議論との関係について考えよう．既に述べたように，$\{C_I(\boldsymbol{x})\mid I\in\mathcal{P}\}$ は，組合せ配置計画 $P=\{-1,1\}^m$ の計画イデアルの標準単項式の集合であるから，観測値 $\boldsymbol{y}=\{f(\boldsymbol{d})\mid \boldsymbol{d}\in P\}$ を，ある一部実施計画 $D\subset P$ について

$$f(\boldsymbol{d})=\begin{cases}1, & \text{if } \boldsymbol{d}\in D,\\ 0, & \text{if } \boldsymbol{d}\in P\setminus D\end{cases}$$

と与えて，これに対する補完多項式を考えれば，D の指示関数が平方自由な多項式として得られる．

計画イデアル $I(D) \subset \mathbb{Q}[\boldsymbol{x}] = \mathbb{Q}[x_1, \ldots, x_m]$ は，この計画の指示関数 $f_D(\boldsymbol{x})$ により

$$I(D) = \left\langle x_1^2 - 1,\ \ldots,\ x_m^2 - 1,\ 1 - f_D(\boldsymbol{x}) \right\rangle$$

と表される．ただし，この右辺は一般にはグレブナー基底ではない．一般に，一部実施計画 $D \subset P = \{-1, 1\}^m$ の計画イデアルの生成系は，組合せ配置計画 P の計画イデアルの生成系 $\{x_1^2 - 1, \ldots, x_m^2 - 1\}$ にいくつかの多項式を加えることで構成される．[19] ではそのような多項式の集合を**定義多項式集合** (a set of defining equations) と呼んでいる．定義多項式集合は，レギュラーな一部実施計画の定義関係を一般化した概念といえる．指示関数は，それ自身で定義多項式集合となる．逆に，計画 D の指示関数を，

$$\begin{cases} I(D) = \left\langle x_1^2 - 1,\ \ldots,\ x_m^2 - 1,\ 1 - f_D(\boldsymbol{x}) \right\rangle \\ f_D(\boldsymbol{x})^2 - f_D(\boldsymbol{x}) \in \left\langle x_1^2 - 1,\ \ldots,\ x_m^2 - 1 \right\rangle \end{cases}$$

を満足する多項式，と特徴づけることもできる．

指示関数の性質について考える．まず，式(13.1)を拡張して，関数 $f \in \mathbb{R}^P$ の一部実施計画 $D \subset P$ 上での平均を

$$E_D(f) = \frac{1}{|D|} \sum_{\boldsymbol{d} \in D} f(\boldsymbol{d})$$

と定義する．$|D|$ は計画 D に含まれる実験点の数である．前章では，これが，任意の単項式順序 τ に関して $\mathrm{Est}_\tau(D)$ の要素数と一致することを示した．以後，本章でも前章と同様，$n = |D|$ と置く．つまり，D は m 因子の実験回数 n の一部実施計画であるとする．D の指示関数 $f_D(\boldsymbol{x})$ を用いると，$E_D(f)$ は，

$$E_D(f) = \frac{1}{n} \sum_{\boldsymbol{d} \in P} f_D(\boldsymbol{d}) f(\boldsymbol{d}) = \frac{2^m}{n} E_P(f_D f)$$

と表される．一部実施計画 D の指示関数を平方自由な単項式で表して

$$f_D(\boldsymbol{x}) = \sum_{K \in \mathcal{P}} b_K C_K(\boldsymbol{x}) \tag{13.2}$$

と置く．この係数について，次が成り立つ．

[命題 13.4]　計画 D の指示関数を式(13.2)で表す．このとき，$I, J \in \mathcal{P}$ について，次の関係式が成り立つ．

(1)　$E_D(C_I) = \dfrac{2^m}{n} b_I$.

(2)　$E_D(C_I C_J) = E_D(C_{I \triangle J}) = \dfrac{2^m}{n} b_{I \triangle J}$.

これらの性質は，いずれも，指示関数の定義と補題 13.2 より，直ちに確認できる．この命題より，与えられた計画 D と，その指示関数 $f_D(\boldsymbol{x})$ の各項の係数の関係がわかる．つまり，$I \in \mathcal{P}$ に対し，指示関数(13.2)の項 $C_I(\boldsymbol{x})$ の係数 b_I は，

$$b_I = \frac{n}{2^m} E_D(C_I) = \frac{1}{2^m} \sum_{\boldsymbol{d} \in D} C_I(\boldsymbol{d}) \tag{13.3}$$

により定められる．特に，$I = \emptyset$ に対しては，

$$b_\emptyset = \frac{n}{2^m}$$

となり，これは，$D \subset P$ と P 実験点の数の比，すなわち D の一部実施度に他ならない．また，

$$0 \leq b_\emptyset \leq 1$$

が成り立ち，任意の $I \in \mathcal{P}$ について

$$|b_I| \leq b_\emptyset \quad \text{かつ} \quad E_D(C_I) = \frac{b_I}{b_\emptyset} \tag{13.4}$$

が成り立つ．いくつかの例に対して，指示関数を眺めてみよう．

[例 13.5]　$m = 3$ 因子の計画を考える．組合せ配置計画 $P = \{-1, 1\}^m$ の指示関数は，

$$f_P(\boldsymbol{x}) \equiv 1$$

である．また，この P の三つの一部実施計画 $D_1, D_2, D_3 \subset P$ を以下で与える．

D_1

x_1	x_2	x_3
1	1	1
1	−1	−1
−1	1	−1
−1	−1	1

D_2

x_1	x_2	x_3
1	1	1
1	−1	−1
−1	1	−1

D_3

x_1	x_2	x_3
1	1	1
1	1	−1
1	−1	1
−1	1	1

D_1 は P のレギュラーな一部実施計画 $(x_1x_2x_3 = 1)$ であり，D_2 はその部分集合，D_3 はレギュラーでない一部実施計画である．これらの指示関数は，順に，

$$\begin{aligned}
f_{D_1}(\boldsymbol{x}) &= \frac{1}{2} + \frac{1}{2}x_1x_2x_3, \\
f_{D_2}(\boldsymbol{x}) &= \frac{3}{8} + \frac{1}{8}(x_1 + x_2 - x_3 - x_1x_2 + x_1x_3 + x_2x_3) + \frac{3}{8}x_1x_2x_3, \\
f_{D_3}(\boldsymbol{x}) &= \frac{1}{2} + \frac{1}{4}(x_1 + x_2 + x_3 - x_1x_2x_3)
\end{aligned}$$

である．

上の例において，指示関数の各項について式(13.3)，(13.4)が確かに成り立っていることがわかる．また，例えば $f_{D_1}(\boldsymbol{x})$ について，定数項以外には項が一つ $(\frac{1}{2}x_1x_2x_3)$ しかないが，これは，この項以外に関する式(13.3)の和がゼロになっているということである．特に，$|I| = 2$ であるすべての I に関して，$\sum_{\boldsymbol{d} \in D} C_I(\boldsymbol{d}) = 0$ となる計画は，実験計画法の理論における**直交計画**に他ならない．この直交性の概念を，定義 13.1 を拡張して，$D \subset P$ 上での対比と直交性として定義する．

[定義 13.6]　関数 $f \in \mathbb{R}^P$ は，

$$E_D(f) = \frac{1}{n} \sum_{\boldsymbol{d} \in D} f(\boldsymbol{d}) = 0$$

を満たすとき，D 上の**対比**と呼ぶ．また，二つの関数 $f, g \in \mathbb{R}^{\mathcal{P}}$ は，

$$E_D(fg) = 0$$

を満たすとき，D 上で直交すると呼ぶ．

すると，命題 13.4 と定義 13.6 より，指示関数の各項に関して以下が成り立つ．

[命題 13.7]　計画 D の指示関数を(13.2)とする．このとき，

(1)　$C_I(\boldsymbol{x})$ は，$b_I = 0$ のとき，またそのときに限り，D 上の対比である．

(2)　$C_I(\boldsymbol{x}), C_J(\boldsymbol{x})$ は，$b_{I \triangle J} = 0$ のとき，またそのときに限り，D 上で直交する．

(3)　$C_I(\boldsymbol{x})$ が D 上の対比であるとき，$I = J \triangle K$ となる任意の $J, K \in \mathcal{P}$ について，$C_J(\boldsymbol{x})$ と $C_K(\boldsymbol{x})$ は D 上で直交する．

例 13.5 の計画では，例えば，D_1 については，$x_1x_2x_3$ と定数項を除くすべての平方自由な単項式は，D_1 上の対比である．また，例えば $\{1,2\} \triangle \{1,3\} = \{2,3\}$ であるので，$b_{\{2,3\}} = 0$ から，x_1x_2 と x_1x_3 は D_1 上で直交する．

本節の最後に，指示関数の係数が満たす関係式を示す．

[命題 13.8]　計画 D の指示関数を(13.2)とする．このとき，関係式

$$b_I = \sum_{J \in \mathcal{P}} b_J b_{I \triangle J} \tag{13.5}$$

が成り立つ．特に，

$$b_\emptyset - b_\emptyset^2 = \sum_{J \in \mathcal{P},\ J \neq \emptyset} b_J^2 \tag{13.6}$$

が成り立つ．

証明　指示関数 $f_D(\boldsymbol{x})$ は，任意の $\boldsymbol{d} \in \mathcal{P}$ について $(f_D(\boldsymbol{d}))^2 = f_D(\boldsymbol{d})$ を満足するから，補題 13.2 より，任意の $\boldsymbol{d} \in \mathcal{P}$ について

$$\sum_{I\in\mathcal{P}} b_I C_I(\boldsymbol{d}) = \sum_{J\in\mathcal{P}} \sum_{K\in\mathcal{P}} b_J b_K C_{J\triangle K}(\boldsymbol{d})$$

が成り立つ．ここで，$I = J\triangle K$ と置けば，$K = I\triangle J$ であるから

$$\sum_{I\in\mathcal{P}} b_I C_I(\boldsymbol{d}) = \sum_{I\triangle J\in\mathcal{P}} \sum_{J\in\mathcal{P}} b_J b_{I\triangle J} C_I(\boldsymbol{d}) = \sum_{I\in\mathcal{P}} \sum_{J\in\mathcal{P}} b_J b_{I\triangle J} C_I(\boldsymbol{d})$$

となり，$\{C_I(\boldsymbol{x}) \mid I \in \mathcal{P}\}$ が $\mathbb{R}^P$ の基底であることから式(13.5)が成り立つ．また，式(13.5)で $I = \emptyset$ と置いて整理すれば式(13.6)を得る． ■

[命題 13.9]　計画 D の指示関数を(13.2)とする．このとき，

$$\sum_{I\in\mathcal{P}} b_I = \begin{cases} 1, & \text{if } (1,\ldots,1) \in D, \\ 0, & \text{if } (1,\ldots,1) \in P \setminus D \end{cases}$$

が成り立つ．

証明　式(13.2)において，任意の $I \in \mathcal{P}$ について $C_I((1,\ldots,1)) = 1$ に注意すれば，$(1,\ldots,1) \in D$ のとき，$f_D((1,\ldots,1)) = 1$ であるから，$1 = \sum_{I\in\mathcal{P}} b_I C_I((1,\ldots,1)) = \sum_{I\in\mathcal{P}} b_I$ が成り立ち，$(1,\ldots,1) \in P \setminus D$ のとき，$f_D((1,\ldots,1)) = 0$ であるから，$0 = \sum_{I\in\mathcal{P}} b_I C_I((1,\ldots,1)) = \sum_{I\in\mathcal{P}} b_I$ が成り立つ． ■

13.3　レギュラーな一部実施計画の指示関数

2水準の一部実施計画の中でも，特に，レギュラーな一部実施計画の理論はよく整理されており，その指示関数もよく知られている．本節ではこれを紹介する．既にこれまでに，レギュラーな一部実施計画，という用語を何度か使ってきたが，改めてここで定義を与える．

[定義 13.10]　$D \subset P$ が**レギュラーな一部実施計画**であるとは，ある $\mathcal{H} \subset \mathcal{P}$ と，その任意の元 $I \in \mathcal{H}$ に対してある $e_I \in \{-1, 1\}$ が存在して，D の**定義関係式** (set of defining equations) が

$$C_I(\boldsymbol{x}) = e_I, \quad \forall I \in \mathcal{H} \subset \mathcal{P} \tag{13.7}$$

と書けるものをいう.

定義関係式の定義より，レギュラーな一部実施計画 D の計画イデアルは

$$I(D) = \left\langle x_i^2 - 1,\ i = 1, \ldots, m,\ C_I(\boldsymbol{x}) - e_I,\ I \in \mathcal{H} \right\rangle$$

と書ける．その $\mathcal{H}$ に対して $\{C_I(\boldsymbol{x}) \mid I \in \mathcal{H}\}$ を一部実施計画 D の**生成語** (generating words) という．実験計画法の教科書では，これを**生成子**と呼んでいるものもある．一般に $\mathcal{H}$ は一意的ではないが，△ の演算に関して閉じるように適当な元をつけ加えることで，一意的な表現 $\{C_{I_1 \triangle I_2}(\boldsymbol{x}) \mid I_1, I_2 \in \mathcal{H}\}$ が得られる．本章では，このように作られた，△ の演算に関して閉じている $\mathcal{H}$ を，D の**定義語** (defining words) と呼ぶことにする．

[例 13.11] 前章の例 12.16 で考察した 2_{III}^{5-2} 計画は，定義関係式が

$$x_1x_2x_4 = x_1x_3x_5 = 1$$

で与えられる一部実施計画であった．したがって，$\{x_1x_2x_4,\ x_1x_3x_5\}$ はこの計画の生成語である．また，この元を掛け合わせ，$C_{\{1,2,4\}}(\boldsymbol{x})C_{\{1,3,5\}}(\boldsymbol{x}) = C_{\{1,2,4\}\triangle\{1,3,5\}}(\boldsymbol{x})$ などから得られる集合 $\{1,\ x_1x_2x_4,\ x_1x_3x_5,\ x_2x_3x_4x_5\}$ は，この計画の定義語である．

一般に，定義関係式(13.7)が与えられたとき，$|\mathcal{H}| = s$ として $\mathcal{H} = \{I_1, \ldots, I_s\}$ と表すと，この計画の定義語は

$$\left\{ C_I(\boldsymbol{x}) \;\middle|\; C_I(\boldsymbol{x}) = \prod_{j=1}^{s} u_j C_{I_j}(\boldsymbol{x}),\ u_j = 0, 1 \right\} \tag{13.8}$$

と書ける．ただし，積の記号は，$x_i^2 = 1$ のもとでの積（言葉を替えれば，I_j, $j = 1, \ldots, s$ に関する排他的論理和の演算 △）を表すものとする．このことから，実験回数が 2^{m-s} のレギュラーな一部実施計画は，s 個の（△ の演算に関して）独立な定義関係式を持ち，その定義語は，2^s 個の元からなることがわ

かる．

以下，実験回数が 2^{m-s} 回のレギュラーな一部実施計画が，定義関係式(13.7)から定められるとする．また，式(13.8)に従い必要であれば $\mathcal{H}$ に元を加え，定義語が

$$\{C_I(\boldsymbol{x}) \mid I \in \mathcal{L}\} \tag{13.9}$$

となるように $\mathcal{L}$ を定義する．ここで，$\mathcal{H} \subset \mathcal{L} \subset \mathcal{P}$ であり，$|\mathcal{L}| = 2^s$ である．また，定義関係式(13.7)を式(13.8)に代入すれば，すべての $C_I(\boldsymbol{x})$, $I \in \mathcal{L}$ について式(13.7)と同様の関係式が得られるから，これを改めて

$$C_I(\boldsymbol{x}) = e_I, \quad \forall I \in \mathcal{L} \tag{13.10}$$

と書く．以上の準備のもとで，レギュラーな一部実施計画の指示関数を以下に示す．

[命題 13.12]　レギュラーな一部実施計画 $D \subset P$ の定義語(13.9)について，関係式(13.10)が成り立つとする．このとき，D の指示関数は，

$$f_D(\boldsymbol{x}) = \frac{1}{|\mathcal{L}|} \sum_{I \in \mathcal{L}} e_I C_I(\boldsymbol{x}) \tag{13.11}$$

と表される．

証明　任意の $I \in \mathcal{L}$ について，

$$C_I(\boldsymbol{d}) = \begin{cases} e_I & \text{if } \boldsymbol{d} \in D \\ -e_I & \text{if } \boldsymbol{d} \in P \setminus D \end{cases} \tag{13.12}$$

が成り立つ．したがって，$\boldsymbol{d} \in D$ のとき，またそのときに限り，

$$0 = \sum_{I \in \mathcal{L}} (C_I(\boldsymbol{d}) - e_I)^2 = 2\left(|\mathcal{L}| - \sum_{I \in \mathcal{L}} e_I C_I(\boldsymbol{d})\right)$$

よって

$$\frac{1}{|\mathcal{L}|} \sum_{I \in \mathcal{L}} e_I C_I(\boldsymbol{d}) = 1$$

が成り立つ．ここで，

$$g(\boldsymbol{x}) = \frac{1}{|\mathcal{L}|} \sum_{I \in \mathcal{L}} e_I C_I(\boldsymbol{x})$$

と置き，P 上で $g(\boldsymbol{x})^2 = g(\boldsymbol{x})$ であることを示そう．まず，式(13.10)と，$\mathcal{L}$ が $\triangle$ に関して閉じていることにより，$I, J \in \mathcal{L}$ について

$$e_I e_J = C_I(\boldsymbol{x}) C_J(\boldsymbol{x}) = C_{I \triangle J}(\boldsymbol{x}) = e_{I \triangle J}$$

が成り立つ．また，任意の $K \in \mathcal{L}$ について，

$$\#|\{(I, J) \mid I, J, K = I \triangle J \in \mathcal{L}\}| = |\mathcal{L}|$$

である．したがって，

$$\begin{aligned} g(\boldsymbol{x})^2 &= \frac{1}{|\mathcal{L}|^2} \sum_{I \in \mathcal{L}} \sum_{J \in \mathcal{L}} e_I e_J C_I(\boldsymbol{x}) C_J(\boldsymbol{x}) \\ &= \frac{1}{|\mathcal{L}|^2} \sum_{I \in \mathcal{L}} \sum_{J \in \mathcal{L}} e_{I \triangle J} C_{I \triangle J}(\boldsymbol{x}) \\ &= \frac{1}{|\mathcal{L}|^2} \sum_{K \in \mathcal{L}} |\mathcal{L}| e_K C_K(\boldsymbol{x}) \\ &= g(\boldsymbol{x}) \end{aligned}$$

を得る．したがって，$g(\boldsymbol{x})$ は D の指示関数である． ∎

任意の $I \in \mathcal{L}$ について式(13.12)が成り立つことから，D の指示関数は

$$f_D(\boldsymbol{x}) = \frac{1}{2^{|\mathcal{L}|}} \prod_{I \in \mathcal{L}} (1 + e_I C_I(\boldsymbol{x}))$$

と表現できることに注意しよう．命題 13.12 は，この右辺が P 上でどのように展開されるかを示している．

命題 13.12 から，レギュラーな一部実施計画の指示関数の係数は，ゼロでないすべての項について絶対値が等しいことがわかる．これは，逆も成り立つ．

[命題 13.13] 計画 D の指示関数(13.2)において，$\mathcal{K} = \{K \mid b_K \neq 0\}$ と置く．ここで，ある定数 ℓ について

$$|b_K| = \frac{1}{\ell}, \quad K \in \mathcal{K}$$

が成り立つなら，この D はレギュラーな一部実施計画である．このとき，$\mathcal{K}$ は $\triangle$ に関して閉じている．

証明　$K \in \mathcal{K}$ について，適当に $e_K \in \{-1, 1\}$ をとり，D の指示関数を

$$f_D(\boldsymbol{x}) = \frac{1}{\ell} \sum_{K \in \mathcal{K}} e_K C_K(\boldsymbol{x})$$

と書く．$f_D(\boldsymbol{x})$ が指示関数であることから，

$$\sum_{K \in \mathcal{K}} (C_K(\boldsymbol{d}) - e_K)^2 = 2\ell \left(1 - \frac{1}{\ell} \sum_{K \in \mathcal{K}} e_K C_K(\boldsymbol{d}) \right)$$

は，$\boldsymbol{d} \in D$ のとき，0 であり，$\boldsymbol{d} \in P \setminus D$ のとき，2ℓ である．したがって，$C_K(\boldsymbol{x}) = e_K$, $K \in \mathcal{K}$ は，D の定義関係式である．また，$\mathcal{K}$ は $\triangle$ について閉じていることを示す．これは，$I, J \in \mathcal{K}$ に対して，$C_{I \triangle J}(\boldsymbol{x}) = e_I e_J = e_{I \triangle J}$ であるから，対応する係数 $b_{I \triangle J}$ がゼロでないことを示せばよいが，

$$b_{I \triangle J} = \frac{1}{2^m} \sum_{\boldsymbol{d} \in D} C_{I \triangle J}(\boldsymbol{d}) = \frac{1}{2^m} \sum_{\boldsymbol{d} \in D} e_{I \triangle J} = \frac{|D|}{2^m} e_{I \triangle J}$$

であるので，確かにこれはゼロではない．よって，題意が示された．■

証明の最後の部分において，$\mathcal{K}$ の定義より $b_{I \triangle J} = (1/\ell) e_{I \triangle J}$ であるから，命題の条件が成り立つのは $\ell = 2^m/|D|$ の場合に限られることもわかった．

以上より，レギュラーな一部実施計画の指示関数は，ゼロでない項の数が 2 のベキであり，それらの係数の絶対値はすべて等しい，という単純な構造を持つことがわかった．以下の例で確認しよう．

[例 13.14]

- 例 13.5 の D_1 は，定義関係式が $x_1 x_2 x_3 = 1$ で与えられる 2^{3-1}_{III} 計画であり，定義語は $\{1,\ x_1 x_2 x_3\}$ であるから，指示関数は

$$f_{D_1}(\boldsymbol{x}) = \frac{1}{2}(1 + x_1x_2x_3)$$

である.

- 例 13.11 で見たように，定義関係式が $x_1x_2x_4 = x_1x_3x_5 = 1$ である 2_{III}^{5-2} 計画の定義語は $\{1,\ x_1x_2x_4,\ x_1x_3x_5,\ x_2x_3x_4x_5\}$ であるから，この指示関数は

$$f_D(\boldsymbol{x}) = \frac{1}{4}(1 + x_1x_2x_4 + x_1x_3x_5 + x_2x_3x_4x_5)$$

である．これはまた,

$$\frac{1}{2^4}(1+1)(1 + x_1x_2x_4)(1 + x_1x_3x_5)(1 + x_2x_3x_4x_5)$$

を P 上で展開することでも得られる．また，定義関係式が $x_1x_2x_4 = -x_1x_3x_5 = 1$ である場合は，指示関数は

$$f_D(\boldsymbol{x}) = \frac{1}{4}(1 + x_1x_2x_4 - x_1x_3x_5 - x_2x_3x_4x_5)$$

である.

レギュラーでない一部実施計画の指示関数の性質を挙げる.

[系 13.15]　D を，レギュラーでない一部実施計画とし，D の指示関数を (13.2) とする．$f_D(\boldsymbol{x})$ の定数項以外の項で，その係数の絶対値が定数項に等しいものがあるとし,

$$\mathcal{L} = \{I \in \mathcal{P} \mid b_I = e_I b_\emptyset,\ e_I \in \{-1, 1\}\}$$

と置く．このとき，$\{C_I(\boldsymbol{x}) \mid I \in \mathcal{L}\}$ は，D を真に含む最小のレギュラーな一部実施計画 $D' \supset D$ の定義語に一致する．また，D' の指示関数は

$$f_{D'}(\boldsymbol{x}) = \frac{1}{|\mathcal{L}|} \sum_{I \in \mathcal{L}} e_I C_I(\boldsymbol{x})$$

となる．もし，$f_D(\boldsymbol{x})$ の定数項以外のいずれの項の係数の絶対値も定数項に一致しないなら，D を真に含むレギュラーな一部実施計画は存在しない.

証明は省略する．

[例 13.16]　例 13.5 の D_2 において，$\mathcal{L} = \{1,\ x_1x_2x_3\}$ は D_2 を真に含むレギュラーな一部実施計画 D_1 の定義語である．一方，D_3 は，定数項以外のすべての項の係数の絶対値が定数項より小さく，これを含むレギュラーな一部実施計画は存在しない．

[6] では，レギュラーでない一部実施計画に対して，「それを真に含むレギュラーな一部実施計画が存在しない」ような一部実施計画を，**最大アフィン次元要因計画** (affinely full-dimensional factorial design) と呼び，その性質を報告している．重要な性質は，以下である．

[定理 13.17]　レギュラーでない一部実施計画 $D \subset \{-1,1\}^m$ は，それを真に含むレギュラーな一部実施計画が存在しないなら，多項式モデルの**主効果モデル**

$$y_i = \theta_0 + \sum_{j=1}^{m} \theta_j x_j \tag{13.13}$$

の母数は一意的に推定可能である．逆に，モデル(13.13)の母数が一意的に推定可能でないなら，その計画を真に含むレギュラーな一部実施計画が存在する．

[6] ではさらに，このクラスに属す計画と D-最適性の関連についても考察している．

次の性質は簡単だが，応用できる場面は多い．

[命題 13.18]　D を m 個の 2 水準因子の計画とする．新たな k 個の 2 水準因子の水準を，$(x_1, \ldots, x_m) \in D$ から関係式

$$y_1 = e_1 \boldsymbol{x}^{\boldsymbol{\alpha}_1},\ \ldots,\ y_k = e_k \boldsymbol{x}^{\boldsymbol{\alpha}_k}$$

により定め，これを D に加えた $m+k$ 因子の計画を D' とする．ただし，$e_1, \ldots, e_k \in \{-1,1\}$ である．このとき，D の指示関数を $f_D(x_1, \ldots, x_m)$ とすれ

ば，D' の指示関数は

$$f_{D'}(x_1,\ldots,x_m,y_1,\ldots,y_k) \\ = \frac{1}{2^k}(1+e_1y_1\boldsymbol{x}^{\boldsymbol{\alpha}_1})\cdots(1+e_ky_k\boldsymbol{x}^{\boldsymbol{\alpha}_k})f_D(x_1,\ldots,x_m)$$

となる．

この命題の D と D' は，実験回数が等しいから，$x_1,\ldots,x_m$ 上の単項式順序 τ と $x_1,\ldots,x_m,y_1,\ldots,y_k$ 上の単項式順序 σ から得られる標準単項式の集合 $\mathrm{Est}_\tau(D)$ と $\mathrm{Est}_\sigma(D')$ の元の数は等しい．特に，σ として，$\{y_1,\ldots,y_k\} \succ_\sigma \{x_1,\ldots,x_m\}$ なる純辞書式順序を考えれば，$\mathrm{Est}_\tau(D) = \mathrm{Est}_\sigma(D')$ となる．

13.4　指示関数と aberration

一部実施計画に対して指示関数を考えることのメリットの一つに，それにより，従来，レギュラーな一部実施計画に対して定義されていたさまざまな概念が，レギュラーでない計画に対する概念に自然に拡張できる，という点がある．つまり指示関数は，レギュラーか否かに関係なくすべての計画に対して定義できるので，計画の特徴づけを，指示関数の係数の特徴づけに置き換えることができるわけである．実際，この考え方にそった，さまざまな研究がなされている．本章ではそれらの中から，[48] の中で提案された，**最小 aberration 規準**の一般化を紹介する．

aberration は，分解能 (resolution) を一般化した概念であり，最小 aberration 規準はレギュラーな一部実施計画の良さをはかるための規準の一つとして [22] により提案された．まずは重要な，最小 aberration の定義から始めよう．いま，レギュラーな一部実施計画 $D \subset P = \{-1,1\}^m$ の定義語が，(13.9)により与えられているとする．このそれぞれの単項式（あるいは「語」）$C_I(\boldsymbol{x})$, $I \in \mathcal{L}$ について，$|I|$ をその**語長** (word length) と呼ぶ．$C_I(\boldsymbol{x})$ は平方自由な単項式であるから，$|I|$ は $C_I(\boldsymbol{x})$ の次数に他ならない．例えば $I = \{1, 2\}$ であれば，$C_{\{1,2\}}(\boldsymbol{x}) = x_1x_2$ の語長は 2 である．ここで，

$$w_j(D) = \#\{I \in \mathcal{L} \mid |I| = j\}$$

と置く．つまり $w_j(D)$ は，計画 D の定義語で，語長が j のものの数である．これを並べた $(w_1(D), w_2(D), \ldots, w_m(D))$ を，レギュラーな一部実施計画 D の**語長パターン** (word length pattern) と呼ぶ．レギュラーな一部実施計画の aberration 規準とは，以下である．

[定義 13.19]　二つの一部実施計画 $D_1, D_2 \subset P = \{-1,1\}^m$ は，ある r について

$$w_1(D_1) = w_1(D_2),\ \ldots,\ w_{r-1}(D_1) = w_{r-1}(D_2),\quad w_r(D_1) < w_r(D_2)$$

が成り立つとき，D_1 は D_2 より小さい aberration を持つ (D_1 has less aberration than D_2) という．一部実施計画は，それよりも小さい aberration を持つ計画が存在しないとき，最小 aberration (minimum aberration) を持つという．

aberration 規準は，分解能規準を一般化した概念である．分解能とは，語長のうち最小のものをいい，ローマ数字で「分解能 III の計画」,「2^{3-1}_{III} 計画」などと表記するのが慣習である．一般に交互作用は低次のものがより重視されるため，分解能は大きいほど良い計画といえる．一方，これを拡張した aberration 規準では，分解能が等しい複数の計画を比較することができる．

[例 13.20]　定義関係式

$$x_1x_2x_3x_6 = x_1x_2x_4x_5x_7 = 1$$

から定められる計画を D_1，定義関係式

$$x_1x_2x_3x_6 = x_1x_4x_5x_7 = 1$$

から定められる計画を D_2 と置く．D_1, D_2 は，いずれも分解能 IV のレギュラーな計画（2^{7-2}_{IV} 計画）である．それぞれの定義語は，

$$D_1 : \{1,\ x_1x_2x_3x_6,\ x_1x_2x_4x_5x_7,\ x_3x_4x_5x_6x_7\}$$

$$D_2 : \{1,\ x_1x_2x_3x_6,\ x_1x_4x_5x_7,\ x_2x_3x_4x_5x_6x_7\}$$

であるから，語長パターンは，D_1 が $(0,0,0,1,2,0,0)$ であり，D_2 は $(0,0,0,2,0,1,0)$ である．したがって，D_1 の方が D_2 よりも小さい aberration を持つ．実際，D_1 は，2^{7-2} 計画の中で最小 aberration 計画である．

レギュラーな 2^{m-s} 計画は，すべての (m,s) について最小 aberraion 計画が必ず存在する．また，サイズの等しい任意の二つのレギュラーな計画は，この最小 aberration 規準によって順序づけることができる．最小 aberration 計画であっても，他の規準で比較したときに必ずしも最良の計画とは考えられないという例も数多く知られているが，最小 aberration 規準はレギュラーな一部実施計画に関する代表的な規準の一つといえる．詳しくは，[47, 第 4 章] などを参照されたい．

aberration 規準の概念をレギュラーでない計画について拡張するため，語長パターンを，指示関数の係数で表そう．レギュラーな一部実施計画の指示関数は，式(13.11)で与えられ，ゼロでない係数はすべて等しく

$$\frac{1}{|\mathcal{L}|} = \frac{1}{2^s} = \frac{2^{m-s}}{2^m} = \frac{n}{2^m}$$

である．ここで，s は独立な定義関係式の数，$n = |D| = 2^{m-s}$ は実験回数であった．したがって，一部実施計画 $D \subset P = \{-1,1\}^m$ の指示関数を(13.2)としたとき，

$$w_j(D) = \sum_{|I|=j} \left(\frac{2^m}{n} b_I \right)^2 \tag{13.14}$$

と表すことができる．この関係式を，レギュラーでない計画に対する語長の定義として用いよう．

[定義 13.21] $D \subset P = \{-1,1\}^m$ を m 因子の一部実施計画とし，その指示関数を(13.2)とする．このとき，式(13.14)から定義される $\{w_1(D), \ldots, w_m(D)\}$ を，D の **（拡張された）語長パターン**と呼ぶ．

この定義を用いれば，レギュラーでない計画についても，最小 aberration 規準の概念を導入することができる．

[例 13.22]　$m = 4$ 因子の，実験回数 $n = 6$ の一部実施計画を考える．一般性を失わず $(1,1,1,1)$ が計画点に含まれるとするとき，$w_1(D) = 0$，つまり，いずれの因子についても二つの水準が同数（3回づつ）である繰り返しのない計画は，次の2通りしか存在しない．

D_1

x_1	x_2	x_3	x_4
1	1	1	1
1	1	1	−1
1	−1	−1	1
−1	1	−1	1
−1	−1	1	−1
−1	−1	−1	−1

D_2

x_1	x_2	x_3	x_4
1	1	1	1
1	1	−1	−1
1	−1	1	−1
−1	1	−1	1
−1	−1	1	1
−1	−1	−1	−1

それぞれの計画の指示関数は，

$$
\begin{aligned}
f_{D_1}(\boldsymbol{x}) &= \frac{3}{8} + \frac{1}{8}(x_1x_2 + x_1x_3 + x_1x_4 + x_2x_3 + x_2x_4 - x_3x_4) \\
&\quad + \frac{1}{4}(x_1x_2x_3 - x_1x_2x_4) + \frac{1}{8}x_1x_2x_3x_4 \\
f_{D_2}(\boldsymbol{x}) &= \frac{3}{8} + \frac{1}{8}(x_1x_2 + x_1x_3 - x_1x_4 - x_2x_3 + x_2x_4 + x_3x_4) \\
&\quad + \frac{3}{8}x_1x_2x_3x_4
\end{aligned}
$$

である．したがって，定義 13.21 により拡張された語長パターンを求めれば，

$$D_1 : (0,\ 2/3,\ 8/9,\ 1/9)$$

$$D_2 : (0,\ 2/3,\ 0,\ 1)$$

となり，D_2 がこのサイズの計画では（拡張された）最小 aberration 計画であることがわかる．また，指示関数の係数から，D_2 は，定義関係式が $x_1x_2x_3x_4 = 1$ であるレギュラーな 2_{IV}^{4-1} 計画の部分集合であることも直ちにわかる．□

方，D_1 はいずれのレギュラーな計画の部分集合にもなっていない．

定義 13.21 の妥当性について考えよう．D がレギュラーな 2^{m-s} 計画のとき，$|\mathcal{L}| = 2^s$ であるから，関係式

$$\sum_{j=1}^{m} w_j(D) = 2^s - 1 = \frac{2^m}{n} - 1 \tag{13.15}$$

が成り立つ．この関係式が，定義 13.21 の拡張された語長に関しても一般的に成立する．

[定理 13.23] $D \subset P = \{-1,1\}^m$ を m 因子の一部実施計画とし，その指示関数を(13.2)とする．$\{w_1(D),\ldots,w_m(D)\}$ を，定義 13.21 で定義された D の（拡張された）語長パターンとする．このとき，関係式(13.15)が成り立つ．

証明 $\boldsymbol{d} \in P$ で $f_D(\boldsymbol{d})$ は 0 または 1 であるから $f_D(\boldsymbol{d})^2 = f_D(\boldsymbol{d})$ が成り立つ．したがって補題 13.2 より

$$\begin{aligned}\sum_{\boldsymbol{d}\in P} f_D(\boldsymbol{d}) &= \sum_{\boldsymbol{d}\in P} f_D(\boldsymbol{d})^2 = \sum_{\boldsymbol{d}\in P}\left(\sum_{I\in\mathcal{P}} b_I C_I(\boldsymbol{d})\right)^2 \\ &= \sum_{\boldsymbol{d}\in P}\sum_{I,J\in\mathcal{P}} b_I b_J C_I(\boldsymbol{d}) C_J(\boldsymbol{d}) \\ &= \sum_{I,J\in\mathcal{P}} b_I b_J \sum_{\boldsymbol{d}\in P} C_{I\triangle J}(\boldsymbol{d}) \\ &= 2^m \sum_{I\in\mathcal{P}} b_I^2\end{aligned}$$

が得られる．$b_\emptyset = n/2^m$ であるので，（拡張された）語長パターンの定義より，

$$\sum_{j=1}^{m} w_j(D) = \sum_{I\in\mathcal{P}\setminus\emptyset} \frac{b_I^2}{b_\emptyset^2}$$

を得る．これに命題 13.8 の式(13.6)を代入して整理すれば，関係式(13.15)を得る． ∎

定理13.23は，拡張された最小aberration規準の妥当性を示していると解釈できる．[48]にも指摘されているように，定義13.21で与えられた拡張された語長$w_j(D)$による規準は，[14]で与えられた$\boldsymbol{G_2}$**-aberration規準**と同等であることが示される．G_2-aberration規準は，最小aberration規準をレギュラーでない計画に拡張したG_p-aberration規準の$p = 2$の場合であり，このG_p-aberration規準は式(13.14)の代わりに$w_j(D) = \sum_{|I|=j}(2^m b_I/n)^p$と定義したものに対応するが，関係式(13.15)が成り立つのは$p = 2$の場合だけである．つまり，定義13.21による規準は指示関数に関する考察から得られたものであるが，これが同時に，G_p-aberration規準の中でG_2-aberration規準を支持する新たな根拠を与えている，とも考えることができる．

第14章 特性値が離散変数の場合の正確検定

本章では，一部実施計画で得られる観測値が計数値の場合に，マルコフ基底を用いた正確検定の手法を説明する．まず，第I部で分割表データの解析手法として導入した手法の，実験計画法の文脈での定式化の方法を説明し，その後，前章までに説明した計画の代数的な記述との関連を考察する．

14.1 観測値が独立なポアソン分布に従う場合

本章では，実験計画法で得られる観測値が頻度などの計数値の場合に，マルコフ基底を用いて要因効果の正確検定を行う手法を紹介する．本章の内容は，第I部で分割表データの解析手法として導入したマルコフ基底による検定手法の，実験計画法の文脈での定式化の一例を説明したものであり，いわば，第I部の理論の実際の場面への応用である．その際，これまでに説明した計画の代数的な記述との関連を考察することも，本章の目的の一つである．本章では，観測値が，独立なポアソン分布に従う場合と，二項分布に従う場合をそれぞれ考える．ただし，両者はほぼ同様の議論が行えるため，まずポアソン分布の場合を詳しく説明し，二項分布の場合は最後に違いを簡単に述べる．

最初に，観測値が独立なポアソン分布に従う場合について考える．これは，2.1節に導入した 2×2 分割表に対する三つの問題設定のうち，最後に説明したものの一般化に対応する．まず，この設定が自然な，実験計画データの実例を紹介する．

表 14.1　噴流式はんだづけ装置の不良品数データ（出典：[12]）

run	x_1	x_2	x_3	x_4	x_5	x_6	x_7	不良品数
1	+1	+1	+1	+1	+1	+1	+1	69
2	+1	+1	+1	−1	−1	−1	−1	31
3	+1	+1	−1	+1	+1	−1	−1	55
4	+1	+1	−1	−1	−1	+1	+1	149
5	+1	−1	+1	+1	−1	+1	−1	46
6	+1	−1	+1	−1	+1	−1	+1	43
7	+1	−1	−1	+1	−1	−1	+1	118
8	+1	−1	−1	−1	+1	+1	−1	30
9	−1	+1	+1	+1	−1	−1	+1	43
10	−1	+1	+1	−1	+1	+1	−1	45
11	−1	+1	−1	+1	−1	+1	−1	71
12	−1	+1	−1	−1	+1	−1	+1	380
13	−1	−1	+1	+1	+1	−1	−1	37
14	−1	−1	+1	−1	−1	+1	+1	36
15	−1	−1	−1	+1	+1	+1	+1	212
16	−1	−1	−1	−1	−1	−1	−1	52

[例 14.1]　表 14.1 は，[12] で紹介されている，噴流式はんだづけ装置の不良品数のデータである．この実験は，以下に示す七つの因子の水準の組合せごとに，噴流式はんだづけ装置を稼働させたときに，製造される不良品の個数を記録したものである．

x_1：予備焼成条件 (prebake condition)
x_2：溶剤密度 (flux density)
x_3：コンベア速度 (conveyer speed)
x_4：予熱条件 (preheat condition)
x_5：冷却時間 (cooling time)
x_6：超音波はんだ攪拌 (ultrasonic solder agitator)
x_7：はんだ温度 (solder temperature)

これらの七つの因子は，いずれも 2 水準因子であり，例えば x_2 は（高密度 or 低密度），x_3 は（速 or 遅），という具合である．前章と同様，因子の水準は $\{-1, 1\}$ で表している．表 14.1 の計画行列は，定義関係式が

$$x_1x_2x_4x_5 = x_1x_3x_4x_6 = x_2x_3x_4x_7 = 1 \tag{14.1}$$

で表される，レギュラーな一部実施計画（2^{7-3}_{IV}-計画）である．$2^{7-3} = 16$ 個の実験点のそれぞれにおいて，不良品の個数が 1 回ずつ計測されている．なお，元論文の [12] では，実験点のそれぞれにおいて 3 回ずつの計測を行っているが，本章ではこれを，観測値の平均を整数値に丸めることで，繰り返しのない実験の結果として扱う（ポアソン分布では，観測値の和が母数の十分統計量であるから，これは不自然ではない．詳しくは，[7] を参照されたい）．

例 14.1 を一般化した状況について，条件つき検定を定式化しよう．第 12 章，第 13 章と同様，D を m 個の因子に対する実験回数が n の計画とする．第 12 章と第 13 章では，D を主に点集合として，つまり $\mathbb{Q}^m$ の n 点からなる部分集合として扱ったが，本章では，D の要素に順序をつけ，D を $n \times m$ の行列として扱う．この計画 D で得られる観測値のベクトルを，$\boldsymbol{y} = (y_1, \ldots, y_n)'$ と置く[1]．観測値 y_i, $i = 1, \ldots, n$ は非負整数値をとるとする．対応する確率変数ベクトルを $\boldsymbol{Y} = (Y_1, \ldots, Y_n)'$ と置くと，例 14.1 に対する自然なモデルは，Y_i が，それぞれ独立にポアソン分布 $\mathrm{Po}(\mu_i)$ に従う，というものである．$\mu_i = E(Y_i)$ は期待値母数であり，これを $\boldsymbol{\mu} = (\mu_1, \ldots, \mu_n)'$ と置く．この母数 $\boldsymbol{\mu}$ に対する対数線形モデルを，

$$\log \mu_i = \sum_{j=1}^{\nu} \theta_j a_{ji}, \quad i = 1, \ldots, n \tag{14.2}$$

と置く．これは，多項分布の母数に対する式(2.25)に対応するモデルである．2.4 節と同様に，式(14.2)の右辺の係数を並べて $\nu \times n$ 行列 $A = \{a_{ji}\}$ を定義する．2.4 節におけるセルの総数 η は，ここでは実験回数 n となっている．$\boldsymbol{\theta} = (\theta_1, \ldots, \theta_\nu)'$ と置けば，式(14.2)は

$$(\log \mu_1, \ldots, \log \mu_n)' = A'\boldsymbol{\theta}$$

1 第 2 章では観測値を表す変数は $\boldsymbol{x}$ であったが，第 III 部では $\boldsymbol{x}$ は因子の水準を表す変数（あるいは不定元）として使っているので，ここでは観測値は $\boldsymbol{y}$ とする．

と書ける．したがって，多項分布の場合の議論と同様に，このモデルのもとで同時確率関数は，

$$
\begin{aligned}
p(\boldsymbol{y};\boldsymbol{\theta}) &= \prod_{i=1}^{n} \frac{\mu_i^{y_i} e^{-\mu_i}}{y_i!} \\
&= \left(\prod_{i=1}^{n} \frac{1}{y_i!}\right) \exp\left(\sum_{i=1}^{n}(y_i \log \mu_i - \mu_i)\right) \\
&= \left(\prod_{i=1}^{n} \frac{1}{y_i!}\right) \exp\left(\boldsymbol{\theta}' A\boldsymbol{y} - \sum_{i=1}^{n} \mu_i\right)
\end{aligned}
$$

となる．これは指数型分布族(2.22)の形であるし，また，分解定理より，母数 $\boldsymbol{\theta}$ の十分統計量が $A\boldsymbol{y}$ であることもわかる．したがって，第2章と同様の議論により，対数線形モデル(14.2)の当てはまりを条件つき検定で検証することができる．いま，観測値ベクトルを $\boldsymbol{y}^o$ と置くと，十分統計量 $A\boldsymbol{y}^o$ を固定した条件つき分布は

$$
p(\boldsymbol{y} \mid A\boldsymbol{y} = A\boldsymbol{y}^o) = C(A\boldsymbol{y}^o) \prod_{i=1}^{n} \frac{1}{y_i!}
$$

となる．ただし，$C(A\boldsymbol{y}^o)$ は

$$
\begin{aligned}
C(A\boldsymbol{y}^o) &= \left[\sum_{\boldsymbol{y} \in \mathcal{F}(A\boldsymbol{y}^o)} \left(\prod_{i=1}^{n} \frac{1}{y_i!}\right)\right]^{-1}, \\
\mathcal{F}(A\boldsymbol{y}^o) &= \{\boldsymbol{y} \mid A\boldsymbol{y} = A\boldsymbol{y}^o,\ y_i \in \mathbb{N},\ i = 1, \ldots, n\}
\end{aligned}
$$

で定義される基準化定数で，$\mathcal{F}(A\boldsymbol{y}^o)$ はファイバーである．したがって，配置行列 A に対するマルコフ基底を求めれば，ファイバー $\mathcal{F}(A\boldsymbol{y}^o)$ 上に連結なマルコフ連鎖が構成できるから，適当な検定統計量に対する p-値がマルコフ連鎖モンテカルロ法で計算できる．例14.1のデータに対する具体的な計算例は，14.3節の最後に与える．残る問題は，対数線形モデル(14.2)，つまり配置行列 A をどのように定めるかである．以後，本章では，配置行列 A の転置 A' を，**共変量行列**と呼ぶ．

14.2　実験計画データに対する共変量行列

分割表データに対する対数線型モデル(14.2)の共変量行列 A' をどう定めるかという問題は，対数線型モデルや一般化線形モデルの標準的な教科書（例えば [10, 第 10 章] など）で扱われている．分割表データに対する対数線形モデルは，本書の第 I 部，第 II 部でも既に扱ったが，特に重要なのは，7.2 節の定義 7.6 で与えられる階層モデルであった．本章でも同様に，実験計画データに対する式(14.2)の対数線型モデルとして，階層モデルを考える．またその際，共変量行列が，第 12 章で定義した計画イデアルとどのように関係するかに注目する．

定義 7.6 の階層モデルが，実験計画データに対する対数線型モデルではどのように表されるか考えよう．まず，計画 D が m 個の因子の組合せ配置の場合は，$\boldsymbol{y}$ は m 元分割表に他ならない．m 因子の計画 D の各実験点 $\boldsymbol{x} \in D$ は，観測値 $\boldsymbol{y}$ を m 元分割表と見れば，そのセルに対応する．したがって，期待値母数 $(\mu_1, \dots, \mu_n)'$ は，第 I 部，第 II 部の記法に合わせれば，実験点をセルとして $\{\mu(\boldsymbol{x})\}$, $\boldsymbol{x} \in D$ と書き直すことができる．一方，D が一部実施計画の場合は，$\{1, \dots, m\}$ の部分集合の族 $\mathcal{D}$ を生成集合とする階層モデルは，

$$\mu(\boldsymbol{x}) = \begin{cases} \exp\left(\displaystyle\sum_{K \in \mathcal{K}(\mathcal{D})} \phi_K(\boldsymbol{x}_K)\right), & \boldsymbol{x} \in D \\ 0, & \boldsymbol{x} \notin D \end{cases} \tag{14.3}$$

となる．ただし，記法は 7.2 節のものを使っている．つまり，$\boldsymbol{x}_K = \{x_i\}_{i \in K}$ は，K に含まれる因子の水準を表すセル（周辺セル）であり，$\mathcal{K}(\mathcal{D})$ は $\mathcal{D}$ をファセットとする単体的複体である．つまり，m 因子の一部実施計画は，一般的に，構造的ゼロセルを含む m 元分割表と見ることができる．

構造的ゼロセルを含む多元分割表の扱いは，例えば [8, 第 5 章] などで詳しく説明されている．ここでは，対数線形モデルの行列表記に関する [10, 第 10 章] の説明に，構造的ゼロセルの扱いを論じた [8] の考え方を組み合わせた共変量行列 A' 定め方を，簡単な例を用いて説明しよう．

[例 14.2]　2×3 の 2 元分割表の独立モデル，つまり，$m = 2$, $\mathcal{D} = \{\{1\}, \{2\}\}$ で水準数が 2 と 3 の場合を考える．これは，2 因子の組合せ配置計画 $D = \{0,1\} \times \{0,1,2\}$ と見ることができる．この場合の，対数線形モデル

$$\log \mu(x_1, x_2) = \phi_\emptyset + \phi_{\{1\}}(x_1) + \phi_{\{2\}}(x_2)$$

を，[10, 第 10 章] では，

$$\begin{pmatrix} \log \mu(0,0) \\ \log \mu(0,1) \\ \log \mu(0,2) \\ \log \mu(1,0) \\ \log \mu(1,1) \\ \log \mu(1,2) \end{pmatrix} = \begin{pmatrix} 1 & 1 & 0 & 1 & 0 & 0 \\ 1 & 1 & 0 & 0 & 1 & 0 \\ 1 & 1 & 0 & 0 & 0 & 1 \\ 1 & 0 & 1 & 1 & 0 & 0 \\ 1 & 0 & 1 & 0 & 1 & 0 \\ 1 & 0 & 1 & 0 & 0 & 1 \end{pmatrix} \begin{pmatrix} \phi_\emptyset \\ \phi_{\{1\}}(0) \\ \phi_{\{1\}}(1) \\ \phi_{\{2\}}(0) \\ \phi_{\{2\}}(1) \\ \phi_{\{2\}}(2) \end{pmatrix}$$

と表している．この 6×6 行列が，共変量行列 A' である．

一部実施計画の場合は，上の A' から，構造的ゼロセルに対応する「行を削除」すればよい．例えば，4 点からなる一部実施計画，$D = \{(0,0), (0,2), (1,1), (1,2)\}$ であれば，この 4 行を抜き出した行列

$$A' = \begin{pmatrix} 1 & 1 & 0 & 1 & 0 & 0 \\ 1 & 1 & 0 & 0 & 0 & 1 \\ 1 & 0 & 1 & 0 & 1 & 0 \\ 1 & 0 & 1 & 0 & 0 & 1 \end{pmatrix}$$

が共変量行列となる．

上の例は，非常に簡単な例であり，一般の階層モデルの共変量行列の構成法を完全に説明したものではないが，ここではこれ以上深入りしないことにする．ただし，この構成法が，計画 D の水準数や，それがレギュラーな計画か否かによらないものであることは重要である．（また，次節では，特に重要な 2 水準のレギュラーな一部実施計画に関する場合を詳しく考察する．）前節で定式化した，観測値が非負整数の一部実施計画に対する条件つき検定も，考え

る計画の水準数や，それがレギュラー計画か否かによらない手法であるから，上の例と同様の手順に従って共変量行列を定義すれば，実験回数が n 回からなる m 因子の一般の計画 $D \subset \mathbb{Q}^m$ について，条件つき検定が実行できる．ただし，一般の一部実施計画を考える場合，それは，多元分割表に含まれる構造的ゼロセルのパターンを一般的な集合として考えることになるから，A' の形は複雑である．この点は，構造的ゼロセルを含む分割表に関する対数線形モデル(14.2)の母数の推定やモデルの次元についての議論も同様である（詳しくは [8, 第 5 章] を参照）．一方で，レギュラーな一部実施計画は，構造的ゼロセルが「規則正しく」並んだ多元分割表と見ることができ，その共変量行列 A' もわかりやすい解釈を与えることができる．次節では，2 水準のレギュラーな一部実施計画について，その共変量行列と計画行列の関係を考えよう．

14.3 レギュラーな 2 水準計画

本節では，例 14.1 と同様，因子の水準を $\{-1, +1\}$ と置く．したがって，計画行列は $D \in \{-1, 1\}^{n \times m}$ となる．2 水準計画の場合，式(14.3)において，$K \in \mathcal{K}(\mathcal{D})$ に対して母数 $\phi_K(\boldsymbol{x}_K)$ は $2^{|K|}$ 個あるが，母数の推定可能性を保証するために適当な制約条件を与えれば，母数 $\phi_K(\boldsymbol{x}_K)$ の次元はすべて 1 となる．（ただし，一部実施計画の場合は，母数の識別可能性も考慮しなければならない．この点は後述する．）もちろん，検定を実行する際，制約条件を具体的に考える必要はなく，例えば異なる制約のもとで（変換した母数に対して），仮説

$$\mathrm{H}_0: \ \phi_K(\boldsymbol{x}_K) = 0 \text{ for all } \boldsymbol{x}_K$$

が同値なものとなることはよく知られている（例えば [41] などを参照）．ここでは，共変量行列 A' と計画行列 D の関係を見るために，あえて具体的な制約条件を考える．いま，因子の水準を $\boldsymbol{x} = \{x_1, \ldots, x_m\}$ とし，

$$\sum_{x_j} \phi_K(\boldsymbol{x}_K) = 0 \quad \text{for } j \in K \tag{14.4}$$

と表される制約条件を考えよう．この式は，因子がすべて 2 水準である場合

には,

$$\sum_{x_1}\phi_{\{1\}}(x_1)=\phi_{\{1\}}(1)+\phi_{\{1\}}(-1)=0,$$
$$\sum_{x_1}\phi_{\{1,2\}}(x_1,x_2)=\phi_{\{1,2\}}(1,x_2)+\phi_{\{1,2\}}(-1,x_2)=0,$$
$$\sum_{x_2}\phi_{\{1,2\}}(x_1,x_2)=\phi_{\{1,2\}}(x_1,1)+\phi_{\{1,2\}}(x_1,-1)=0$$

などから

$$\phi_{\{1\}}(1)=-\phi_{\{1\}}(-1),$$
$$\phi_{\{1,2\}}(1,1)=-\phi_{\{1,2\}}(1,-1)=-\phi_{\{1,2\}}(-1,1)=\phi_{\{1,2\}}(-1,-1)$$

などと書き直すことができ，確かに母数 $\phi_K(\boldsymbol{x}_K)$ の次元は 1 次元となる．この母数を θ_K と書き直し，定義関係から定まる同値類でまとめたものを適当に順番をつけて $\theta_1,\ldots,\theta_\nu$ と書き直し，それを式(14.2)に対応させる．このときの係数行列 A' の各列は，その列に対応する母数を θ_K としたとき，因子 $\{x_i\}_{i\in K}$ の水準の積を並べたものとなる．以上を具体的な例で確認してみよう．

[例 14.3]　3 個の 2 水準因子に対する，定義関係式

$$x_1x_2x_3=1$$

から定まる一部実施計画（2^{3-1}_{III} 計画）について，飽和モデルを考える．計画行列は

$$D=\begin{pmatrix}1&1&1\\1&-1&-1\\-1&1&-1\\-1&-1&1\end{pmatrix}$$

である．前節の方法により，飽和モデルは

$$\begin{pmatrix} \log\mu(1,1,1) \\ \log\mu(1,-1,-1) \\ \log\mu(-1,1,-1) \\ \log\mu(-1,-1,1) \end{pmatrix} = \begin{pmatrix} 1 & 101010 & 100010001000 & 1000 \\ 1 & 100101 & 010001000001 & 0100 \\ 1 & 011001 & 001000010100 & 0010 \\ 1 & 010110 & 000100100010 & 0001 \end{pmatrix} \boldsymbol{\phi}$$

$$\begin{aligned} \boldsymbol{\phi} = \big(\ & \phi_\emptyset,\ \phi_{\{1\}}(1),\ \phi_{\{1\}}(-1),\ \ldots,\ \phi_{\{3\}}(1),\ \phi_{\{3\}}(-1), \\ & \phi_{\{1,2\}}(1,1),\ \phi_{\{1,2\}}(1,-1),\ \ldots,\ \phi_{\{2,3\}}(-1,1),\ \phi_{\{2,3\}}(-1,-1), \\ & \phi_{\{1,2,3\}}(1,1,1),\ \phi_{\{1,2,3\}}(1,-1,-1), \\ & \phi_{\{1,2,3\}}(-1,1,-1),\ \phi_{\{1,2,3\}}(-1,-1,1)\ \big)' \end{aligned}$$

となる．ここで，3 因子交互作用の項 $\phi_{\{1,2,3\}}(x_1,x_2,x_3)$ は半分の 4 個しかないが，これは，残りの 4 個は，対応する A' の列がすべてゼロとなるために取り除いたためである．この母数 $\boldsymbol{\phi}$ を，式(14.4)の制約条件のもとで書き換えよう．主効果と 2 因子交互作用の母数については，上で述べたように

$$\begin{aligned} \phi_{\{1\}} &= \phi_{\{1\}}(1) = -\phi_{\{1\}}(-1), \\ \phi_{\{1,2\}} &= \phi_{\{1,2\}}(1,1) = -\phi_{\{1,2\}}(1,-1) = -\phi_{\{1,2\}}(-1,1) = \phi_{\{1,2\}}(-1,-1) \end{aligned}$$

などとなる．3 因子交互作用の母数は，例えば

$$\phi_{\{1,2,3\}}(1,1,1) + \phi_{\{1,2,3\}}(1,1,-1) = 0$$

という制約は $\phi_{\{1,2,3\}}(1,1,-1)$ が存在しないため意味を持たず，結局，

$$\phi_{\{1,2,3\}} = \phi_{\{1,2,3\}}(1,1,1) = \cdots = \phi_{\{1,2,3\}}(-1,-1,1)$$

となる．以上をまとめると，

$$\begin{pmatrix} \log\mu(1,1,1) \\ \log\mu(1,-1,-1) \\ \log\mu(-1,1,-1) \\ \log\mu(-1,-1,1) \end{pmatrix} = \begin{pmatrix} 1 & 1 & 1 & 1 & 1 & 1 & 1 & 1 \\ 1 & 1 & -1 & -1 & -1 & -1 & 1 & 1 \\ 1 & -1 & 1 & -1 & -1 & 1 & -1 & 1 \\ 1 & -1 & -1 & 1 & 1 & -1 & -1 & 1 \end{pmatrix} \boldsymbol{\phi}$$

$$\boldsymbol{\phi} = (\phi_\emptyset,\ \phi_{\{1\}},\ \phi_{\{2\}},\ \phi_{\{3\}},\ \phi_{\{1,2\}},\ \phi_{\{1,3\}}, \phi_{\{2,3\}},\ \phi_{\{1,2,3\}})'$$

となる．この共変量行列には，同じ列があり，それらの母数は識別できない．ここで，識別可能な母数を新たに

$$\begin{cases} \theta_0 = \phi_\emptyset + \phi_{\{1,2,3\}} \\ \theta_1 = \phi_{\{1\}} + \phi_{\{2,3\}} \\ \theta_2 = \phi_{\{2\}} + \phi_{\{1,3\}} \\ \theta_3 = \phi_{\{1\}} + \phi_{\{2,3\}} \end{cases} \tag{14.5}$$

と置き直すことで，共変量行列

$$A' = \begin{pmatrix} 1 & 1 & 1 & 1 \\ 1 & 1 & -1 & -1 \\ 1 & -1 & 1 & -1 \\ 1 & -1 & -1 & 1 \end{pmatrix}$$

が得られる．

最終的に得られた，飽和モデルの共変量行列が，定義 12.6 で与えたモデル行列に一致することにも注意しよう．第 12 章の議論は多項式モデルを前提としたものであったが，本節の，水準を $\{-1,1\}$ と置いた 2 水準計画についての議論では，水準の積として交互作用の項が定義されるから，母数の識別性に関する議論は同様になる．また，上の例において，最終的に得られた対数線形モデル

$$\mu(x_1,x_2,x_3) = \begin{cases} \exp(\theta_0 + \theta_1 x_1 + \theta_2 x_2 + \theta_3 x_3), & \boldsymbol{x} \in D \\ 0, & \boldsymbol{x} \notin D \end{cases}$$

の右辺の母数は，例えば θ_1 は通常「因子 1 の主効果」と呼ばれるが，これは，式(14.5)で表される交絡関係を反映させた母数であることに注意しよう．より正確には，θ_1 は，「因子 1 の主効果に代表される同値類の効果」を意味する．

次に，例 14.1 のデータに対する実際のモデリングを考えよう．

[例 14.4]　例 14.1 の噴流式はんだづけ装置の実験計画を考える．計画行列

$D = \{d_{ij}\}$ は，表 14.1 の水準を並べた 16×7 行列である．七つの因子の主効果からなるモデルは，式(14.3)で $\mathcal{D} = \{\{1\}, \{2\}, \{3\}, \{4\}, \{5\}, \{6\}, \{7\}\}$ の場合であり，式(14.4)の形の制約のもとで母数を書き直せば，共変量行列は

$$A' = \begin{pmatrix} 1 & \\ \vdots & D \\ 1 & \end{pmatrix} \tag{14.6}$$

となる．また，七つの因子の主効果に加え，因子 1 と因子 2 の 2 因子交互作用を加えたモデルの生成集合は $\{\{1,2\}, \{3\}, \{4\}, \{5\}, \{6\}, \{7\}\}$ であり，対応する共変量行列は，

$$A' = \begin{pmatrix} 1 & & d_{11}d_{12} \\ \vdots & D & \vdots \\ 1 & & d_{n1}d_{n2} \end{pmatrix}$$

となる．同様に，七つの因子の主効果，因子 1 と因子 2 の 2 因子交互作用，因子 3 と因子 4 の 2 因子交互作用からなるモデルの生成集合は $\{\{1,2\}, \{3,4\}, \{5\}, \{6\}, \{7\}\}$ であり，対応する共変量行列は，

$$A' = \begin{pmatrix} 1 & & d_{11}d_{12} & d_{13}d_{14} \\ \vdots & D & \vdots & \vdots \\ 1 & & d_{n1}d_{n2} & d_{n3}d_{n4} \end{pmatrix}$$

となる．

上の例からわかるように，2 水準実験で因子の水準が $\{-1, 1\}$ の場合の共変量行列 A' は，モデルに含まれる交互作用の項に対応する列を，計画行列の対応する列の（成分ごとの）積として追加することで得られる．これは，きわめて機械的な手続きであるので，便利である．なお，一部実施計画がレギュラーでなくても，同様の手続きで機械的に共変量行列が構成できる．

ここで，例 14.3 に見たのと同様の交絡関係から，一部実施計画の場合，式(14.2)のモデルとしてすべての階層モデルを考えることはできない点が重要

である．第12章の母数の識別性の議論との関係に注意して，この点を考えよう．

[例 14.5]　例14.4に続いて，七つの因子の主効果と，因子1と因子2，因子4と因子5の二つの2因子交互作用を含むモデル，$\mathcal{D} = \{\{1,2\},\{3\},\{4,5\},\{6\},\{7\}\}$ の共変量行列を考える．これは，

$$A' = \begin{pmatrix} 1 & & d_{11}d_{12} & d_{14}d_{15} \\ \vdots & D & \vdots & \vdots \\ 1 & & d_{n1}d_{n2} & d_{n4}d_{n5} \end{pmatrix}$$

となるが，二つの2因子交互作用に対応する最後の2列は，全く同じ列となる．このことは，D が定義関係式

$$x_1x_2x_4x_5 = x_1x_3x_4x_6 = x_2x_3x_4x_7 = 1 \tag{14.1}$$

から定められるレギュラーな一部実施計画であることから明らかである．このモデルの母数 $\theta_{\{1,2\}}$ と $\theta_{\{4,5\}}$ は同時に推定できない，つまりこのモデルは識別可能でない．言葉を替えれば，因子1と2の2因子交互作用と，因子4と5の2因子交互作用は，交絡関係にある．

上の例で述べた交絡関係を，さらに詳しく見てみよう．定義関係式から同様に，別の2因子交互作用の間にも交絡関係があることがわかり，また，主効果は3因子交互作用と交絡していることがわかる（これが分解能IVの計画の特徴づけであった）．この計画における識別可能なモデルの母数の数は，最大（飽和モデルの場合）で実験回数と同じ16個であるが，この飽和モデルは，すべての平方自由な単項式の，定義関係式(14.1)から得られる同値類による分類

$$\{1,\ x_1x_2x_4x_5,\ x_1x_2x_6x_7,\ x_1x_3x_4x_6,\ x_1x_3x_5x_7,\ x_2x_3x_4x_7,\ x_2x_3x_5x_6,\ x_4x_5x_6x_7\},$$
$$\{x_1,\ x_2x_4x_5,\ x_2x_6x_7,\ x_3x_4x_6,\ x_3x_5x_7,\ x_1x_2x_3x_4x_7,\ x_1x_2x_3x_5x_6,\ x_1x_4x_5x_6x_7\},$$
$$\{x_2,\ x_1x_4x_5,\ x_1x_6x_7,\ x_1x_2x_3x_4x_6,\ x_1x_2x_3x_5x_7,\ x_3x_4x_7,\ x_3x_5x_6,\ x_2x_4x_5x_6x_7\},$$
$$\{x_3,\ x_1x_2x_3x_4x_5,\ x_1x_2x_3x_6x_7,\ x_1x_4x_6,\ x_1x_5x_7,\ x_2x_4x_7,\ x_2x_5x_6,\ x_3x_4x_5x_6x_7\},$$
$$\{x_4,\ x_1x_2x_5,\ x_1x_2x_4x_6x_7,\ x_1x_3x_6,\ x_1x_3x_4x_5x_7,\ x_2x_3x_7,\ x_2x_3x_4x_5x_6,\ x_5x_6x_7\},$$
$$\{x_5,\ x_1x_2x_4,\ x_1x_2x_5x_6x_7,\ x_1x_3x_4x_5x_6,\ x_1x_3x_7,\ x_2x_3x_4x_5x_7,\ x_2x_3x_6,\ x_4x_6x_7\},$$
$$\{x_6,\ x_1x_2x_4x_5x_6,\ x_1x_2x_7,\ x_1x_3x_4,\ x_1x_3x_5x_6x_7,\ x_2x_3x_4x_6x_7,\ x_2x_3x_5,\ x_4x_5x_7\},$$
$$\{x_7,\ x_1x_2x_4x_5x_7,\ x_1x_2x_6,\ x_1x_3x_4x_6x_7,\ x_1x_3x_5,\ x_2x_3x_4,\ x_2x_3x_5x_6x_7,\ x_4x_5x_6\},$$
$$\{x_1x_2,\ x_4x_5,\ x_6x_7,\ x_2x_3x_4x_6,\ x_2x_3x_5x_7,\ x_1x_3x_4x_7,\ x_1x_3x_5x_6,\ x_1x_2x_4x_5x_6x_7\},$$
$$\{x_1x_3,\ x_2x_3x_4x_5,\ x_2x_3x_6x_7,\ x_4x_6,\ x_5x_7,\ x_1x_2x_4x_7,\ x_1x_2x_5x_6,\ x_1x_3x_4x_5x_6x_7\},$$
$$\{x_1x_4,\ x_2x_5,\ x_2x_4x_6x_7,\ x_3x_6,\ x_3x_4x_5x_7,\ x_1x_2x_3x_7,\ x_1x_2x_3x_4x_5x_6,\ x_1x_5x_6x_7\},$$
$$\{x_1x_5,\ x_2x_4,\ x_2x_5x_6x_7,\ x_3x_4x_5x_6,\ x_3x_7,\ x_1x_2x_3x_4x_5x_7,\ x_1x_2x_3x_6,\ x_1x_4x_6x_7\},$$
$$\{x_1x_6,\ x_2x_4x_5x_6,\ x_2x_7,\ x_3x_4,\ x_3x_5x_6x_7,\ x_1x_2x_3x_4x_6x_7,\ x_1x_2x_3x_5,\ x_1x_4x_5x_7\},$$
$$\{x_1x_7,\ x_2x_4x_5x_7,\ x_2x_6,\ x_3x_4x_6x_7,\ x_3x_5,\ x_1x_2x_3x_4,\ x_1x_2x_3x_5x_6x_7,\ x_1x_4x_5x_6\},$$
$$\{x_2x_3,\ x_1x_3x_4x_5,\ x_1x_3x_6x_7,\ x_1x_2x_4x_6,\ x_1x_2x_5x_7,\ x_4x_7,\ x_5x_6,\ x_2x_3x_4x_5x_6x_7\},$$
$$\{x_1x_2x_3,\ x_3x_4x_5,\ x_3x_6x_7,\ x_2x_4x_6,\ x_2x_5x_7,\ x_1x_4x_7,\ x_1x_5x_6,\ x_1x_2x_3x_4x_5x_6x_7\}$$

から定めることができる．つまり，上の 16 個の同値類から，高々一つの項を選べば，すべての母数が推定可能なモデルが得られる．

以上の母数の推定可能性の議論は，第 12 章で，計画 D の計画イデアル $I(D)$ の性質として説明されていた．例えば，因子 1 と 2 の 2 因子交互作用と，因子 4 と 5 の 2 因子交互作用の交絡関係は，x_i を不定元として扱えば

$$x_1x_2 - x_4x_5 \in I(D)$$

と表現することができる．また，計画イデアル $I(D)$ の標準単項式から，推定可能な飽和モデルが得られる．例えば，$x_1 \succ \cdots \succ x_7$ なる逆辞書式順序のもとでの $I(D)$ のグレブナー基底

$$\begin{aligned}\{\ &\underline{x_1^2} - 1,\ \ldots,\ \underline{x_7^2} - 1,\\ &\underline{x_1x_2} - x_6x_7,\ \underline{x_1x_3} - x_5x_7,\ \underline{x_1x_4} - x_3x_6,\ \underline{x_1x_5} - x_3x_7,\\ &\underline{x_1x_6} - x_2x_7,\ \underline{x_2x_3} - x_4x_7,\ \underline{x_2x_4} - x_3x_7,\ \underline{x_2x_5} - x_3x_6,\\ &\underline{x_2x_6} - x_1x_7,\ \underline{x_3x_4} - x_2x_7,\ \underline{x_3x_5} - x_1x_7,\ \underline{x_4x_5} - x_6x_7,\\ &\underline{x_4x_6} - x_5x_7,\ \underline{x_5x_6} - x_4x_7,\ \}\end{aligned}$$

から得られる標準単項式の集合は

$$\begin{aligned}\mathrm{Est}_{\mathrm{rev}}(D) = \{\ &1,\ x_1,\ x_2,\ x_3,\ x_4,\ x_5,\ x_6,\ x_7,\\ &x_1x_7,\ x_2x_7,\ x_3x_6,\ x_3x_7,\ x_4x_7,\ x_5x_7,\ x_6x_7,\ x_3x_6x_7\ \}\end{aligned}$$

であるから，これから推定可能な飽和モデルが得られる．また，純辞書式順序のもとでの $I(D)$ のグレブナー基底

$$\begin{aligned}\{\ &\underline{x_3^2} - 1,\ \underline{x_5^2} - 1,\ \underline{x_6^2} - 1,\ \underline{x_7^2} - 1,\\ &\underline{x_1} - x_3x_5x_7,\ \underline{x_2} - x_3x_5x_6,\ \underline{x_4} - x_5x_6x_7\ \}\end{aligned}$$

から得られる標準単項式の集合は

$$\begin{aligned}\mathrm{Est}_{\mathrm{rev}}(D) = \{\ &1,\ x_3,\ x_5,\ x_6,\ x_7,\\ &x_3x_5,\ x_3x_6,\ x_3x_7,\ x_5x_6,\ x_5x_7,\ x_6x_7,\\ &x_3x_5x_6,\ x_3x_5x_7,\ x_3x_6x_7,\ x_5x_6x_7,\ x_3x_5x_6x_7\ \}\end{aligned}$$

であるから，これからも別の推定可能な飽和モデルが得られる．後者のモデルは，因子の主効果のうちいくつかを含まないが，これも確かに，飽和モデルの一つである．また，いずれの場合も，対応する共変量行列は，定義 12.6 で与えたモデル行列に他ならない[2]．これらの飽和モデルのサブモデルであるような階層モデルは，本章の手法で扱えるモデルとなる．

以上の議論は，2 水準計画であれば，計画がレギュラーでなくても同様に成り立つ．つまり，共変量行列 A' を，計画行列 $D \in \{-1, 1\}^{n\times m}$ の各列と，そ

[2] さらに，上の例では A' は，次数 16 のアダマール行列となる．

表 14.2　噴流式はんだづけ装置の不良品数データとモデル $\mathcal{D}_0$ のもとでの当てはめ値

run	1	2	3	4	5	6	7	8
観測値	69	31	55	149	46	43	118	30
当てはめ値	64.53	47.25	53.15	151.08	30.43	46.79	115.24	32.53

run	9	10	11	12	13	14	15	16
観測値	43	45	71	380	37	36	212	52
当てはめ値	49.42	46.13	70.90	360.54	35.19	30.26	232.14	51.42

れらの成分ごとの積を並べることで，対比を母数とする対数線形モデル(14.2)が得られる．そのモデルの当てはまりは，第 I 部と同様に，マルコフ連鎖モンテカルロ法で検証することができる．その際，共変量行列の転置 A は，第 I 部の議論における配置行列となり，この A に対するマルコフ基底が必要となる．

[例 14.6]　表 14.1 のデータについて，[25] では，$\mathcal{D}_0 = \{\{1,3\},\{2,4\},\{5\},\{6\},\{7\}\}$ で表されるモデルの当てはまりを検証している．このモデルの当てはまりを，マルコフ連鎖モンテカルロ法で検証してみよう．共変量行列は，

$$A' = \begin{pmatrix} 1 & & d_{11}d_{13} & d_{12}d_{14} \\ \vdots & D & \vdots & \vdots \\ 1 & & d_{n1}d_{n3} & d_{n2}d_{n4} \end{pmatrix} \tag{14.7}$$

で表される 16×10 行列である．このモデルのもとでの当てはめ値を，観測値とともに，表 14.2 に示す．ここでは検定統計量として，尤度比検定統計量を用いることにする．表 14.2 の値について尤度比を計算すれば，19.09271 となる．この値は，尤度比検定統計量の漸近分布である自由度 6 のカイ二乗分布の上側 5% 点 (18.5476) よりも大きいから，漸近論による評価では，帰無仮説は有意水準 5% で棄却される．一方，式(14.7)の A を配置行列とするマルコフ基底を，4ti2 [1] により求めると，23 個の元からなる極小マルコフ基底が得られる．これを用いてマルコフ連鎖モンテカルロ法により p-値を推定すると，およそ 0.0041 となった．ただし，burn-in step として，始めの 50000 個のサ

ンプルを破棄し，その後の1000000個のサンプルからp-値を推定した．

上の例では，漸近分布論とマルコフ連鎖モンテカルロ法の両者で，得られた検定の結論には違いがなかった．しかし一般に，マルコフ連鎖モンテカルロ法は，サンプル数を増やすことで理論上は任意の精度でp値を推定できる．第2章で述べられているように，観測値によっては漸近分布論の当てはまりは必ずしも良いとは限らないから，この点は，マルコフ連鎖モンテカルロ法の大きなメリットといえるだろう．逆に，burn-in stepのサンプル数などをどの程度にとるか，という点は，応用上重要であり，慎重に議論すべき問題である．

以上は，2水準実験の共変量行列に関する議論であったが，3水準以上でも，やはり同様に，計画行列Dから共変量行列A'を，（ある程度）機械的に構成することができる．この点については，[3, 第11章]を参照してほしい．

14.4　レギュラーな一部実施計画と多元分割表との関係

前節では，m因子の一部実施計画で得られる頻度データが，構造的ゼロセルを含むm元分割表として見ることができることを説明した．一方で，対数線形モデルの共変量行列（あるいはそれを転置した，配置行列）に注目すると，レギュラーな一部実施計画に関して別の見方も可能である．このことは特に，前節の例14.6で見たような，配置行列に対するマルコフ基底の導出の際に重要となる．なぜなら，マルコフ基底に関する研究成果の多くは分割表の文脈で得られているため，実験計画法の問題で必要となるマルコフ基底が，対応する分割表のマルコフ基底として既知である，という可能性があるからである．本節ではこの点を，2水準のレギュラー計画に関して簡単に述べる．

[例14.7]　例として，定義関係式が

$$x_1x_2x_4 = x_1x_3x_5 \ (= x_2x_3x_4x_5) = 1$$

で与えられる2_{III}^{5-2}計画を考える．この計画の計画行列は

$$D = \begin{pmatrix} 1 & 1 & 1 & 1 & 1 \\ 1 & 1 & -1 & 1 & -1 \\ 1 & -1 & 1 & -1 & 1 \\ 1 & -1 & -1 & -1 & -1 \\ -1 & 1 & 1 & -1 & -1 \\ -1 & 1 & -1 & -1 & 1 \\ -1 & -1 & 1 & 1 & -1 \\ -1 & -1 & -1 & 1 & 1 \end{pmatrix}$$

である．この一部実施計画の 8 回の観測で非負整数の観測値 $\boldsymbol{y}$ が得られているとすると，前節で述べたように，$\boldsymbol{y}$ は構造的ゼロセルを含む $2\times2\times2\times2\times2$ の 5 元分割表の頻度ベクトルと見るのが自然であるが，ここではこれを，$2 \times 2 \times 2$ の 3 元分割表の頻度ベクトル

$$\boldsymbol{y} = (y_{111}, y_{112}, y_{121}, y_{122}, y_{211}, y_{212}, y_{221}, y_{222})' \qquad (14.8)$$

と見てみよう．この観測値に対して対数線形モデルを仮定する．最も基本的なモデルは，五つの因子の主効果からなるモデル，$\{\{1\},\{2\},\{3\},\{4\},\{5\}\}$ である．この主効果モデルの共変量行列 A' は，例 14.2 で述べた方法で構成してもよいし，あるいは前節の方法に従って，例 14.4 の式(14.6)としてもよい．いずれの場合も，この主効果モデルのもとでの十分統計量 $A\boldsymbol{y}$ を式(14.8)の $2 \times 2 \times 2$ 分割表の表記で表せば，簡単な式変形により，$\{\{y_{ij+}\},\{y_{i+k}\}\}$ となることがわかる．これは，3 元分割表における条件つき独立モデル $\{\{1,2\},\{1,3\}\}$ の十分統計量に他ならない．

次に，交互作用を含むモデルを考えよう．前節に述べた議論により，主効果と交絡しない 2 因子交互作用は，x_2x_3 と x_4x_5，および，x_2x_5 と x_3x_4 が，それぞれ交絡している．したがって，2 因子交互作用の母数を一つ含むモデルは，$\{\{1\},\{2,3\},\{4\},\{5\}\}$（これは $\{\{1\},\{2\},\{3\},\{4,5\}\}$ と等しい）と $\{\{1\},\{2,5\},\{3\},\{4\}\}$（これは $\{\{1\},\{2\},\{3,4\},\{5\}\}$ と等しい）の 2 種類が考えられる．また，2 因子交互作用の母数を二つ含むモデル（例えば $\{\{1\},\{2,3\},\{2,5\},\{4\}\}$）は飽和モデルである．2 因子交互作用の母数を一つ含むモデル

のうち，$\{\{1\},\{2,3\},\{4\},\{5\}\}$ のもとでの十分統計量を $2{\times}2{\times}2$ 分割表の表記で表せば，$\{\{y_{ij+}\},\{y_{i+k}\},\{y_{+jk}\}\}$ となる．これは，3 元分割表における無 3 因子交互作用モデル $\{\{1,2\},\{1,3\},\{2,3\}\}$ の十分統計量に他ならない．一方，$\{\{1\},\{2,5\},\{3\},\{4\}\}$ のもとでの十分統計量を $2\times2\times2$ 分割表の表記で表せば，

$$\{\{y_{ij+}\},\ \{y_{i+k}\},\ y_{111}+y_{122}+y_{212}+y_{221},\ y_{112}+y_{121}+y_{211}+y_{222}\}$$

となる．これは，3 元分割表におけるいずれの階層モデルの十分統計量にも対応しない．

この例を一般化して，レギュラーな一部実施計画（2^{m-k} 計画）を，構造的ゼロセルを含む m 元分割表として見る代わりに，水準数がすべて 2 の $m-k$ 元分割表として見たとき，m 変数のモデルが対応する $m-k$ 変数のモデルはどのようになるかを考える．上の例は，対応する $m-k$ 変数のモデルが階層モデルとなるための条件が，定義関係から機械的に判定できることを示唆しているが，実際，これは一般的に成立する．この性質は，以下のようにまとめられる．

[命題 14.8]　m 個の 2 水準因子の組合せ配置の観測値ベクトルを $\boldsymbol{y}=\{y_{i_1\cdots i_m}\}$ と書く．$s\le m$ について，$\boldsymbol{y}$ の s 元周辺表，つまり $\{i_1,\ldots,i_s\}$-周辺表が $A\boldsymbol{y}$ から一意的に定まるための必要十分条件は，A に対応するモデルが，すべての $\{j_1,\ldots,j_t\}\subset\{i_1,\ldots,i_s\}$，$t\le s$ について，t 因子交互作用 $Y_{j_1}\times\cdots\times Y_{j_t}$ を含むことである．

証明は，[3, 第 11 章] を参照されたい．[3] では，3 水準計画についても同様な性質が成り立つことが示されている．

命題 14.8 から，レギュラーな 2 水準計画（2^{m-k} 計画）については，その定義関係とモデルから対応する 2^{m-k} 分割表のモデルの有無が判定できる．特に，分割表に関するマルコフ基底においては，「分解可能モデルの極小マルコフ基底が平方自由な 2 次の移動のみで構成できる」という性質（定理 5.3）が重要であった．したがって，本章の議論においても，マルコフ基底が分割表

の独立モデルに対応するような計画とモデル（つまり共変量行列 A'）に興味がある．[3, 第 11 章] では，実験回数が $8, 16$ の代表的な一部実施計画とそのモデルを，この観点から考察している．ここでは，いくつかの結果を紹介しよう．

- 定義関係が $x_1x_2x_3x_4 = 1$ で表される 2_{IV}^{4-1} 計画は，どのような階層モデルも，$2 \times 2 \times 2$ 分割表の階層モデルに一致しない．
- 定義関係が $x_1x_2x_4 = x_1x_3x_5 = 1$ で表される 2_{III}^{5-2} 計画では，主効果モデル $\{\{1\},\{2\},\{3\},\{4\},\{5\}\}$ は $2 \times 2 \times 2$ 分割表のモデル $\{\{1,2\},\{1,3\}\}$ と同値であり，モデル $\{\{1\},\{2,3\},\{4\},\{5\}\}$ は $2 \times 2 \times 2$ 分割表のモデル $\{\{1,2\},$ $\{1,3\},\{2,3\}\}$ と同値である（例 14.7）．
- 定義関係が $x_1x_2x_4 = x_1x_3x_5 = x_2x_3x_6 = 1$ で表される 2_{III}^{6-3} 計画では，主効果モデルが，$2 \times 2 \times 2$ 分割表のモデル $\{\{1,2\},\{1,3\},\{2,3\}\}$ と同値である．
- 定義関係が $x_1x_2x_3x_4x_5 = 1$ で表される 2_{V}^{5-1} 計画は，どのような階層モデルも，$2 \times 2 \times 2 \times 2$ 分割表の階層モデルに一致しない．
- 定義関係が $x_1x_2x_3x_5 = x_1x_2x_4x_6 = 1$ で表される 2_{IV}^{6-2} 計画では，母数の次元が 12 のモデルでは，

  $$\{\{1,2\},\{1,3\},\{1,4\},\{2,3\},\{2,4\},\{5\},\{6\}\} \tag{14.9}$$

  などの 48 個のモデルが，$2 \times 2 \times 2 \times 2$ 分割表のモデル $\{\{1,2,3\},\{1,2,4\}\}$ と同値である．また，母数の次元が 13 のモデルでは，

  $$\{\{1,2\},\{1,3\},\{1,4\},\{2,3\},\{2,4\},\{3,4\},\{5\},\{6\}\}$$

  などの 96 個のモデルが，$2 \times 2 \times 2 \times 2$ 分割表のモデル $\{\{1,2,3\},\{1,2,4\},$ $\{3,4\}\}$ と同値である．
- 定義関係が $x_1x_2x_3x_5 = x_1x_2x_4x_6 = x_1x_3x_4x_7 = 1$ で表される 2_{IV}^{7-3} 計画では，母数の次元が 12 のモデルは

  $$\{\{1,2\},\{1,3\},\{1,4\},\{2,3\},\{2,4\},\{3,4\},\{5\},\{6\},\{7\}\}$$

  など 729 個のモデルが，$2 \times 2 \times 2 \times 2$ 分割表のモデル $\{\{1,2,3\},\{1,2,4\},\{1,$

$3, 4\}\}$ と同値である．

上のリストの中では，例 14.7 で扱ったものの他には，式(14.9)のモデルが，分割表の分解可能モデルに対応している．したがって，このモデルのマルコフ基底が平方自由な 2 次の移動のみで構成できることがわかる．それ以外の計画とモデルについては，対応する分割表のモデルは階層モデルにならない．特に，定義関係が

$$x_1 x_2 \cdots x_m = 1 \tag{14.10}$$

で表される，分解能が m の $\frac{1}{2}$ 実施計画は，どんな $m \geq 3$ に対しても，分割表の階層モデルには対応しない．定義関係式が式(14.10)で与えられるレギュラーな一部実施計画は，与えられた因子の数 m と実験数 2^{m-1} について，分解能が最大であり，最も基本的な一部実施計画である．[2] では，この計画の主効果モデルのマルコフ基底が，やはり平方自由な 2 次の移動のみで構成できることを示している．

14.5　観測値が独立な二項分布に従う場合

最後に，観測値が独立な二項分布に従う場合について，簡単に説明する．D を $n \times m$ の計画行列とし，この計画 D で得られる観測値のベクトル $\boldsymbol{y} = (y_1, \ldots, y_n)'$ に対応する確率変数を $\boldsymbol{Y} = (Y_1, \ldots, Y_n)'$ とする．ここで，Y_i が，それぞれ独立に二項分布 $\mathrm{Bin}(\mu_i, m_i)$ に従う，という状況を考える．ここで $\mu_i = E(Y_i)/m_i$ である．この μ_i に対する自然なモデルは，式(14.2)の代わりに，

$$\mathrm{logit}(\mu_i) = \log \frac{\mu_i}{1 - \mu_i} = \sum_{j=1}^{\nu} \theta_j a_{ji},\ i = 1, \ldots, n$$

となる．この場合，同時確率関数は

$$p(\boldsymbol{y};\boldsymbol{\theta}) = \prod_{i=1}^{n} \begin{pmatrix} m_i \\ y_i \end{pmatrix} \mu_i^{y_i}(1-\mu_i)^{m_i-y_i}$$
$$= \prod_{i=1}^{n} \begin{pmatrix} m_i \\ y_i \end{pmatrix} (1-\mu_i)^{m_i} \exp\left(\boldsymbol{\theta}' A\boldsymbol{y}\right)$$

となるから，母数 $\boldsymbol{\theta}$ の十分統計量は，$\{A\boldsymbol{y}, m_1, \ldots, m_n\}$ となる．観測値 $\boldsymbol{y}^o$ に対して十分統計量を固定した条件つき分布は，

$$p(\boldsymbol{y} \mid A\boldsymbol{y}^o, m_1, \ldots, m_n) = \text{Const} \times \prod_{i=1}^{n} \frac{1}{y_i!(m_i-y_i)!},$$
$$\text{Const} = \left[\sum_{\boldsymbol{y}\in\mathcal{F}} \left(\prod_{i=1}^{n} \frac{1}{y_i!(m_i-y_i)!} \right) \right]^{-1},$$
$$\mathcal{F} = \{\boldsymbol{y} \mid A\boldsymbol{y} = A\boldsymbol{y}^o,\ y_i \in \{0, 1, \ldots, m_i\},\ i = 1, \ldots, n\}$$

となる．ここで，観測値ベクトル $\boldsymbol{y}$ を，

$$\widetilde{\boldsymbol{y}} = (y_1, \ldots, y_m, m_1 - y_1, \ldots, m_n - y_n)'$$

と拡張し，それに対応させて配置 A も

$$\widetilde{A} = \begin{pmatrix} A & O \\ E_n & E_n \end{pmatrix}$$

と拡張する．これは，A の**ローレンス持ち上げ**（3.3 節）に他ならない．つまり，独立なポアソン分布に関する議論における $\boldsymbol{y}$ と A を $\widetilde{\boldsymbol{y}}$ と $\widetilde{A}$ に置き換えることで，条件つき検定がほとんど同様に定式化できる．

独立な二項分布の場合も，前節までと同様な議論ができる．例えば，14.4 節と同様の考え方で，2^{m-k} 計画で得られた実験計画データを，水準数がすべて 2 の $m-k+1$ 元分割表と見ることができ，対応する分割表のモデルを考えることができる，という具合である．詳しくは，[3, 第 11 章] を参照してほしい．

付　録　グレブナー基底の基礎

付録では，本書を理解するために必要となるグレブナー基底の理論を整理する．内容の多くは，日比孝之氏による『グレブナー道場』[51] の第 1 章「グレブナー基底の伊呂波」を参考にした．グレブナー基底の入門的な教科書には他にも [13] などがある．

A.1　多項式環

まず，多項式環を定義する．加法，減法，乗法，除法が定義できる集合を体といい，有理数の集合 $\mathbb{Q}$，実数全体の集合 $\mathbb{R}$，複素数全体の集合 $\mathbb{C}$ などがある．以下，体を K で表す．本書で考える K は，$\mathbb{Q}, \mathbb{R}, \mathbb{C}$ のいずれかであり，有限体は考えないこととする．

可換な変数（**不定元**）$x_1, \ldots, x_n$ を準備する．$x_1, \ldots, x_n$ について，

$$\prod_{i=1}^{n} x_i^{a_i} = x_1^{a_1} x_2^{a_2} \cdots x_n^{a_n}$$

の形の積を，$x_1, \ldots, x_n$ の**単項式 (monomial)** と呼ぶ．ただし，$a_1, \ldots, a_n$ は非負整数とする．$\sum_{i=1}^{n} a_i$ を，その単項式の**次数**という．例えば $x_1^2 x_3 x_4^3$ は次数 6 の単項式である．特に，1 は次数 0 の単項式と考える．

有限個の単項式を，体 K の元を係数として線型結合をとったものを，係数を K に持つ $x_1, \ldots, x_n$ の**多項式 (polynomial)** と呼ぶ．例えば

$$f = -2x_1x_2x_4^2 + \frac{2}{3}x_3^2x_5 - x_4^2 + \frac{1}{2}$$

は，係数を $\mathbb{Q}$ に持つ $x_1, \ldots, x_5$ の多項式である．単項式に係数 $(\neq 0)$ をつけたものを，その多項式の**項 (term)** と呼ぶ．例えば上の f の項は $-2x_1x_2x_4^2$, $\frac{2}{3}x_3^2x_5$, $-x_4^2$, $\frac{1}{2}$ の四つである．特に，単項式 1 に係数をつけた項（上の f では $\frac{1}{2}$）を，**定数項**と呼ぶ．多項式に表れる単項式の次数の最大値を，その多項式の**次数**と呼ぶ．上の f の次数は 4 である．

係数を K に持つ $x_1, \ldots, x_n$ の多項式全体の集合を $K[x_1, \ldots, x_n]$ と表す．$f, g \in K[x_1, \ldots, x_n]$ について，$f + g$, $fg \in K[x_1, \ldots, x_n]$ であるから，$K[x_1, \ldots, x_n]$ には加法と乗法が定義される．さらにこの加法と乗法について，結合則，可換則，分配則，単位元の存在，加法の逆元の存在はいずれも満たされる．このような数学的構造は，**可換環**と呼ばれる．一方，$1/f$ は一般に多項式ではないので，乗法の逆元は存在しない．したがって，$K[x_1, \ldots, x_n]$ は可換環ではあるが体ではない．多項式の集合 $K[x_1, \ldots, x_n]$ を，K 上の n 変数**多項式環**と呼ぶ．

A.2 Dickson の補題

本書の第 I 部では，マルコフ基底が，多項式環のイデアルの生成系に対応することを示した．その際，どのようなイデアルに対しても有限個の要素からなるマルコフ基底が存在することが重要であった．このことは，多項式環の任意のイデアルが有限生成であることを示したヒルベルト基底定理によって保証される．これを示すことが本章の目的の一つである．本章では，古典的な組合せ論の結果である Dickson の補題を出発点として，グレブナー基底の定義を与え，その枠組みでヒルベルト基底定理を証明する．

変数 $x_1, \ldots, x_n$ の単項式の全体を $\mathcal{M}_n$ と置く．単項式 $u = \prod_{i=1}^n x_i^{a_i}$ と $v = \prod_{i=1}^n x_i^{b_i}$ について，$a_i \leq b_i$ が任意の $1 \leq i \leq n$ について成り立つとき，u が v を割り切るといい，$u|v$ と表す．

集合 $\mathcal{M}_n$ の空でない部分集合 M があったとき，$u \in M$ が M の**極小元**であるとは，任意の $v \in M$ について，性質「$v|u$ であれば $v = u$」が成立するこ

とをいう．

[定理 A.1（Dickson の補題）]　空でない単項式の任意の集合 $M \subset \mathcal{M}_n$ の極小元は高々有限個である．

この定理は，変数の個数 n に関する数学的帰納法を使って証明できる．証明自体はそれほど難しくないが，方針を理解するために，先に $n = 1, 2$ の場合をやや丁寧に考えておく．まず，$n = 1$ の場合を考える．このとき，空でない $M \subset \mathcal{M}_1$ の極小元とは，M に含まれる単項式のうち，次数の最も小さな単項式に他ならない．すなわち，極小元はただ一つ存在する．次に，$n = 2$ の場合を考えよう．空でない $M \subset \mathcal{M}_2$ の元は，$x_1^{a_1}x_2^{a_2}$ の形の単項式であるが，この $x_1^{a_1}x_2^{a_2}$ が割り切る単項式とは，$x_1^{b_1}x_2^{b_2}$, $b_1 \geq a_1$, $b_2 \geq a_2$ の形をしたものであることがわかる．この単項式の集合は，単項式 $x_1^p x_2^q$ に平面上の点 (p, q) を対応させれば，(a_1, a_2) に原点をずらした平面の第 1 象限に含まれる整数点となることがわかる．以上の考察から，M の単項式に対応する整数点の集合に対して，それをすべて含むような，原点をずらしたいくつかの平面の第 1 象限を考えれば，それらの原点に対応する単項式の集合が，極小元の集合となることがわかる．例えば図 A.1 では，$(2, 3)$ を原点とする平面の第 1 象限と，$(3, 1)$ を原点とする平面の第 1 象限が，点をすべて含んでいるから，$\{x_1^2x_2^3, x_1^3x_2\}$ がこれらの点に対応する単項式の集合の極小元となる．これが有限集合であることは，以下のように示される．いま，$M \subset \mathcal{M}_2$ の極小元を $u_1 = x_1^{a_1}x_2^{b_1}$, $u_2 = x_1^{a_2}x_2^{b_2}$, $\ldots$ とし，$a_1 \leq a_2 \leq \cdots$ としておく．いま，$a_i = a_{i+1}$ とすると，$b_i \leq b_{i+1}$ であれば u_i が u_{i+1} を割り切り，$b_i \geq b_{i+1}$ であれば u_{i+1} が u_i を割り切る．つまり，u_i または u_{i+1} のどちらかは，極小元とはならない．したがって，$a_1 < a_2 < \cdots$ である．すると，u_i が u_{i+1} を割り切らないことから，$b_i > b_{i+1}$ であり，同様にして $b_1 > b_2 > \cdots$ となる．したがって，$b_i \geq 0$ より $\{b_i\}$ は有限個，つまり，極小元の個数は有限個である．

証明　変数の個数 n に関する数学的帰納法を用いる．$n = 1, 2$ の場合は既に示したから，$n > 2$ とし，$n - 1$ までの成立を仮定する．変数 x_n を y と置く．いま，変数 $x_1, \ldots, x_{n-1}$ の単項式 u で，条件「$uy^b \in M$ となる $b \geq 0$ が存

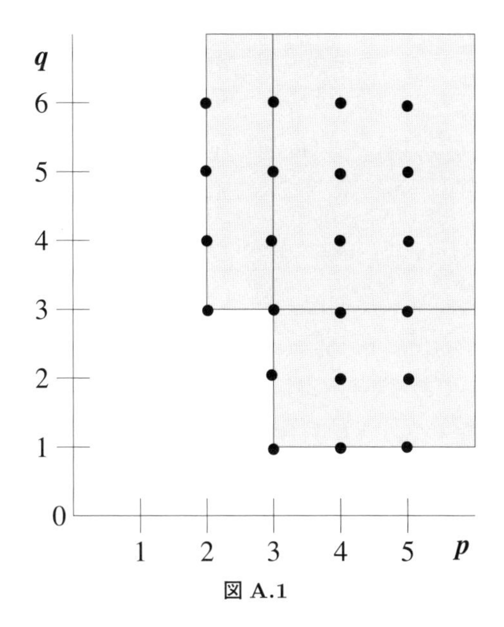

図 A.1

在する」を満たすものの全体からなる集合を N と置く．つまり，N は M の元において $y = x_n$ を 1 とおいて重複を省いてできる集合であり，$N \neq \emptyset$ である．帰納法の定義から，N の極小元は高々有限個であり，それらを $u_1, \ldots, u_s$ と置く．このとき，N の定義から，それぞれの u_i について $u_i y^{b_i} \in M$ となるような $b_i \geq 0$ が存在する．$b_1, \ldots, b_s$ の中で最大のものを b と置く．任意の $0 \leq c < b$ について，N の部分集合 N_c を

$$N_c = \{u \in N \mid uy^c \in M\}$$

と定義する．N_c は M の元を y のべきによって「輪切り」にしたもの，ととらえることもできる．すると再び，帰納法の仮定から，各 N_c の極小元は高々有限個であるから，それらを $u_1^{(c)}, u_2^{(c)}, \ldots, u_{s_c}^{(c)}$ と置く．このとき，M に属する任意の単項式は，次のいずれかの単項式で割り切れる．

$$
\begin{gathered}
u_1y^{b_1},\ \ldots,\ u_sy^{b_s},\\
u_1^{(0)},\ \ldots,\ u_{s_0}^{(0)},\\
u_1^{(1)}y,\ \ldots,\ u_{s_1}^{(1)}y,\\
\vdots\\
u_1^{(b-1)}y^{b-1},\ \ldots,\ u_{s_{b-1}}^{(b-1)}y^{b-1}.
\end{gathered}
$$

実際，任意の単項式 $w = uy^e \in M$, $u \in \mathcal{M}_{n-1}$ について，$u \in N$ であるから，$e \geq b$ ならば w は $u_1y^{b_1}, \ldots, u_sy^{b_s}$ のいずれかで割り切れる．また，$0 \leq e \leq b$ とすると，$u \in N_e$ であるから w は $u_1^{(e)}y^e, \ldots, u_{s_e}^{(e)}y^e$ のいずれかで割り切れる．したがって，M の極小元の集合は上の有限個の単項式の集合に含まれるから，定理が示された．■

A.3　イデアル

本書で扱う代数的手法の最も基本的な対象である，イデアルを定義する．

[定義 A.2]　部分集合 $I \subset K[x_1, \ldots, x_n]$ が**イデアル (ideal)** であるとは，次を満たすときをいう．

(i) $0 \in I$.

(ii) $f, g \in I$ ならば $f + g \in I$.

(iii) $f \in I$ かつ $h \in K[x_1, \ldots, x_n]$ ならば $hf \in I$.

多項式環のイデアルを具体的に構成するとき，二通りの自然な構成の仕方がある．以下，これを順に見ていこう．

一つ目は，多項式環 $K[x_1, \ldots, x_n]$ の空でない部分集合 $\{f_\lambda \mid \lambda \in \Lambda\} \subset K[x_1, \ldots, x_n]$ を出発点とするものである．この部分集合に対し，

$$
\langle \{f_\lambda \mid \lambda \in \Lambda\} \rangle = \left\{ \sum_{\lambda \in \Lambda} g_\lambda f_\lambda \;\middle|\; g_\lambda \in K[x_1, \ldots, x_n] \right\}
$$

と置く．ただし，右辺は有限和の全体，つまり，有限個を除いてゼロであるよ

うな $g_\lambda \in K[x_1,\ldots,x_n]$ の全体について，$\sum_{\lambda\in\Lambda} g_\lambda f_\lambda$ の形の和の集合を表すとする．このとき，以下が成り立つ．

[補題 A.3]　$\langle\{f_\lambda \mid \lambda \in \Lambda\}\rangle$ は $K[x_1,\ldots,x_n]$ のイデアルである．

証明は簡単であるので省略する．逆に，任意のイデアル $I \subset K[x_1,\ldots,x_n]$ について，$I = \langle\{f_\lambda \mid \lambda \in \Lambda\}\rangle$ となる $K[x_1,\ldots,x_n]$ の部分集合 $\{f_\lambda \mid \lambda \in \Lambda\}$ が存在する．この部分集合を I の**生成系**と呼ぶ．任意のイデアルに生成系が存在することは，例えば I 自身を $\{f_\lambda \mid \lambda \in \Lambda\}$ と置けばよいから自明であるが，重要なのは，生成系が有限集合の場合である．$\{f_\lambda \mid \lambda \in \Lambda\} = \{f_1,\ldots, f_s\}$ のとき，$\langle\{f_1,\ldots,f_s\}\rangle$ を単に $\langle f_1,\ldots,f_s\rangle$ と書く．有限個の多項式からなる生成系を持つイデアルを，**有限生成**なイデアルと呼ぶ．A.6 節で示すヒルベルト基底定理は，任意のイデアルが有限生成であることを保証するものである．有限な生成系により定義されたイデアル $\langle f_1,\ldots,f_s\rangle$ は，多項式の連立方程式を考えると理解しやすい．すなわち，$f_1,\ldots,f_s \in K[x_1,\ldots,x_n]$ に対して，連立方程式

$$\begin{cases} f_1 = 0 \\ \quad\vdots \\ f_s = 0 \end{cases} \tag{A.1}$$

を考える．この連立方程式を解くときの代数的な演算は，各方程式に別の多項式を掛け合わせて和をとる，というものである．例えば，$f_1 = 0$ の両辺に $h_1 \in K[x_1,\ldots,x_n]$ を掛け，$f_2 = 0$ の両辺に $h_2 \in K[x_1,\ldots,x_n]$ を掛け，というように順に作った式の和をとると，

$$h_1 f_1 + h_2 f_2 + \cdots + h_s f_s = 0$$

が得られる．この方程式の左辺は，イデアル $\langle f_1,\ldots,f_s\rangle$ の要素に他ならない．つまり，イデアル $\langle f_1,\ldots,f_s\rangle$ は，連立方程式(A.1)から帰結された多項式全体からなる集合，と解釈できる．

構成法の二つ目は，多項式の K^n の部分集合を先に与えて，これを零点と

する多項式の集合としてイデアルを定義するものである．ここで，多項式 $f = f(x_1,\ldots,x_n) \in K[x_1,\ldots,x_n]$ の**零点**とは，空間

$$K^n = \{(a_1,\ldots,a_n) \mid a_1,\ldots,a_n \in K\}$$

の点 $(a_1,\ldots,a_n)$ で

$$f(a_1,\ldots,a_n) = 0$$

を満たすものをいう．いま，V を K^n の部分集合とするとき，

$$I(V) = \{f \in K[x_1,\ldots,x_n] \mid f(a_1,\ldots,a_n) = 0 \text{ for all } (a_1,\ldots,a_n) \in V\}$$

と書く．すると，$I(V)$ はやはりイデアルになる．12.1 節で定義した計画イデアルは，V として計画点の集合をとったものであった．

上に述べた二つのイデアルの関係について考えよう．いま，多項式 $f_1,\ldots,f_s$ を与えれば，連立方程式(A.1)の解全体の集合，

$$V(f_1,\ldots,f_s) = \{(a_1,\ldots,a_n) \in K^n \mid f_i(a_1,\ldots,a_n) = 0 \text{ for all } i = 1,\ldots,s\}$$

が定義できる．$V(f_1,\ldots,f_s)$ は，$f_1,\ldots,f_s$ により定義される**アフィン多様体 (affine variety)** と呼ばれる．一方，$V(f_1,\ldots,f_s)$ は K^n の部分集合であるから，これを零点とする多項式の集合 $I(V(f_1,\ldots,f_s))$ を考えることができる．ここでの自然な問いは，$I(V(f_1,\ldots,f_s)) = \langle f_1,\ldots,f_s\rangle$ が成り立つか否かであるが，これは一般には成り立たない．

[補題 A.4]　$f_1,\ldots,f_s \in K[x_1,\ldots,x_n]$ とすると，$\langle f_1,\ldots,f_s\rangle \subset I(V(f_1,\ldots,f_s))$ が成り立つ．等号は必ずしも成り立たない．

任意の $f \in \langle f_1,\ldots,f_s\rangle$ が $V(f_1,\ldots,f_s)$ 上で消えることは，ある多項式 $h_i \in K[x_1,\ldots,x_n]$ に対して $f = \sum_{i=1}^s h_i f_i$ と書けて，$f_1,\ldots,f_s$ が $V(f_1,\ldots,f_s)$ 上で消えることから成り立つ．したがって，この補題で等号が成り立たないことを示すには，$I(V(f_1,\ldots,f_s))$ が $\langle f_1,\ldots,f_s\rangle$ よりも真に大きくなる例を与えればよい．例えば，

$$\langle x^2, y^2 \rangle \subset I(V(x^2, y^2))$$

は，そのような例の一つである．

さて，構造が単純なイデアルとして，単項式からなる生成系を持つイデアルを考えよう．このようなイデアルを，**単項式イデアル (monomial ideal)** と呼ぶ．本章では，すべてのイデアルが有限生成であるというヒルベルト基底定理を示すために，グレブナー基底を導入するが，単項式イデアルが有限生成であることは，Dickson の補題より直ちに示すことができる．

[補題 A.5] 単項式イデアルは有限生成である．実際，単項式イデアル I の単項式からなる生成系を $\{u_\lambda \mid \lambda \in \Lambda\}$ とするとき，$\{u_\lambda \mid \lambda \in \Lambda\}$ の有限部分集合 $\{u_{\lambda_1}, u_{\lambda_2}, \ldots, u_{\lambda_s}\}$ で $I = \langle u_{\lambda_1}, u_{\lambda_2}, \ldots, u_{\lambda_s} \rangle$ となるものが存在する．

証明 定理 A.1 から，単項式の集合 $\{u_\lambda \mid \lambda \in \Lambda\}$ の極小元は高々有限個である．それらを $\{u_{\lambda_1}, u_{\lambda_2}, \ldots, u_{\lambda_s}\}$ と置けば，$I = \langle u_{\lambda_1}, u_{\lambda_2}, \ldots, u_{\lambda_s} \rangle$ となる．実際，任意の $f \in I$ は，有限個を除いてゼロの $g_\lambda \in K[x_1, \ldots, x_n]$, $\lambda \in \Lambda$ を用いて $f = \sum_{\lambda \in \Lambda} g_\lambda u_\lambda$ と書くことができるが，$g_\lambda \neq 0$ となる λ について，u_λ を割り切る u_{λ_i} を選んで $h_\lambda = g_\lambda u_\lambda / u_{\lambda_i}$ と置くと，$g_\lambda u_\lambda = h_\lambda u_{\lambda_i}$ となる．これより，$f = \sum_{i=1}^{s} f_i u_{\lambda_i}$ となる $f_i \in K[x_1, \ldots, x_n]$ が存在する． ■

単項式イデアルの生成系について，もう少し考えてみよう．単項式イデアル I の生成系は，単項式からなるとは限らない．例えば，$I = \langle x_1^2, x_2^2 \rangle$ は単項式イデアルであるが，この I は，$I = \langle x_1^2 + x_2^3, x_2^2 \rangle$ とも書くことができる．すなわち，単項式イデアルの生成系は一意的ではない．では，単項式イデアルの単項式からなる生成系に注目すれば，生成系は一意的になるのだろうか．この問いに答えるために，補題を用意する．

[補題 A.6] 単項式イデアル $I = \langle u_1, \ldots, u_s \rangle$（ただし，$u_1, \ldots, u_s$ は単項式とする）と単項式 u について，u が I に属すための必要十分条件は，いずれかの u_i が u を割り切ることである．

証明 十分性は自明である．必要性を示す．$u \in I$ を仮定する．このとき，

$u = \sum_{i=1}^{s} f_i u_i$ となる多項式 $f_1, \ldots, f_s$ が存在する．いま，この $f_1, \ldots, f_s$ の各項を明示的に，f_i は s_i 項からなるとして，$f_i = \sum_{j=1}^{s_i} a_j^{(i)} v_j^{(i)}$ と表す．ここで，$0 \neq a_j^{(i)} \in K$ であり，$v_j^{(i)}$ は単項式である．これを u の式に代入すれば，

$$u = \sum_{i=1}^{s} f_i u_i = \sum_{i=1}^{s} \left(\sum_{j=1}^{s_i} a_j^{(i)} v_j^{(i)} \right) u_i \tag{A.2}$$

となる．u は単項式であるので，結局，式(A.2)の右辺において，$u = v_j^{(i)} u_i$ となる i, j が少なくとも一つ存在することがわかる．(それらに関する $a_j^{(i)}$ の和が 1 となる．) つまり，u を割り切る u_i が存在する． ■

この補題を使うと，単項式イデアルの生成系の一意性に関する以下の結果が示される．

[系 A.7]　単項式イデアル I の単項式からなる生成系を考えれば，それらの中で，包含関係で極小なものが一意的に存在する．

証明　補題 A.5 から，I には有限個の単項式からなる生成系が存在する．その生成系が極小でなければ，余分な単項式を除去すると，包含関係で極小な生成系が得られる．いま，$\{u_1, \ldots, u_s\}$ と $\{v_1, \ldots, v_t\}$ が，いずれも，単項式からなる包含関係で極小な生成系であるとする．すると，補題 A.6 から，任意の $i = 1, \ldots, s$ について単項式 u_i を割り切る v_j が存在し，さらに補題 A.6 から，この v_j を割り切る u_k が存在する．すると，u_k は u_i を割り切ることになるから，$\{u_1, \ldots, u_s\}$ が極小であることから $i = k$ となり，$u_i = v_j$ を得る．つまり，任意の u_i が，$\{v_1, \ldots, v_t\}$ のいずれかと一致するので，包含関係，$\{u_1, \ldots, u_s\} \subset \{v_1, \ldots, v_t\}$ が成り立つ．ところが，$\{v_1, \ldots, v_t\}$ は極小であるので，両者は一致する． ■

A.4　単項式順序

イデアルに関する基本的な興味の一つは，その生成系を求めることである．有限な生成系の存在は，単項式イデアルに関しては補題 A.5 で，一般の場合

は A.6 節のヒルベルト基底定理で保証されるが，その生成系を求めるための鍵となる演算は，多項式環 $K[x_1, \ldots, x_n]$ における割り算である．本書では，多項式環 $K[x_1, \ldots, x_n]$ における割り算のアルゴリズムに関する詳細な説明は省略する．その代わりに，多項式環における割り算とはどのようなものかをざっと眺め，単項式順序の必要性を確認しておこう．

まず，一変数 x の多項式環 $K[x]$ における割り算を復習しよう．例えば，$f = x^4 + 3x^2 - 1$ を $g = x^3 - 2x^2 + 5$ で割る，という演算は，高校数学で既習であるが，この演算の手続きを丁寧に眺めると以下のようになる．

- 多項式の各項を x の次数の高い順（降ベキの順）に並べる．
- 最初に，f の先頭項を，

$$x^4 = x \cdot (g \text{ の先頭項})$$

と変形する．次に，$x^4 \cdot g$ を f から引き，f の先頭項を消す．余りは，

$$f - x \cdot g = 2x^3 + 3x^2 - 5x - 1$$

である．

- 同じ計算を，余り $r = f - x \cdot g$ に行う．r の先頭項を，

$$2x^3 = 2(g \text{ の先頭項})$$

と変形し，$2g$ を r から引いて r の先頭項を消す．余りは

$$r - 2g = 7x^2 - 5x - 11$$

となる．この余りの次数は，g の次数より小さいので，割り算を終了する．

この一連の演算は，

$$f = (x + 2)g + 7x^2 - 5x - 11$$

とまとめられる．割り算の法則とは，「一変数の多項式 f と $g \neq 0$ があったとき，$f = qg + r$ となる多項式 q と r が一意的に存在する．ただし，$r = 0$ であるか，さもなくば r の次数は g の次数よりも小さい.」という結果である．このときの q を割り算の商，r を余りと呼ぶのであった．

この割り算の法則を使えば，一変数多項式環 $K[x]$ のイデアルを決定することが可能である．一変数多項式環 $K[x]$ の 0 と異なる元を含むイデアル I があったとき，I に属する 0 でない多項式で次数が最低のもの g を選ぶ．任意の多項式 $f \in I$ について，$f = qg + r$ となる多項式 q, r が存在する．ただし，$r = 0$ であるか，さもなくば，r の次数は g の次数よりも小さい．ところが，f と g はイデアル I に属するから，f と qg も I に属し，すると，$r = f - qg$ も I に属する．いま，$r \neq 0$ とすると，r は I に属し，その次数が g よりも小さいことから，g の選び方に矛盾する．したがって，$r = 0$ である．すると，I に属する多項式は qg なる形をしている．もちろん，任意の多項式 q について qg は I に属すので，結局，

$$I = \{qg \mid q \in K[x]\}$$

と書けることがわかる．

この考察から，まず，一変数 x の多項式環 $K[x]$ の任意のイデアルは，

$$I = \langle g \rangle$$

の形で書ける，ということがわかる．このような，一つの多項式からなる生成系を持つイデアルを，**単項イデアル (principal ideal)** と呼ぶ．単項イデアルは，前節で述べた単項式イデアルとは，全く別の概念であるので注意しよう．一変数の任意のイデアル I は，単項イデアルであり，ある与えられた多項式 f がこのイデアルに属すか否か（これは，**イデアル所属問題 (ideal membership problem)** と呼ばれる）は，この f を $I = \langle g \rangle$ の生成元 g で割った余りがゼロであるか否かで判定できるわけである．

それでは，一般の $K[x_1, \ldots, x_n]$ のイデアルにおけるイデアル所属問題は，どうすれば解けるだろうか？　まず，重要な点として，多項式環 $K[x_1, \ldots, x_n]$ のイデアルは，$n \geq 2$ のときは一般には単項イデアルではない．したがって，有限生成なイデアル $I = \langle f_1, \ldots, f_s \rangle$ に，ある多項式 f が属すか否かの判定問題を解く鍵は，$K[x_1, \ldots, x_n]$ の多項式に対する割り算アルゴリズム，つまり，f を

$$f = q_1 f_1 + \cdots + q_s f_s + r$$

の形に書く手続きであり，この手続きを定義しなければならない．そして，その際に重要となるのが，$K[x_1, \ldots, x_n]$ の単項式の順序づけである．一変数の多項式の割り算では，一変数の多項式の次数に関して，

$$\cdots \succ x^{m+1} \succ x^m > \cdots \succ x^2 \succ x \succ 1$$

という順序づけを行っていることに注目しよう．割り算アルゴリズムがうまくいくのは，この順序づけに従って，先頭項を「順序良く」消去しているからである．$K[x_1, \ldots, x_n]$ の割り算アルゴリズムも同様に，$K[x_1, \ldots, x_n]$ の単項式に何らかの順序を定義し，その順序に従って，先頭項を消去していく手続きとして定義できる．

それでは，単項式順序を定義しよう．集合 Σ に属する任意の元 a, b について，$a \preceq b$ であるか否かが何らかの規則で決められており，次の条件 $(*)$ が満たされるとき，$\preceq$ を Σ の上の**順序**という．

$$\begin{cases} \text{任意の } a, b, c \in \Sigma \text{ について} \\ \quad \text{（反射律）} a \preceq a \\ \text{（反対称律）} a \preceq b \text{ かつ } b \preceq a \text{ ならば } a = b \\ \quad \text{（推移律）} a \preceq b \text{ かつ } b \preceq c \text{ ならば } a \preceq c \\ \text{が成立する．} \end{cases} \qquad (*)$$

慣習として，$a \preceq b$ かつ $a \neq b$ のとき $a \prec b$ と表す．また，$a \succeq b$, $a \succ b$ はそれぞれ $b \preceq a$, $b \prec a$ と同じ意味で用いる．すべての $a, b \in \Sigma$ について $a \preceq b$ あるいは $b \preceq a$ であるとき，順序 $\preceq$ を**全順序**と呼ぶ．多項式環 $K[x_1, \ldots, x_n]$ の単項式全体の集合 $\mathcal{M}_n$ における全順序 $\preceq$ が，

- 任意の単項式 $1 \neq u \in \mathcal{M}_n$ について $1 \prec u$ である
- 単項式 $u, v \in \mathcal{M}_n$ が $u \prec v$ ならば，任意の $w \in \mathcal{M}_n$ について $uw \prec vw$ である

を満たすとき，$\prec$ を $K[x_1, \ldots, x_n]$ の**単項式順序**という．

本書に登場する，代表的な単項式順序を三つ紹介しよう．

[例 A.8]　(a) 単項式 $u = x_1^{a_1}x_2^{a_2}\cdots x_n^{a_n}$ と $v = x_1^{b_1}x_2^{b_2}\cdots x_n^{b_n}$ について，「v の次数は u の次数を越える」であるか，あるいは「u の次数と v の次数が等しく，さらに，ベクトルの差 $(b_1 - a_1, \ldots, b_n - a_n)$ において最も左にある 0 でない成分が正」であるとき，$u \prec_{\text{lex}} v$ であると定義する．すると，$\prec_{\text{lex}}$ は $K[x_1, \ldots, x_n]$ の単項式順序である．単項式順序 $\prec_{\text{lex}}$ を**辞書式順序**と呼ぶ．

(b) 単項式 $u = x_1^{a_1}x_2^{a_2}\cdots x_n^{a_n}$ と $v = x_1^{b_1}x_2^{b_2}\cdots x_n^{b_n}$ について，「v の次数は u の次数を越える」であるか，あるいは「u の次数と v の次数が等しく，さらに，ベクトルの差 $(b_1 - a_1, \ldots, b_n - a_n)$ において最も右にある 0 でない成分が負」であるとき，$u \prec_{\text{rev}} v$ であると定義する．すると，$\prec_{\text{rev}}$ は $K[x_1, \ldots, x_n]$ の単項式順序である．単項式順序 $\prec_{\text{rev}}$ を**逆辞書式順序**と呼ぶ．

(c) 単項式 $u = x_1^{a_1}x_2^{a_2}\cdots x_n^{a_n}$ と $v = x_1^{b_1}x_2^{b_2}\cdots x_n^{b_n}$ について，「ベクトルの差 $(b_1 - a_1, \ldots, b_n - a_n)$ において最も左にある 0 でない成分が正」であるとき，$u \prec_{\text{purelex}} v$ であると定義する．すると，$\prec_{\text{purelex}}$ は $K[x_1, \ldots, x_n]$ の単項式順序である．単項式順序 $\prec_{\text{purelex}}$ を**純辞書式順序**と呼ぶ．

辞書式順序 $\prec_{\text{lex}}$，逆辞書式順序 $\prec_{\text{rev}}$，純辞書式順序 $\prec_{\text{purelex}}$ は，いずれも変数 $x_1, \ldots, x_n$ の順序

$$x_1 \succ x_2 \succ \cdots \succ x_n$$

を導く．変数の順序を $x_{i_1} \succ x_{i_2} \succ \cdots \succ x_{i_n}$ と変更するのであれば，定義におけるベクトルの差 $(b_1 - a_1, \ldots, b_n - a_n)$ を $(b_{i_1} - a_{i_1}, \ldots, b_{i_n} - a_{i_n})$ と変更する．したがって，厳密には，「変数の順序 $x_1 \succ x_2 \succ \cdots \succ x_n$ から導かれる辞書式順序，逆辞書式順序，純辞書式順序」と呼ぶべきである[1]．

例えば，$n = 3$ として，$x_1 = x$, $x_2 = y$, $x_3 = z$ の多項式環 $K[x, y, z]$ の 3 次以下のすべての単項式は，以下のように順序づけされる．

---

[1] ここで挙げた三つの単項式順序は，本によっては，しばしば異なる名称で呼ばれることがあるので注意を擁する．例えば，[13] の訳本においては，辞書式順序を「次数付き辞書式順序」，逆辞書式順序を「次数付き逆辞書式順序」，純辞書式順序を「辞書式順序」と呼んでいる．

- 辞書式順序

$$x^3 \succ_{\text{lex}} x^2y \succ_{\text{lex}} x^2z \succ_{\text{lex}} xy^2 \succ_{\text{lex}} xyz \succ_{\text{lex}} xz^2 \succ_{\text{lex}} y^3 \succ_{\text{lex}} y^2z \succ_{\text{lex}} yz^2 \succ_{\text{lex}} z^3 \succ_{\text{lex}} x^2 \succ_{\text{lex}} xy \succ_{\text{lex}} xz \succ_{\text{lex}} y^2 \succ_{\text{lex}} yz \succ_{\text{lex}} z^2 \succ_{\text{lex}} y \succ_{\text{lex}} z \succ_{\text{lex}} 1$$

- 逆辞書式順序

$$x^3 \succ_{\text{rev}} x^2y \succ_{\text{rev}} xy^2 \succ_{\text{rev}} y^3 \succ_{\text{rev}} x^2z \succ_{\text{rev}} xyz \succ_{\text{rev}} y^2z \succ_{\text{rev}} xz^2 \succ_{\text{rev}} yz^2 \succ_{\text{rev}} z^3 \succ_{\text{rev}} x^2 \succ_{\text{rev}} xy \succ_{\text{rev}} y^2 \succ_{\text{rev}} xz \succ_{\text{rev}} yz \succ_{\text{rev}} z^2 \succ_{\text{rev}} y \succ_{\text{rev}} z \succ_{\text{rev}} 1$$

- 純辞書式順序

$$x^3 \succ_{\text{purelex}} x^2y \succ_{\text{purelex}} x^2z \succ_{\text{purelex}} x^2 \succ_{\text{purelex}} xy^2 \succ_{\text{purelex}} xyz \succ_{\text{purelex}} xy \succ_{\text{purelex}} xz^2 \succ_{\text{purelex}} xz \succ_{\text{purelex}} y^3 \succ_{\text{purelex}} y^2z \succ_{\text{purelex}} y^2 \succ_{\text{purelex}} yz^2 \succ_{\text{purelex}} yz \succ_{\text{purelex}} y \succ_{\text{purelex}} z^3 \succ_{\text{purelex}} z^2 \succ_{\text{purelex}} z \succ_{\text{purelex}} 1$$

単項式順序 $\prec$ に関する，簡単であるが重要な性質を二つ，示しておく．

[補題 A.9] 単項式 u と v（ただし，$u \neq v$ とする）について，u が v を割り切るならば，$u \prec v$ である．

証明 いま，u が v を割り切るとし，w を $v = wu$ を満たす単項式とする．すると，$u \neq v$ であるから $w \neq 1$ である．単項式順序の定義より，$1 \prec w$ であり，再び，単項式順序の定義より $1 \cdot u \prec w \cdot u$ である．すなわち，$u \prec v$ を得る． ∎

[補題 A.10] 単項式順序 $<$ に関する単項式の無限減少列

$$u_0 \succ u_1 \succ u_2 \succ \cdots$$

は存在しない．

証明　そのような無限減少列が存在したとし，$M = \{u_0, u_1, u_2, \ldots\}$ とする．定理 A.1 から，M の極小元は有限個であり，その極小元を $u_{i_1}, u_{i_2}, \ldots, u_{i_s}$ と置く．ただし，$i_1 < i_2 < \cdots < i_s$ である．いま，$j > i_s$ とし，単項式 u_j を考えると，u_j はいずれかの極小元，例えば u_{i_k} で割り切れる．すると，補題 A.9 より，単項式順序 $\prec$ に関し $u_{i_k} \prec u_j$ が成り立つ．しかし，$j > i_s \geq i_k$ であるから，減少列の並びから，$u_{i_k} \succ u_j$ である．したがって，相反する $u_{i_k} \prec u_j$ と $u_{i_k} \succ u_j$ が得られ，矛盾が導かれる．■

さて，単項式順序を定義すれば，それに基づき，$K[x_1, \ldots, x_n]$ の多項式に対する割り算アルゴリズムを定義することができる．$K[x_1, \ldots, x_n]$ の多項式に対する割り算アルゴリズムをきちんと理解することは，グレブナー基底の実際の計算やその判定法（Buchberger の判定法）を理解するためには不可欠であるが，その記述はかなり繁雑であるので，本書では省略する．代わりに，ここでは簡単な計算例を示して，多変数多項式の割り算におけるポイントを述べておく．

2 変数の場合で，つまり，$K[x, y]$ における割り算を考えよう．さらにここでは，多項式 $f \in K[x, y]$ を複数の多項式 $g_1, \ldots, g_s \in K[x, y]$ で割る，という演算について考える．これは，一変数の割り算のアナロジーから想像できるように，f を

$$f = a_1 g_1 + \cdots + a_s g_s + r$$

の形に書くことに対応する．$a_1, \cdots, a_s$ を商，r を余りと呼ぶところも，一変数の場合と同じである．ここで r をどのように定めるかが重要な点であり，ここに単項式順序が必要となる．以下，$f = x^2y + xy^2 + y^2$ の $g_1 = xy - 1$ と $g_2 = y^2 - 1$ による割り算を，$x \succ y$ に関する純辞書式順序で考えよう．

まず，$f = x^2y + xy^2 + y^2$ の，$x \succ y$ に関する純辞書式順序に関する先頭項は，x^2y であるので，これを消去する．そのためには，g_1 の先頭項 (xy) に注目して，$x \cdot g_1$ を f から引けばよく，

$$f - x \cdot g_1 = xy^2 + x + y^2$$

となる．さらに，この先頭項 xy^2 を消去するためには，$y \cdot g_1$ を引けばよいので，まとめると，

$$f - (x+y) \cdot g_1 = x + y^2 + y$$

を得る．この右辺，$x + y^2 + y$ の先頭項は x であり，これは g_1, g_2 のいずれの先頭項でも割ることはできないので，まず，x を余りにまわす．すると，残りの項の中の先頭項は y^2 であり，これは，g_2 の先頭項で消去できる．すなわち，

$$f - (x+y) \cdot g_1 - x - g_2 = y + 1$$

を得る．この右辺の 2 項，y と 1 は，いずれも，g_1, g_2 の先頭項で消去できないので，割り算は終了である．結果，

$$f = (x+y) \cdot g_1 + g_2 + x + y + 1$$

を得て，商は $x + y$ と 1，余りは $x + y + 1$ となる．

この例は，多変数の場合の割り算アルゴリズムがどのようなものかをほぼ完全に表している．また，余りがどのような性質を持てばよいかも示している．すなわち，余りのどの項も，除数の先頭項で割り切れてはならない，というのが，その性質である．ここで，一変数のイデアル所属問題が，一変数多項式 $K[x]$ における割り算により解けたことを思い出そう．同様のことが，多変数でもいえるのだろうか．実は，これは成り立たない．例として，先ほどの例で，今度は，g_1 と g_2 の役割を入れ替えて考えよう．まず，f の先頭項 x^2y を，g_1 の先頭項で

$$f - x \cdot g_1 = xy^2 + x + y^2$$

と消去するところは先ほどと同じである．ただし次は，右辺の先頭項 xy^2 を消去するために，g_2 の先頭項に注目して

$$f - x \cdot g_1 - x \cdot g_2 = 2x + y^2$$

と変形する．右辺の先頭項 $2x$ を余りにまわし，残る y^2 を g_2 で消去すれば，

$$f = x \cdot g_1 + (x+1) \cdot g_2 + 2x + 1$$

という表現を得る．すなわち，同じ割り算の問題に対し，先ほどとは異なる，商は x と $x+1$，余りは $2x+1$ という結果を得たことになる．

この例は，多変数の場合は，イデアル所属問題が割り算アルゴリズムにより直ちに解けるわけではないことを示唆している．つまり，f の $G = (g_1, \ldots, g_s)$ による割り算を行って，もし余りが $r = 0$ となれば，

$$f = a_1 g_1 + \cdots + a_s g_s$$

であるから，$f \in \langle g_1, \ldots, g_s \rangle$ である．したがって，$r = 0$ であることは，f がイデアルに属するための十分条件ではある．しかし，必要条件ではない．

[例 A.11]　$g_1 = xy + 1$, $g_2 = y^2 - 1 \in K[x, y]$ と置き，$x \succ y$ の純辞書式順序で考える．$f = xy^2 - x$ を $G = (g_1, g_2)$ で割ると，

$$f = y \cdot g_1 + 0 \cdot g_2 + (-x - y)$$

となるが，$G = (g_2, g_1)$ で割ると，

$$f = x \cdot g_2 + 0 \cdot g_1$$

となる．後者の例は，$f \in \langle g_1, g_2 \rangle$ であることを表しており，このとき，前者は，$f \in \langle g_1, g_2 \rangle$ であっても $G = (g_1, g_2)$ による割り算の結果，余りがゼロでないことが起こりうることを示している．

それでは，多変数のイデアル所属問題を解くにはどうすればよいのだろうか？　ここでいよいよ，グレブナー基底の出番となる．

A.5　グレブナー基底

グレブナー基底を定義するための準備として，イニシャルイデアルを定義しよう．多項式環 $K[x_1, \ldots, x_n]$ の単項式順序 $\prec$ を固定する．多項式環 $K[x_1, \ldots, x_n]$ の 0 でない多項式を

$$f = a_1u_1 + a_2u_2 + \cdots + a_tu_t$$

と書く．ただし，$0 \neq a_i \in K$, $i = 1, \ldots, t$ であり，$u_1, \ldots, u_t$ は相異なる単項式とする．f に現れる単項式の集合 $\{u_1, \ldots, u_t\}$ を，f の**台**と呼ぶ．多項式 f の単項式順序 $\prec$ に関する**イニシャル単項式**とは，$u_1, \ldots, u_t$ の中で，単項式順序 $\prec$ に関して最も大きい単項式をいい，それを $\mathrm{in}_\prec(f)$ と表す．

［定義 A.12］ 多項式環 $K[x_1, \ldots, x_n]$ の $\langle 0 \rangle$ と異なるイデアル I があったとき，単項式の集合 $\{\mathrm{in}_\prec(f) \mid 0 \neq f \in I\}$ が生成する単項式イデアルを I の $\prec$ に関する**イニシャルイデアル**といい，$\mathrm{in}_\prec(I)$ と表す．つまり，

$$\mathrm{in}_\prec(I) = \langle \{\mathrm{in}_\prec(f) \mid 0 \neq f \in I\} \rangle$$

である．

一般には，$I = \langle \{f_\lambda\}_{\lambda \in \Lambda} \rangle$ であっても，$\mathrm{in}_\prec(I) = \langle \{\mathrm{in}_\prec(f_\lambda)\}_{\lambda \in \Lambda} \rangle$ であるとは限らない．

［例 A.13］ 変数の個数を $n = 7$ とし，$f = x_1x_4 - x_2x_3$, $g = x_4x_7 - x_5x_6$ により生成されるイデアル $I = \langle f, g \rangle$ を考える．辞書式順序 $\prec_{\mathrm{lex}}$ について，I のイニシャルイデアルが，f, g のイニシャル単項式では生成されないことを示そう．f, g のイニシャル単項式はそれぞれ，$\mathrm{in}_{\prec_{\mathrm{lex}}}(f) = x_1x_4$, $\mathrm{in}_{\prec_{\mathrm{lex}}}(g) = x_4x_7$ である．いま，$h = x_7f - x_1g = x_1x_5x_6 - x_2x_3x_7$ とすると，$h \in I$ であるから，$\mathrm{in}_{\prec_{\mathrm{lex}}}(h) = x_1x_5x_6 \in \mathrm{in}_{\prec_{\mathrm{lex}}}(I)$ である．一方，$x_1x_5x_6 \notin \langle x_1x_4, x_4x_7 \rangle$ である．したがって，$\langle x_1x_4, x_4x_7 \rangle \neq \mathrm{in}_{\prec_{\mathrm{lex}}}(I)$ となっている．

例 A.13 から考えられる自然な問いは，与えられた I の生成元のイニシャル単項式で生成されるイデアルが，I のイニシャルイデアルに一致するのはどのような場合か，であろう．これはそのまま，グレブナー基底の定義を与える．いま，多項式環 $K[x_1, \ldots, x_n]$ の単項式順序 $\prec$ を固定し，I を $K[x_1, \ldots, x_n]$ の $\langle 0 \rangle$ と異なるイデアルとする．このとき，補題 A.5 から，単項式イデアル $\mathrm{in}_\prec(I)$ は有限生成であるので，$\{\mathrm{in}_\prec(f) \mid 0 \neq f \in I\}$ の有限部分集合

$$\{\mathrm{in}_{\prec}(f_1), \mathrm{in}_{\prec}(f_2), \ldots, \mathrm{in}_{\prec}(f_s)\}$$

で $\mathrm{in}_{\prec}(I)$ の生成系となるものが存在する．

[定義 A.14]　多項式環 $K[x_1, \ldots, x_n]$ の単項式順序 $\prec$ を固定し，I を $K[x_1, \ldots, x_n]$ の $\langle 0 \rangle$ でないイデアルとする．このとき，I の $\prec$ に関する**グレブナー基底**とは，I に属する有限個の 0 でない多項式の集合 $\{g_1, \ldots, g_s\}$ で，$\{\mathrm{in}_{\prec}(g_1), \ldots, \mathrm{in}_{\prec}(g_s)\}$ がイニシャルイデアル $\mathrm{in}_{\prec}(I)$ の生成系となるものをいう．

定義の直前の議論から，任意の項順序に対して，グレブナー基底は必ず存在する．また，グレブナー基底は一意的ではない．実際，$\{g_1, \ldots, g_s\}$ が I のグレブナー基底であれば，$\{g_1, \ldots, g_s\}$ を含む $I \setminus \{0\}$ の任意の有限部分集合もグレブナー基底である．

一方，系 A.7 から，単項式イデアル $\mathrm{in}_{\prec}(I)$ の単項式からなる極小生成系は一意的に存在する．いま，I のグレブナー基底 $\{g_1, \ldots, g_s\}$ が I の**極小グレブナー基底**であるとは，$\{\mathrm{in}_{\prec}(g_1), \ldots, \mathrm{in}_{\prec}(g_s)\}$ が $\mathrm{in}_{\prec}(I)$ の極小生成系であり，かつ，任意の $1 \leq i \leq s$ について g_i における $\mathrm{in}_{\prec}(g_i)$ の係数が 1 であるときにいう．

極小グレブナー基底は必ず存在する．しかし，極小グレブナー基底は一意的とは限らない．例えば，$\{g_1, g_2, g_3, \ldots, g_s\}$ が極小グレブナー基底であるとし，$\mathrm{in}_{\prec}(g_1) \prec \mathrm{in}_{\prec}(g_2)$ とすると，$\{g_1, g_2 + g_1, g_3, \ldots, g_s\}$ も極小グレブナー基底である．このように，極小なグレブナー基底が複数あるとき，その違いは先頭項以外にしか表れない．そこで，次の定義を与える．

[定義 A.15]　多項式環 $K[x_1, \ldots, x_n]$ の単項式順序 $\prec$ を固定する．イデアル I の $\prec$ に関するグレブナー基底 $\{g_1, \ldots, g_s\}$ が**被約グレブナー基底**であるとは，次の条件を満たすときにいう．

- 多項式 g_i における $\mathrm{in}_{\prec}(g_i)$ の係数は 1 である $(1 \leq i \leq s)$.
- $i \neq j$ のとき，g_j の台に属する単項式は $\mathrm{in}_{\prec}(g_i)$ で割り切れない．

被約グレブナー基底は極小グレブナー基底であるが，逆は必ずしも成立しない．また，一意性に関して，次が成り立つ．

［定理 A.16］ 多項式環 $K[x_1, \ldots, x_n]$ のイデアル I の単項式順序 $\prec$ に関する被約グレブナー基底は一意的である．

証明は [51, 第 1 章] などを参照されたい．

A.6　ヒルベルト基底定理

多項式環の任意のイデアルが有限生成であることを保証する，ヒルベルトの基底定理を，グレブナー基底の枠組みで証明しよう．まずは，多項式環のイデアルのグレブナー基底が，実際にそのイデアルの「基底」，すなわち生成系であることを確認する．

［定理 A.17］ 多項式環のイデアルのグレブナー基底は，そのイデアルの生成系である．すなわち，多項式環 $K[x_1, \ldots, x_n]$ の単項式順序 $\prec$ を固定し，I を $K[x_1, \ldots, x_n]$ の 0 でないイデアルとし，$\{g_1, \ldots, g_s\}$ を I の $\prec$ に関するグレブナー基底とすると，$\{g_1, \ldots, g_s\}$ は I の生成系である．

証明　グレブナー基底の定義より，$\mathrm{in}_\prec(I) = \langle \mathrm{in}_\prec(g_1), \ldots, \mathrm{in}_\prec(g_s) \rangle$ である．このとき，$I = \langle g_1, \ldots, g_s \rangle$ を示す．

イニシャルイデアルの定義より，任意の $0 \neq f \in I$ について $\mathrm{in}_\prec(f) \in \mathrm{in}_\prec(I)$ が成り立つ．また，$\mathrm{in}_\prec(I)$ の生成系 $\{\mathrm{in}_\prec(g_1), \ldots, \mathrm{in}_\prec(g_s)\}$ が単項式の集合であることに注意すれば，$\mathrm{in}_\prec(f)$ はいずれかの $\mathrm{in}_\prec(g_i)$ で割り切れる，つまり $\mathrm{in}_\prec(f) = w \cdot \mathrm{in}_\prec(g_i)$ となる単項式 w と $1 \leq i \leq s$ が存在する．ここで，wg_i の各項について考えれば，単項式順序が全順序の性質を持つことから，wg_i の先頭項は g_i の先頭項に w を掛けたものになることがわかる．したがって $\mathrm{in}_\prec(f) = \mathrm{in}_\prec(wg_i)$ である．多項式 g_i における $\mathrm{in}_\prec(g_i)$ の係数を c_i，f における $\mathrm{in}_\prec(f)$ の係数を c と書き，$f^{(1)} = c_i f - cwg_i$ $(\in I)$ と置く．このとき，$f^{(1)} = 0$ ならば，$f = (c/c_i)wg_i \in \langle g_1, \ldots, g_s \rangle$ となる．

一方，$f^{(1)} \neq 0$ とする．ここで $f^{(1)}$ は，f と wg_i から，それぞれの（係数以外等しい）先頭項を，「係数を揃えて消去した」ものであることに注意する．

すなわち $f^{(1)}$ の各項は，f と wg_i の先頭項以外のいずれかの項の係数を変えたものに等しい．特に，先頭項について，$\mathrm{in}_{\prec}(f^{(1)}) \prec \mathrm{in}_{\prec}(f)$ が成り立つ．ここで再び，$f^{(1)}$ から，その先頭項をある g_i によって消去することを考える．つまり，先ほど f に施した操作を $f^{(1)}$ に施し，$f^{(2)} \in I$ が得られたとする．このとき $f^{(2)} = 0$ であれば，先ほどと同じ理由で $f^{(1)} \in \langle g_1, \ldots, g_s \rangle$ となる．これより，$f \in \langle g_1, \ldots, g_s \rangle$ がいえる．

$f^{(2)} \neq 0$ であるときは，先ほどと同じ理由で $\mathrm{in}_{\prec}(f^{(2)}) \prec \mathrm{in}_{\prec}(f^{(1)})$ が成り立っている．一般に，$f^{(k-1)} \neq 0$ である限り，同じ操作を $f^{(k-1)}$ に施し，$f^{(k)} \in I$ を得ることとする．このとき，ある k について $f^{(k)} = 0$ となれば，$f^{(k-1)}, f^{(k-2)}, \ldots, f^{(1)}$ はすべて $\langle g_1, \ldots, g_s \rangle$ に属し，$f \in \langle g_1, \ldots, g_s \rangle$ がいえる．また，$f^{(k)} \neq 0$ ならば，$\mathrm{in}_{\prec}(f^{(k)}) < \mathrm{in}_{\prec}(f^{(k-1)})$ が成り立っている．

ここで，すべての $k \geq 1$ において $f^{(k)} \neq 0$ が成り立つと仮定すると，単項式順序 $\prec$ に関する無限減少列

$$\mathrm{in}_{<}(f) \succ \mathrm{in}_{\prec}(f^{(1)}) \succ \cdots \succ \mathrm{in}_{\prec}(f^{(k-1)}) \succ \mathrm{in}_{\prec}(f^{(k)}) \succ \cdots$$

ができる．しかし，補題 A.10 は，そのような無限減少列の存在を否定する．したがって，$f^{(q)} = 0$ となる $q \geq 1$ が存在する．■

既に述べたように，グレブナー基底は任意の項順序に対して必ず存在し，また，グレブナー基底は有限集合である．したがって，定理 A.17 から，多項式環の任意のイデアルは有限生成であることが示された．これはヒルベルトの基底定理と呼ばれ，厳密には次のようになる．

[系 A.18（ヒルベルトの基底定理）]　多項式環の任意のイデアルは有限生成である．また，イデアル I の生成系 $\{f_\lambda \mid \lambda \in \Lambda\}$ があったとき，$\{f_\lambda \mid \lambda \in \Lambda\}$ の有限部分集合で I の生成系となるものが存在する．

証明　前半は定理 A.17 の帰結である．後半は次のように示される．いま，イデアル $I = \langle \{f_\lambda \mid \lambda \in \Lambda\} \rangle$ には，定理の前半から有限生成系が存在するから，I に属する有限個の多項式を選び $I = \langle g_1, \ldots, g_s \rangle$ と書く．ここで，それぞれの $1 \leq i \leq s$ について $g_i = \sum_{\lambda \in \Lambda} h_\lambda^{(i)} f_\lambda$ と書くと，$h_\lambda^{(i)} \in K[x_1, \ldots, x_n]$ は有限個を除き 0 である．したがって，いずれかの $h_\lambda^{(i)}$ が非ゼロとなるような Λ

の部分集合に関する $\{f_\lambda \mid \lambda \in \Lambda\}$ の有限部分集合，つまり

$$\{f_\lambda \mid \lambda \in \cup_{i=1}^{s} \Lambda_i\}, \quad \Lambda_i = \{\lambda \in \Lambda \mid h_\lambda^{(i)} \neq 0\}$$

は，I の有限生成系である． ∎

A.7 イデアル所属問題

前節までで，グレブナー基底の定義と，ヒルベルト基底定理が示された．以降は，本書で用いられるグレブナー基底の理論をまとめる．

まず，A.4 節の最後に述べたイデアル所属問題の解を与えよう．その際に必要となるのは，A.4 節でも眺めた割り算アルゴリズムである．

[定理 A.19（割り算アルゴリズム）] 多項式環 $K[x_1, \ldots, x_n]$ の単項式順序 $\prec$ を固定し，$g_1, \ldots, g_s$ を $K[x_1, \ldots, x_n]$ の 0 でない多項式とする．このとき，与えられた多項式 $0 \neq f \in K[x_1, \ldots, x_n]$ について，f の $g_1, \ldots, g_s$ に関する**標準表示**と呼ばれる等式

$$f = f_1 g_1 + \cdots + f_s g_s + r$$

を満たす $f_1, \ldots, f_s, r \in K[x_1, \ldots, x_n]$ が存在する．ただし，

- $r \neq 0$ ならば，r の台に属する任意の単項式 u は単項式イデアル $\langle \mathrm{in}_\prec(g_1), \ldots, \mathrm{in}_\prec(g_s) \rangle$ に属さない．つまり，u はいかなる $\mathrm{in}_\prec(g_i)$ でも割り切れない．多項式 r を f の $g_1, \ldots, g_s$ に関する**余り**と呼ぶ．
- $f_i \neq 0$ ならば，$\mathrm{in}_\prec(f) \succeq \mathrm{in}_\prec(f_i g_i)$ である．

証明は省略する．A.4 節では，多変数の場合は一般に，割り算アルゴリズムによる余りが一意的でないことを確認した．しかし，グレブナー基底による割り算に関しては，次の性質が成り立つ．

[補題 A.20] 多項式環 $K[x_1, \ldots, x_n]$ に属する多項式の有限集合 $\{g_1, \ldots, g_s\}$ がイデアル $I = \langle g_1, \ldots, g_s \rangle$ のグレブナー基底であるならば，任意の多項式 $0 \neq f \in K[x_1, \ldots, x_n]$ の $g_1, \ldots, g_s$ に関する余りは一意的である．

証明　多項式 f' と f'' が，いずれも f の $g_1, \ldots, g_s$ に関する余りとし，$f' \neq f''$ とする．いま，$0 \neq f' - f'' \in I$ であるから，$f' - f''$ のイニシャル単項式 $w = \mathrm{in}_{\prec}(f' - f'')$ はイニシャルイデアル $\mathrm{in}_{\prec}(I)$ に属する．一方，単項式 w は f' または f'' の台に属する．すると，余りの定義から，w は $\langle \mathrm{in}_{\prec}(g_1), \ldots, \mathrm{in}_{\prec}(g_s) \rangle$ に属さない．ところが，$\{g_1, \ldots, g_s\}$ はグレブナー基底であるから，$\mathrm{in}_{\prec}(I)$ と $\langle \mathrm{in}_{\prec}(g_1), \ldots, \mathrm{in}_{\prec}(g_s) \rangle$ は一致するので，矛盾である．■

この性質から，イデアル所属問題がグレブナー基底による割り算で解けることがわかる．

[系 A.21]　多項式環 $K[x_1, \ldots, x_n]$ に属する多項式の有限集合 $\{g_1, \ldots, g_s\}$ がイデアル $I = \langle g_1, \ldots, g_s \rangle$ のグレブナー基底であるとする．このとき，任意の多項式 $0 \neq f \in K[x_1, \ldots, x_n]$ が I に属すための必要十分条件は，f の $g_1, \ldots, g_s$ に関する一意的な余りが 0 になることである．

証明　一般に，多項式 $0 \neq f \in K[x_1, \ldots, x_n]$ の $g_1, \ldots, g_s$ に関する余りが 0 ならば，f はイデアル $I = \langle g_1, \ldots, g_s \rangle$ に属する．

他方，多項式 $0 \neq f \in K[x_1, \ldots, x_n]$ が I に属すると仮定し，f の $g_1, \ldots, g_s$ に関する標準表示 $f = f_1 g_1 + \cdots + f_s g_s + f'$ を考える．いま，$f \in I$ であるから f' も I に属する．仮に $f' \neq 0$ とすると，$\mathrm{in}_{\prec}(f') \in \mathrm{in}_{\prec}(I)$ である．ここで，$\{g_1, \ldots, g_s\}$ はグレブナー基底であるので，$\mathrm{in}_{\prec}(I) = \langle \mathrm{in}_{\prec}(g_1), \ldots, \mathrm{in}_{\prec}(g_s) \rangle$ である．しかし，f' は余りであるので，f' の台に属する単項式である $\mathrm{in}_{\prec}(f')$ が $\langle \mathrm{in}_{\prec}(g_1), \ldots, \mathrm{in}_{\prec}(g_s) \rangle$ に属することは矛盾である．■

第 12 章は，グレブナー基底の理論が実験計画法の文脈でどのように用いられるか，その最初の結果を紹介しているが，そのポイントは，因子間の交絡関係がイデアル所属問題として定式化できるという結果であった．

A.8　消去定理

次に，グレブナー基底理論の最も重要な応用例の一つである，消去理論についてまとめる．本書では，4.3 節における，与えられた配置行列からのマルコフ基底の計算，および，第 12 章における，与えられた実験点からの計画イデアルの計算など，随所でこの理論を利用している．

多項式環 $K[x_1, \ldots, x_n]$ に属する多項式で，そこに現れる変数が $x_{i_1}, x_{i_2}, \ldots, x_{i_m}$（ただし $1 \leq i_1 < i_2 < \cdots < i_m \leq n$）以外を含まないようなもののみを考える．そのような多項式の全体を

$$B_{i_1 i_2 \cdots i_m} = K[x_{i_1}, x_{i_2}, \ldots, x_{i_m}]$$

と表す．$B_{i_1 i_2 \cdots i_m}$ に属する多項式の和と積は $B_{i_1 i_2 \cdots i_m}$ に属するから，$B_{i_1 i_2 \cdots i_m}$ は多項式環である．

多項式環 $K[x_1, \ldots, x_n]$ 上の単項式順序 $\prec$ は，自然に，$B_{i_1 i_2 \cdots i_m}$ 上の単項式順序 $\prec'$ を導く．すなわち，u と v が $B_{i_1 i_2 \cdots i_m}$ の単項式のとき，$K[x_1, \ldots, x_n]$ の単項式として $u \prec v$ であるとき，かつそのときに限り $u \prec' v$ である，と定義すれば，$\prec'$ は $B_{i_1 i_2 \cdots i_m}$ 上の単項式順序となる．誤解を招く恐れがない限り，$K[x_1, \ldots, x_n]$ 上の単項式順序 $\prec$ から自然に導かれる $B_{i_1 i_2 \cdots i_m}$ 上の単項式順序 $\prec'$ も単に $\prec$ と表すことにする．

一般に，$K[x_1, \ldots, x_n]$ のイデアル I があったとき，共通部分 $I \cap B_{i_1 i_2 \cdots i_m}$ は $B_{i_1 i_2 \cdots i_m}$ のイデアルである．すると，$\mathcal{G}$ が I のグレブナー基底であるとき，$\mathcal{G} \cap B_{i_1 i_2 \cdots i_m}$ は $I \cap B_{i_1 i_2 \cdots i_m}$ のグレブナー基底であるか，という疑問が生ずる．この答えが肯定的であることを示したのが，次の**消去定理**である．

[定理 A.22（消去定理）] 多項式環 $K[x_1, \ldots, x_n]$ の単項式順序 $\prec$ と $B_{i_1 i_2 \cdots i_m}$ を考える．いま，$\mathcal{G}$ を $K[x_1, \ldots, x_n]$ の $\langle 0 \rangle$ と異なるイデアル I のグレブナー基底とし，条件

$$g \in \mathcal{G},\ \mathrm{in}_{\prec}(g) \in B_{i_1 i_2 \cdots i_m} \text{ ならば } g \in B_{i_1 i_2 \cdots i_m} \text{ である} \qquad (\sharp)$$

を仮定する．このとき，$\mathcal{G} \cap B_{i_1 i_2 \cdots i_m}$ は $I \cap B_{i_1 i_2 \cdots i_m}$ のグレブナー基底である．

証明 $\mathcal{G} \cap B_{i_1 i_2 \cdots i_m}$ が，グレブナー基底の定義を満たす，つまり，$I \cap B_{i_1 i_2 \cdots i_m}$ のイニシャルイデアル $\mathrm{in}_{\prec}(I \cap B_{i_1 i_2 \cdots i_m})$ が，

$$\{\mathrm{in}_{\prec}(g) \mid g \in \mathcal{G} \cap B_{i_1 i_2 \cdots i_m}\}$$

で生成されることを示す．いま，$\mathrm{in}_{\prec}(I \cap B_{i_1 i_2 \cdots i_m})$ に属する任意の単項式 u について，$\mathrm{in}_{\prec}(f) = u$ となる多項式 $0 \neq f \in I \cap B_{i_1 i_2 \cdots i_m}$ を選ぶ．ここで $f \in I$ であるから $u \in \mathrm{in}_{\prec}(I)$ である．さて，$\mathcal{G}$ は I のグレブナー基底であるので，$\mathrm{in}_{\prec}(g)$ が u を割り切るような $g \in \mathcal{G}$ が存在する．この g について考えよう．まず，g の先頭項 $\mathrm{in}_{\prec}(g)$ は，変数 $x_{i_1}, x_{i_2}, \ldots, x_{i_m}$ の単項式 u を割り切るので，やはり変数 $x_{i_1}, x_{i_2}, \ldots, x_{i_m}$ の単項式である．つまり $\mathrm{in}_{\prec}(g) \in B_{i_1 i_2 \cdots i_m}$ である．すると，条件 ($\sharp$) から，$g \in B_{i_1 i_2 \cdots i_m}$ が従う．以上のことから，イニシャルイデアル $\mathrm{in}_{\prec}(I \cap B_{i_1 i_2 \cdots i_m})$ に属する任意の単項式 u について，$\mathrm{in}_{\prec}(g)$ が u を割り切るような $g \in \mathcal{G} \cap B_{i_1 i_2 \cdots i_m}$ の存在が示された．すなわち，$\mathrm{in}_{\prec}(I \cap B_{i_1 i_2 \cdots i_m})$ は $\{\mathrm{in}_{\prec}(g) \mid g \in \mathcal{G} \cap B_{i_1 i_2 \cdots i_m}\}$ で生成される．■

上の証明で使われているのは，グレブナー基底の定義のみであることに注目しよう．

消去定理 A.22 を適用するためには，条件 ($\sharp$) を満たすような，うまい単項式順序 $\prec$ を定める必要がある．これは特に難しいことではない．要するに，イニシャル単項式のみが $B_{i_1 i_2 \cdots i_m}$ の単項式，というような多項式が $\mathcal{G}$ に含まれなければよいわけだが，そのためには，変数 $x_{i_1}, x_{i_2}, \ldots, x_{i_m}$ が他の変数よりも「後ろ」であるような単項式順序であれば十分である．最も簡単なのは，以下である．

[系 A.23]　多項式環 $K[x_1, \ldots, x_n]$ における変数の順序 $x_1 \succ \cdots \succ x_n$ から導かれる純辞書式順序 $\prec_{\mathrm{purelex}}$ と

$$B_{\geq p} = K[x_p, x_{p+1}, \ldots, x_n]$$

を考える．このとき，$\mathcal{G}$ が $K[x_1, \ldots, x_n]$ の $\langle 0 \rangle$ と異なるイデアル I の $\prec_{\mathrm{purelex}}$ に関するグレブナー基底であれば，$\mathcal{G} \cap B_{\geq p}$ は $I \cap B_{\geq p}$ の $\prec_{\mathrm{purelex}}$ に関するグレブナー基底である．

証明　定理 A.22 の条件 ($\sharp$) が満たされることをいえばよい．多項式 $g \in \mathcal{G}$ のイニシャル単項式 $\mathrm{in}_{\prec_{\mathrm{purelex}}}(g)$ が $B_{\geq p}$ に属するならば，$\mathrm{in}_{\prec_{\mathrm{purelex}}}(g)$ は変数 x_p, $x_{p+1}, \ldots, x_n$ の単項式である．すると，純辞書式順序の定義から，g に現れる

任意の単項式は変数 $x_p, x_{p+1}, \ldots, x_n$ の単項式である．したがって，$g \in B_{\geq p}$ である． ∎

消去定理 A.22 の条件 (♯) を満たす単項式順序を，**消去順序**という．系 A.23 で示したように，純辞書式順序は消去順序の典型的な例であるが，実際の計算では，純辞書式順序よりも計算効率のよい，辞書式順序や逆辞書式順序を使いたい場合も多い．そのような場合は，以下で定義する**ブロック順序**を用いるのが便利である．

[定義 A.24] 多項式環 $K[x_1, \ldots, x_{p-1}]$ の単項式順序 $\prec_1$ と多項式環 $K[x_p, x_{p+1}, \ldots, x_n]$ の単項式順序 $\prec_2$ が与えられているとする．u_1, u_2 を $K[x_1, \ldots, x_{p-1}]$ の単項式，v_1, v_2 を $K[x_p, x_{p+1}, \ldots, x_n]$ の単項式としたとき，多項式環 $K[x_1, \ldots, x_n]$ の単項式順序 $\prec$ を，

$$u_1 v_1 \prec u_2 v_2 \ \Leftrightarrow\ (u_1 \prec_1 u_2) \text{ または } (u_1 = u_2 \text{ かつ } v_1 \prec_2 v_2)$$

と定義すれば，$\prec$ は多項式環 $K[x_1, \ldots, x_n]$ 上の消去順序となる．この $\prec$ を，$\{x_1, \ldots, x_{p-1}\} \succ \{x_p, \ldots, x_n\}$ なるブロック順序という．

A.9 トーリックイデアル

第 3 章で，生成系がマルコフ基底に対応する**トーリックイデアル**という特殊なイデアルを扱った．本章ではその定義と基本的な性質をまとめる．まず準備として，配置行列と二項式イデアルを定義しよう．

整数を成分とする d 行 n 列の行列 $A = (a_{ij}) \in \mathbb{Z}^{d \times n}$ の列ベクトルを $A = (\boldsymbol{a}_1, \ldots, \boldsymbol{a}_n)$, $\boldsymbol{a}_j = (a_{1j}, \ldots, a_{dj})'$ と置く．行列 A は，成分がすべて 1 からなる行ベクトル $(1, \ldots, 1)$ が A の行空間に含まれる，つまり，$\boldsymbol{c} \in \mathbb{R}^d$ を適当に選ぶと

$$\boldsymbol{c}' \boldsymbol{a}_j = 1, \quad 1 \leq j \leq n$$

とできるとき，**配置行列**と呼ぶ．第 3 章では，この仮定を斉次性の仮定と呼

んだ．

多項式環 $K[x_1, \dots, x_n]$ の次数が等しい単項式 u と v の差 $u - v$ を，$K[x_1, \dots, x_n]$ の**二項式**と呼ぶ．二項式が生成するイデアルを，**二項式イデアル (binomial ideal)** と呼ぶ．イデアルの生成系に関する一般的な議論（定理 A.17）から，任意の二項式イデアルは有限のグレブナー基底を持つが，特に，二項式イデアルは，有限の二項式からなる生成系を持つことが知られている．

[定理 A.25]　多項式環 $K[x_1, \dots, x_n]$ の二項式イデアル I について，$K[x_1, \dots, x_n]$ の任意の単項式順序 $<$ に関する，I の被約グレブナー基底は二項式からなる．

証明は [51, 第 1 章] などを参照されたい．

さて，与えられた配置行列から，トーリックイデアルという二項式イデアルが定義できる．第 3 章と同様，$A\boldsymbol{b} = \boldsymbol{0}$ を満たす整数ベクトルの集合を

$$\ker_{\mathbb{Z}} A = \{A\boldsymbol{b} = \boldsymbol{0} \mid \boldsymbol{b} \in \mathbb{Z}^n\}$$

と書く．いま，$\boldsymbol{b} = (b_1, \dots, b_n)' \in \ker_{\mathbb{Z}}(A)$ とすると，A は配置行列であるから，$b_1 + \cdots + b_n = 0$ が成り立つことに注意する．すると，この $\boldsymbol{b}$ から多項式環 $K[x_1, \dots, x_n]$ に属する二項式 $f_{\boldsymbol{b}}$ を

$$f_{\boldsymbol{b}} = \prod_{b_i > 0} x_i^{b_i} - \prod_{b_i < 0} x_i^{-b_i}$$

と定めれば，$\prod_{b_i > 0} x_i^{b_i}$ と $\prod_{b_i < 0} x_i^{-b_i}$ は次数が等しい単項式である．このような二項式の集合

$$I_A = \langle \{f_{\boldsymbol{b}} \mid \boldsymbol{b} \in \ker_{\mathbb{Z}} A\} \rangle$$

を，A の**トーリックイデアル (toric ideal)** と呼ぶ．トーリックイデアル I_A の被約グレブナー基底は二項式からなる．

第 4 章では，トーリックイデアルを多項式環の準同形写像の核として定義した（式(4.4)）．この定義と配置行列の関係についてもまとめておこう．変数 $t_1, \dots, t_d$ を用意し，配置行列 $A = (a_{ij}) = (\boldsymbol{a}_1, \dots, \boldsymbol{a}_n)$ の列ベクトル $\boldsymbol{a}_j = (a_{1j}, \dots, a_{dj})'$ に，負のベキも許す単項式

$$\boldsymbol{t}^{\boldsymbol{a}_j} = t_1^{a_{1j}} t_2^{a_{2j}} \cdots t_d^{a_{dj}}$$

を付随させる．多項式 $f = f(x_1, \ldots, x_n) \in K[x_1, \ldots, x_n]$ の変数 x_j に $\boldsymbol{t}^{\boldsymbol{a}_j}$ を代入したものを $\pi(f)$ と表す．つまり，

$$\pi(f) = f(\boldsymbol{t}^{\boldsymbol{a}_1}, \boldsymbol{t}^{\boldsymbol{a}_2}, \ldots, \boldsymbol{t}^{\boldsymbol{a}_n})$$

である[2]．これが，第 4 章で与えた準同形写像であり，以下が成り立つ．

[補題 A.26] 配置行列 A のトーリックイデアル I_A は

$$\langle \{ f \in K[x_1, \ldots, x_n] \mid \pi(f) = 0 \} \rangle$$

と一致する．

証明は，[51, 第 1 章] などを参照されたい．

第 4 章の議論によれば，与えられた配置行列 A に対して，そのトーリックイデアル I_A の生成系を求めることができれば，それをマルコフ基底とするマルコフ連鎖モンテカルロ法が実行できるのであった．ここでは，系 A.23 に基づく，具体的な計算方法を与える．

まず，上の π の定義において，負のベキも許す単項式を使ったが，負のベキを避けることも可能である．

[補題 A.27] 配置行列 $A = (\boldsymbol{a}_1, \ldots, \boldsymbol{a}_n) \in \mathbb{Z}^{d \times n}$ があったとき，適当なベクトル $\boldsymbol{a} \in \mathbb{Z}^d$ を選ぶと，行列

$$B = (\boldsymbol{a}_1 + \boldsymbol{a}, \boldsymbol{a}_2 + \boldsymbol{a}, \ldots, \boldsymbol{a}_n + \boldsymbol{a})$$

は非負整数を成分とする配置行列となる．さらに，配置行列 A のトーリックイデアル I_A と配置行列 B のトーリックイデアル I_B は一致する．

---

2 このとき，

$$K[A] = \{ \pi(f) \mid f \in K[x_1, \ldots, x_n] \}$$

と置くと，$K[A]$ においては，和と積の演算が自然に定義できる．この $K[A]$ を配置行列 A の**トーリック環**という．

証明は省略する.

補題 A.27 より, $A = (\boldsymbol{a}_1, \ldots, \boldsymbol{a}_n) \in \mathbb{Z}^{d \times n}$ は非負整数を成分とする配置行列とする. これに対し, 変数 $x_1, \ldots, x_n, t_1, \ldots, t_d$ の多項式環 $K[x_1, \ldots, x_n, t_1, \ldots, t_d]$ におけるイデアル J_A を

$$J_A = \langle x_1 - \boldsymbol{t}^{\boldsymbol{a}_1}, x_2 - \boldsymbol{t}^{\boldsymbol{a}_2}, \ldots, x_n - \boldsymbol{t}^{\boldsymbol{a}_n} \rangle$$

とする.

[補題 A.28]　多項式環 $K[x_1, \ldots, x_n]$ のトーリックイデアル I_A は, J_A と $K[x_1, \ldots, x_n]$ の共通部分である. つまり

$$I_A = J_A \cap K[x_1, \ldots, x_n]$$

が成り立つ.

証明　多項式 $f = f(x_1, \ldots, x_n) \in K[x_1, \ldots, x_n]$ が I_A に属するならば, 補題 A.26 より $\pi(f) = 0$ である. すなわち, $f(\boldsymbol{t}^{\boldsymbol{a}_1}, \ldots, \boldsymbol{t}^{\boldsymbol{a}_n}) = 0$ である. 一方,

$$\begin{aligned} f(x_1, \ldots, x_n) &= f((x_1 - \boldsymbol{t}^{\boldsymbol{a}_1}) + \boldsymbol{t}^{\boldsymbol{a}_1}, \ldots, (x_n - \boldsymbol{t}^{\boldsymbol{a}_n}) + \boldsymbol{t}^{\boldsymbol{a}_n}) \\ &= (\{x_1 - \boldsymbol{t}^{\boldsymbol{a}_1}, \ldots, x_n - \boldsymbol{t}^{\boldsymbol{a}_n}\} \text{ で生成される多項式}) \\ &\qquad + f(\boldsymbol{t}^{\boldsymbol{a}_1}, \ldots, \boldsymbol{t}^{\boldsymbol{a}_n}) \end{aligned}$$

となるから, $f \in J_A \cap K[x_1, \ldots, x_n]$ である. したがって, $I_A \subset J_A \cap K[x_1, \ldots, x_n]$ である.

逆に, 多項式 $f = f(x_1, \ldots, x_n) \in K[x_1, \ldots, x_n]$ が J_A に属するならば, 多項式環 $K[x_1, \ldots, x_n, t_1, \ldots, t_d]$ に属する多項式 $g_1, \ldots, g_n$ を使って

$$f(x_1, \ldots, x_n) = g_1 \cdot (x_1 - \boldsymbol{t}^{\boldsymbol{a}_1}) + \cdots + g_n \cdot (x_n - \boldsymbol{t}^{\boldsymbol{a}_n})$$

と表される. すると, $\pi(f) = f(\boldsymbol{t}^{\boldsymbol{a}_1}, \ldots, \boldsymbol{t}^{\boldsymbol{a}_n}) = 0$ である. すなわち, $f \in I_A$ であるから, $J_A \cap K[x_1, \ldots, x_n] \subset I_A$ である. ■

この結果より, I_A の被約グレブナー基底の系 A.23 に基づく計算法が以下のように得られる. まず, 多項式環 $K[x_1, \ldots, x_n, t_1, \ldots, t_d]$ における変数の

順序

$$t_1 \succ t_2 \succ \cdots \succ t_d \succ x_1 \succ \cdots \succ x_n$$

から導かれる純辞書式順序 $\prec_{\text{purelex}}$ を考え，イデアル J_A の $\prec_{\text{purelex}}$ に関する被約グレブナー基底 $\mathcal{G}^*$ を計算する．この $\mathcal{G}^*$ に属する多項式で，変数 $x_1, \ldots, x_n$ のみからなるものを $\mathcal{G} = \mathcal{G}^* \cap K[x_1, \ldots, x_n]$ とすれば，系 A.23 から，$\mathcal{G}$ は I_A の $\prec_{\text{purelex}}$ に関する被約グレブナー基底となる．一般の消去順序に関しても，同様の方法で I_A の被約グレブナー基底を求めることができる．

A.10　多項式環の剰余環

群論における剰余群，環論における剰余環の概念は重要であるが，本書では，第 12 章の議論で重要であるイニシャルイデアルに関する Macaulay の定理を紹介するのに必要な，最低限の記述にとどめる．

体 K 上の n 変数多項式環 $K[x_1, \ldots, x_n]$ とそのイデアル $I \ (\neq K[x_1, \ldots, x_n])$ を考える．任意の多項式 $f \in K[x_1, \ldots, x_n]$ について，多項式の集合

$$f + I = \{f + g \mid g \in I\}$$

を $[f]$ と表す．イデアル I は 0 を含むから，$f = f + 0 \in f + I$ である．すなわち，$f \in [f]$ である．$[f] \subset K[x_1, \ldots, x_n]$ を，I を法とする $K[x_1, \ldots, x_n]$ の（f を含む）**剰余類**と呼ぶ．特に，$I = [0]$ も剰余類であり，$[f] = I$ と $f \in I$ は同値である．

剰余類に関する性質を三つ挙げる．

[補題 A.29]　多項式 f と g について，$[f] \cap [g] \neq 0$ ならば $[f] = [g]$ である．

証明　いま，$h \in [f] \cap [g]$ とすると，$h = f + f_1 = g + g_1$ となる $f_1, g_1 \in I$ が存在する．すると，$f - g = g_1 - f_1 \in I$ であるから $(g_1 - f_1) + I = I$ である．したがって，

$$f + I = g + (g_1 - f_1) + I = g + ((g_1 - f_1) + I) = g + I$$

を得る. ■

［補題 A.30］　多項式 f と g について，次の条件は同値である.

(i) $[f] = [g]$.

(ii) $g \in [f]$.

(iii) $f - g \in I$.

証明　条件 (i) を仮定すると，$g \in [g]$ から $g \in [f]$ となるので (ii) がいえる. 条件 (ii) を仮定すると，$g = f + h$ となる $h \in I$ が存在するので，$f - g = -h \in I$ となり (iii) がいえる. 条件 (iii) を仮定すると，

$$f + I = (g + (f - g)) + I = g + ((f - g) + I)$$

において $f - g \in I$ であるので $f + I = g + I$ となり (iii) がいえる. ■

［補題 A.31］　剰余類 $[f]$ と $[g]$ について，

$$[f] + [g] = [f + g], \quad [f][g] \subset [fg]$$

である.

証明　$I + I = I$ であるから，

$$[f] + [g] = (f + g) + (I + I) = (f + g) + I = [f + g]$$

である. また，$fI = \{fh \mid h \in I\} \subset I$ と $I^2 = \{pq \mid p, q \in I\} \subset I$ に注意すると，

$$[f][g] = fg + fI + gI + I^2 \subset fg + I = [fg]$$

を得る. ■

次に，多項式環の剰余類分解を定義しよう. 多項式環 $K[x_1, \ldots, x_n]$ のイデアル I を法とする**剰余類分解**とは，$K[x_1, \ldots, x_n]$ の剰余類の集合 $\{T_\lambda \mid \lambda \in \Lambda\}$ であって，条件

- $\lambda \neq \mu$ ならば $T_\lambda \cap T_\mu = \emptyset$

- $K[x_1, \ldots, x_n] = \cup_{\lambda \in \Lambda} T_\lambda$

を満たすものをいう．補題 A.29 から，I を法とする $K[x_1, \ldots, x_n]$ の剰余類分解はただ一つ存在する．それを $K[x_1, \ldots, x_n]/I$ と表す．剰余類分解 $\{T_\lambda \mid \lambda \in \Lambda\}$ があったとき，それぞれの剰余類 T_λ から元 f_λ を一つづつ選ぶと，補題 A.30 から，$T_\lambda = [f_\lambda]$ となる．すると，

$$K[x_1, \ldots, x_n]/I = \{[f_\lambda] \mid \lambda \in \Lambda\}$$

と書ける．このとき，$\{f_\lambda \mid \lambda \in \Lambda\}$ を I を法とする $K[x_1, \ldots, x_n]$ の剰余類分解の**完全代表系**と呼ぶ．

補題 A.31 から，$T_\lambda, T_\mu \in K[x_1, \ldots, x_n]/I$ のとき，

$$T_\lambda + T_\mu = T_\nu, \quad T_\lambda T_\mu \subset T_\xi$$

となる $\nu, \xi \in \Lambda$ が，それぞれただ一つ存在する．すると，$K[x_1, \ldots, x_n]/I$ における和と積を，

$$T_\lambda + T_\mu = T_\nu, \quad T_\lambda \cdot T_\mu = T_\xi$$

と定義することが可能 (well-defined) である．剰余類分解 $K[x_1, \ldots, x_n]/I$ に属する元である剰余類は多項式の集合であるから，上の和と積は，多項式の集合と多項式の集合の和と積であることに注意する．また，剰余類分解 $K[x_1, \ldots, x_n]/I$ を，上の和と積を備えた環として見たとき，$K[x_1, \ldots, x_n]/I$ を多項式環 $K[x_1, \ldots, x_n]$ のイデアル I を法とする**剰余環**と呼ぶ．

さて，イニシャルイデアルに関する Macaulay の定理を紹介しよう．多項式環 $K[x_1, \ldots, x_n]$ の単項式順序 $\prec$ を固定し，I を $K[x_1, \ldots, x_n]$ のイデアル（ただし $I \neq K[x_1, \ldots, x_n]$）とする．イデアル I の $\prec$ に関するイニシャルイデアル $\mathrm{in}_\prec(I)$ を考える．多項式環 $K[x_1, \ldots, x_n]$ の単項式 w は $w \notin \mathrm{in}_\prec(I)$ であるとき，$\mathrm{in}_\prec(I)$ に関する**標準単項式**と呼ぶ．

イデアル I を法とする $K[x_1, \ldots, x_n]$ の剰余類分解を $\{T_\lambda \mid \lambda \in \Lambda\}$ とする．体 K の元 a と剰余類 T_λ があったとき，スカラー倍 aT_λ を，剰余環 $K[x_1, \ldots, x_n]/I$ の積を用いて $[a] \cdot T_\lambda$ と定義する．すると，剰余環 $K[x_1, \ldots, x_n]/I$ は，このスカラー倍と剰余環の和によって，体 K 上の線型空間となる．

[定理 A.32（Macaulay の定理）]　多項式環 $K[x_1, \ldots, x_n]$ の単項式順序 $\prec$ を固定し，I を $K[x_1, \ldots, x_n]$ のイデアル（ただし $I \neq K[x_1, \ldots, x_n]$）とする．このとき，イニシャルイデアル $\mathrm{in}_\prec(I)$ に関する標準単項式を含む剰余類の全体

$$\mathcal{B} = \{[w] \in K[x_1, \ldots, x_n]/I \mid w \text{ は単項式で } w \notin \mathrm{in}_\prec(I)\}$$

は，線型空間 $K[x_1, \ldots, x_n]/I$ の K 上の基底である．

証明　I の単項式順序 $\prec$ に関する被約グレブナー基底を $\mathcal{G}_\prec = \{g_1, \ldots, g_s\}$ と置く．$K[x_1, \ldots, x_n]$ に属する多項式の，$g_1, \ldots, g_s$ に関する余りとして得られる多項式の全体からなる集合を $\{f_\lambda \mid \lambda \in \Lambda\}$ と置く．このとき，I を法とする $K[x_1, \ldots, x_n]$ の剰余環 $K[x_1, \ldots, x_n]/I$ は $\{[f_\lambda] \mid \lambda \in \Lambda\}$ と書ける．多項式 f_λ は $\mathcal{G}_\prec$ の元に関する余りであるから，$f_\lambda \neq 0$ の台に属する単項式は標準単項式である．いま，$f_\lambda = a_1 w_1 + \cdots + a_t w_t$ と表す．ただし，$w_1, \ldots, w_t$ は互いに異なる標準単項式であり，$a_1, \ldots, a_t$ は K の元である．すると，$K[x_1, \ldots, x_n]/I$ では

$$[f_\lambda] = a_1[w_1] + \cdots + a_t[w_t]$$

となる．したがって，$\mathcal{B}$ は K 上 $K[x_1, \ldots, x_n]/I$ を張る．

次に，$\mathcal{B}$ が線形独立であることを示す．いま，$u_1, \ldots, u_\ell$ を互いに異なる標準単項式，$u_1 \prec \cdots \prec u_\ell$ とし，$b_1, \ldots, b_\ell$ を 0 でない K の元として，

$$b_1[w_1] + \cdots + b_\ell[w_\ell] = [0]$$

とする．このとき，$[\sum_{i=1}^{\ell} b_i u_i] = [0]$ であるから，$\sum_{i=1}^{\ell} b_i u_i \in I$ である．したがって，多項式 $\sum_{i=1}^{\ell} b_i u_i$ のイニシャル単項式 u_ℓ は $\mathrm{in}_\prec(I)$ に属する．しかしこれは，u_ℓ が標準単項式であることに矛盾する．■

一般に，多項式環 $K[x_1, \ldots, x_n]$ のイデアル I が**零次元イデアル**であるとは，K 上の線型空間 $K[x_1, \ldots, x_n]/I$ が有限次元であるときにいう．定理 A.32 から，イデアル I が零次元イデアルであることと，イニシャルイデアル $\mathrm{in}_\prec(I)$ に関する標準単項式の個数が有限個であることは同値である．

あとがき

本書では計算代数統計について筆者達の研究成果をもとに解説した．この分野は現在でも急速に発展しており，その全貌をとらえることもすでにかなり難しくなっているが，ここでは計算代数統計のこれまでの発展の経緯を含めて，本書で扱えなかった内容などについても簡単なサーベイを与える．書籍としてはDrton, Sturmfels and Sullivant [18], Gibilisco, Riccomagno, Rogantin and Wynn [24] およびSullivant [44] がかなり広い範囲の話題について解説している．

計算代数統計は，統計学で用いられる多くのモデルが連立多項方程式系の解集合の部分集合として特徴づけられることに注目し，これらのモデルを代数的なツールを用いて研究するものであり，この観点は統計的モデリング全般にかかわるものである．これに対して，計算代数統計以前の代数的方法の統計学への応用はより個別的なものであった．

また，「計算」代数統計が注目されるようになった背景として，アルゴリズムと計算機自体の発達とともに，代数学が実際に計算できる分野へと変貌をとげつつある，という事実がある．統計学は応用数学の一分野であり，理論的研究といえども具体的な計算に結びつく結果が重視されるからである．そして，この計算代数の技術的な基盤をなしているのが，グレブナー基底の理論に基づくさまざまな代数アルゴリズムである．小規模なデータであれば，CoCoA [46], Risa/Asir [11], 4ti2 [1] などのソフトウェアを動かして，直ちに結果を確かめることができることは，この分野の大きな魅力の一つである．しかしながら，統計への実際的な応用の場面では，複雑なモデルや大量のデータの処理が必要となり，それらに対する代数的計算も急速に困難となる．そしてこのことが計算代数に対する新たな課題を提供している．

計算代数統計の研究の発端として次の二つの研究をあげることができる．一つは，Diaconis and Sturmfels [15] によるグレブナー基底の分割表解析への応用であり，もう一つは Pistone and Wynn [40] によるグレブナー基底の実験計画法への応用である．前者のほうが出版は後だが，出版までに時間がかかったとされており，実質的にはほぼ同時にこの二つの研究が計算代数統計の発端となった．本書では，前者については第 I 部で扱い，後者については第 III 部で扱った．

これらの二つの研究を比べると，その後の影響の面では前者のほうが大きかったと言うことができる．特に 4.2 節で述べたマルコフ基底の基本定理により，マルコフ基底という統計における応用上有用な概念がトーリックイデアルの生成系という代数学的な概念と全く同じであることが認識され，これにより新しい視点からさまざまな新たな研究課題が生まれ，統計学および代数学の双方における研究の進展を促したからである．

このようにマルコフ基底に関する研究は計算代数統計の核をなすものであるが，その他にも統計学における代数的手法はさまざまな展開を見せている．本書の第 III 部でも紹介したように，Pistone and Wynn を発端とする実験計画に対するグレブナー基底の応用は，一部実施要因計画におけるレギュラーでない一般の一部実施要因計画を解析する基本的な枠組みを与えており，これによりレギュラーでない一部実施要因計画の解析が進んでいる．また，計算代数統計のもう一つの発端であるマルコフ基底と実験計画の双方に関連する研究も進展しつつある．応用的な観点からは第 14 章で扱った応答変数が離散的な実験計画における正確検定の問題がある．特に代数的な性質が知られたトーリックイデアルがどのような統計モデルの正確検定に対応するかは興味深い問題であり，最近の研究成果として [4] がある．代数的な観点からは，計画イデアルとトーリックイデアルの関係，すなわちデザインの各点を零点とする計画イデアルとデザインの各点からなる配置行列から定義されるトーリックイデアルとの関係，についての一般的な結果が得られつつある．

本書の第 II 部では，統計モデルにおける条件つき独立性に関する結果を紹介したが，そこでは分割表の階層モデルをハイパーグラフや単体的複体として考察することが基本的であった．特に条件つき独立性の記述においてコーダルグラフのクリークがなす単体的複体においては，統計的推論が各既約成分に局所化されるという事実があり，これが最尤推定量やマルコフ基底の構造にも反映されるのであった．コーダルグラフに対応する分解可能モデルでは最尤推定量が十分統計量の有理式として明示的に与えられる．一方で，分解可能モデル以外の分割表の階層モデルでは最尤推定量は明示的に表すことはできず，最尤推定量を求めるには比例反復法のような数値的な繰り返しを必要とする．尤度方程式を代数的に考察しても，分母を通分したときに分子に現れる多変数多項式の連立方程式系は複数の複素根を持つ．この連立多項式系の根の個数は maximum likelihood degree と呼ばれ，代数幾何学的な深い考察がなされている．これについては [18, 第 2 章] が参考になる．

単体的複体の位相構造が重要な役割を果たす他の結果としては Naiman and Wynn [37] による abstract tube をあげることができる．Abstract tube の理論を用いると，複数の事象の和の確率を評価するための包除原理において，足し引きによって相殺される項を特定することができ，少数の項のみを用いた包除原理が可能となる．第 11 章で扱った条件つき独立性の推論については Studený [43] が重要であるが，[18, 第 3 章] でも代数的な枠組みが解説されている．

本書では取り上げなかったが，グラフィカルモデルの識別可能性の判定も計算代数統計学の重要な成果の一つである．パラメトリックモデルの識別可能性については第 12 章でも触れたが，代数的にはパラメトリゼーションを規定する写像が 1 対 1 であることと言い換えることができる．グラフィカルモデルは，潜在変数や観測不能な共変量が存在する場合，その識別可能性が自明ではなくなる．一方，グラフィカルモデルのパラメトリゼーションの写像は多項式写像になることに着目すると，その識別可能性の判定にはグレブナー基底に基づくアルゴリズムを用いることができる．しかしながら，このアルゴリズムの計算負荷は高く，モデルの次元が高くなると実用時間内に判定を行うことは困難である．そこで，多項式時間で判定が可能な，モデルが識別可能であるための十分条件がさまざまなモデルで提案されている．これについては，Drton et al. [17], Foygel et al. [21], 竹村ら [52, 第 4 章] などが参考になる．

最後に最近の重要な進展であるホロノミック勾配法に触れる．ホロノミック勾配法は [38] で提案された手法である．また [51, 第 6 章] や [52, 第 6 章] にも解説がある．ホロノミック勾配法は，統計学に現れる多くの確率分布関数や確率密度関数がホロノミック関数であるという事実に基づいている．すなわち，これらの関数は観測値および分布のパラメータの関数として，各変数での微分に関する有理関数係数の偏微分方程式を満たす．この場合，ホロノミック関数の一般論から，これらの確率分布の基準化定数や領域の確率が，パラメータの関数としてホロノミックであることが従う．この偏微分方程式を用いて，数値積分やモンテカルロ法を行うことなく，最尤推定量の計算や領域確率の計算を行うことができる．与えられた確率分布の基準化定数や領域確率について，それらが満たす偏微分方程式の具体形を求めるには，微分作用素環のグレブナー基底に基づくアルゴリズムを用いることができる．ホロノミック勾配法の考えと手法は統計学ではこれまで全く知られていなかったために，統計学の標本分布論の古典的な体系は，大幅な書き換えが迫られている状況である．

参考文献

[1] 4ti2 team. 4ti2 — A software package for algebraic, geometric and combinatorial problems on linear spaces. Available at `http://www.4ti2.de`.

[2] Satoshi Aoki. Minimal Markov basis for tests of main effect models for 2^{p-1} fractional factorial designs of resolution p. *Communications in Statistics, Simulation and Computation*, 44(9):2371–2386, 2015.

[3] Satoshi Aoki, Hisayuki Hara, and Akimichi Takemura. *Markov Bases in Algebraic Statistics*. Springer Series in Statistics, Vol. 199. Springer, 2012.

[4] Satoshi Aoki, Takayuki Hibi, and Hidefumi Ohsugi. Markov chain monte carlo methods for the regular two-level fractional factorial designs and cut ideals. *Journal of Statitical Planning and Inference*, 143:1791–1806, 2013.

[5] Satoshi Aoki and Akimichi Takemura. Minimal basis for a connected Markov chain over $3 \times 3 \times K$ contingency tables with fixed two-dimensional marginals. *Australian & New Zealand Journal of Statistics*, 45(2):229–249, 2003.

[6] Satoshi Aoki and Akimichi Takemura. Some characterizations of affinely full-dimensional factorial designs. *Journal of Statistical Planning and Inference*, 139(10):3525–3532, 2009.

[7] Satoshi Aoki and Akimichi Takemura. Markov chain Monte Carlo tests for designed experiments. *Journal of Statistical Planning and Inference*, 140(3):817–830, 2010.

[8] Yvonne M. M. Bishop, Stephen E. Fienberg, and Paul W. Holland. *Discrete Multivariate Analysis: Theory and Practice*. The MIT Press, Cambridge, Massachusetts, 1975.

[9] Yuguo Chen, Ian Dinwoodie, Adrian Dobra, and Mark Huber. Lattice points, contingency tables, and sampling. In *Integer Points in Polyhedra—Geometry, Number Theory, Algebra, Optimization*, volume 374 of *Contem-*

porary Mathematics, pages 65–78. American Mathematical Society, Providence, RI, 2005.

[10] Ronald Christensen. *Log-linear Models and Logistic Regression*. Springer Texts in Statistics. Springer-Verlag, New York, second edition, 1997.

[11] OpenXM committers. Risa/asir. Available at `http://www.math.kobe-u.ac.jp/Asir/asir.html`.

[12] L. W. Condra. *Reliability Improvement with Design of Experiments*. Marcel Dekker, New York, 1993.

[13] David Cox, John Little, and Donal O'Shea. *Ideals, Varieties, and Algorithms*. Undergraduate Texts in Mathematics. Springer, New York, third edition, 2007.

[14] Lih-Yuan Deng and Boxin Tang. Minimum g_2-aberration for nonregular fractional factorial designs. *The Annals of Statistics*, 27(6):1914–1926, 1999.

[15] Persi Diaconis and Bernd Sturmfels. Algebraic algorithms for sampling from conditional distributions. *The Annals of Statistics*, 26(1):363–397, 1998.

[16] Adrian Dobra and Seth Sullivant. A divide-and-conquer algorithm for generating Markov bases of multi-way tables. *Computational Statistics*, 19(3):347–366, 2004.

[17] Mathias Drton, Rina Foygel, and Seth Sullivant. Global identifiability of linear structural equation models. *The Annals of Statistics*, 39(3):865–886, 2011.

[18] Mathias Drton, Bernd Sturmfels, and Seth Sullivant. *Lectures on Algebraic Statistics*, volume 39 of *Oberwolfach Seminars*. Birkhäuser Verlag, Basel, 2009.

[19] Roberto Fontana, Giovannni Pistone, and Maria-Piera Rogantin. Classification of two-level factorial fractions. *Journal of Statistical Planning and Inference*, 87:149–172, 2000.

[20] Edward B. Fowlkes, Anne E. Freeny, and James M. Landwehr. Evaluating logistic models for large contingency tables. *Journal of American Statistical Association*, 83:611–622, 1988.

[21] Rina Foygel, Jan Draisma, and Mathias Drton. Half-trec criterion for generic identifiability of linear structural equation models. *The Annals of Statistics*, 40(3):1682–1713, 2012.

[22] Arthur Fries and William G. Hunter. Minimum aberration 2^{k-p} designs. *Technometrics*, 22:601–608, 1980.

[23] Dan Geiger, Chris Meek, and Bernd Sturmfels. On the toric algebra of

graphical models. *The Annals of Statistics*, 34(3):1463–1492, 2006.

[24] Paolo Gibilisco, Eva Riccomagno, Maria Piera Rogantin, and Henry P. Wynn, editors. *Algebraic and Geometric Methods in Statistics*. Cambridge Univ. Press, Cambridge, 2008.

[25] Michael Hamada and John A. Nelder. Generalized linear models for quality-improvement experiments. *Journal of Quality Technology*, 29:292–304, 1997.

[26] Hisayuki Hara, Satoshi Aoki, and Akimichi Takemura. Running Markov chain without Markov basis. In *Harmony of Gröbner Bases and the Modern Industrial Society: the Second CREST-SBM International Conference, Osaka, Japan, 28 June–2 July 2010*, pages 45–62, Singapore, 2012. World Scientific.

[27] Hisayuki Hara, Tomonari Sei, and Akimichi Takemura. Hierarchical subspace models for contingency tables. *Journal of Multivariate Analysis*, 103:19–34, 2012.

[28] Hisayuki Hara, Akimichi Takemura, and Ruriko Yoshida. On connectivity of fibers with positive marginals in multiple logistic regression. *Journal of Multivariate Analysis*, 101:909–925, 2010.

[29] Ralf Hemmecke, Raymond Hemmecke, and Peter Malkin. 4ti2 version 1.2—computation of Hilbert bases, Graver bases, toric Gröbner bases, and more. Available at `http://www.4ti2.de`, September 2005.

[30] Takayuki Hibi, editor. *Harmony of Gröbner Bases and the Modern Industrial Society: The Second CREST-SBM International Conference, Osaka, Japan, 28 June–2 July 2010*, Singapore, 2012. World Scientific.

[31] Chihiro Hirotsu. Two-way change-point model and its application. *Australian Journal of Statistics*, 39(2):205–218, 1997.

[32] Søren Højsgaard. Split models for contingency tables. *Computational Statistics & Data Analysis*, 42:621–645, 2003.

[33] Søren Højsgaard. Statistical inference in context specific interaction models for contingency tables. *Scandinavian Journal of Statistics*, 31:143–158, 2004.

[34] Serkan Hoşten and Seth Sullivant. Gröbner bases and polyhedral geometry of reducible and cyclic models. *Journal of Combinatorial Theory. Series A*, 100(2):277–301, 2002.

[35] Takuya Kashimura, Tomonari Sei, Akimichi Takemura, and Kentaro Tanaka. Cones of elementary imsets and supermodular functions: A review and some new results. In *Harmony of Gröbner Bases and the Modern Industrial Society: the Second CREST-SBM International Conference, Os-*

aka, Japan, 28 June–2 July 2010, pages 117–152, Singapore, 2012. World Scientific.

[36] Steffen L. Lauritzen. *Graphical Models.* Oxford University Press, Oxford, 1996.

[37] Daniel Q. Naiman and Henry P. Wynn. Abstract tubes, improved inclusion-exclusion identities and inequalities and importance sampling. *The Annals of Statistics*, 25(5):1954–1983, 1997.

[38] Hiromasa Nakayama, Kenta Nishiyama, Masayuki Noro, Katsuyoshi Ohara, Tomonari Sei, Nobuki Takayama, and Akimichi Takemura. Holonomic gradient descent and its application to the Fisher-Bingham integral. *Advances in Applied Mathematics*, 47:639–658, 2011.

[39] Giovanni Pistone, Eva Riccomagno, and Henry P. Wynn. *Algebraic Statistics: Computational Commutative Algebra in Statistics.* Chapman & Hall Ltd, Boca Raton, 2001.

[40] Giovanni Pistone and Henry P. Wynn. Generalised confounding with Gröbner bases. *Biometrika*, 83(3):653–666, 1996.

[41] Robert L. Plackett. *The Analysis of Categorical Data*, volume 35 of *Griffin's Statistical Monograph Series.* Macmillan Co., New York, second edition, 1981.

[42] Francisco Santos and Bernd Sturmfels. Higher Lawrence configurations. *Journal of Combinatorial Theory. Series A*, 103(1):151–164, 2003.

[43] Milan Studený. *Probabilistic Conditional Independence Structures.* Springer-Verlag, London, 2005.

[44] Seth Sullivant. *Algebraic Statistics.* American Mathematical Society, 2018.

[45] Nobuki Takayama, Satoshi Kuriki, and Akimichi Takemura. *A*-hypergeometric distributions and newton polytopes. *Advances in Applied Mathematics*, 99:109–133, 2018.

[46] CoCoA team. Cocoa: a system for doing computations in commutative algebra. Available at `http://cocoa.dima.unige.it`, 2005.

[47] C. F. Jeff Wu and Michael Hamada. *Experiments: Planning, Analysis, and Parameter Design Optimization,.* Wiley Series in Probability and Statistics: Texts and References Section. John Wiley & Sons Inc., New York, 2000.

[48] Kenny Q. Ye. Indicator function and its application in two-level factorial designs. *The Annals of Statistics*, 31(3):984–994, 2003.

[49] 山田 秀.『実験計画法 方法編』. 日科技連出版社，2004.

[50] 竹村彰通.『現代数理統計学』. 現代経済学選書. 創文社，1991.

[51] JST CREST 日比チーム（編）.『グレブナー道場』. 共立出版，東京，2011.

[52] 竹村彰通，日比孝之，原 尚幸，東谷章弘，清 智也，グレブナー道場著者一同．『グレブナー教室』．共立出版，東京，2015.

索　　引

【カ行】

【サ行】

【タ行】

【ナ行】

【ハ行】

【マ行】

【ヤ行】

【ラ行】

【ワ行】

Memorandum

〈著者紹介〉

青木　敏（あおき さとし）

2000 年　東京大学大学院工学系研究科計数工学専攻博士後期課程 退学
現　在　神戸大学大学院理学研究科数学専攻 教授
　　　　博士（情報理工学）（東京大学）
専　門　計算代数統計，数理統計
著　書『計算代数統計』（共立出版，2018）
　　　　『分割表の統計解析』（共著，朝倉書店，2018）
　　　　『基礎系 数学 確率・統計 II』（共著，丸善出版，2018）
　　　　Markov Bases in Algebraic Statistics（共著，Springer, 2012）ほか

竹村彰通（たけむら あきみち）

1976 年　東京大学経済学部経済学科 卒業
現　在　滋賀大学データサイエンス学部 教授，学部長
　　　　Ph.D.（米国スタンフォード大学）
専　門　統計学
著　書『グレブナー教室』（共著，共立出版，2015）
　　　　『統計』（共立出版，1997）
　　　　『多変量推測統計の基礎』（共立出版，1991）
　　　　『現代数理統計学』（創文社，1991）
　　　　Zonal Polynomials（Institute of Mathematical Statistics, 1984）ほか

原　尚幸（はら ひさゆき）

1993 年　東京大学工学部計数工学科 卒業
現　在　同志社大学文化情報学部文化情報学科 教授
　　　　博士（工学）（東京大学）
専　門　多変量推測統計学
著　書『グレブナー教室』（共著，共立出版，2015）
　　　　Markov Bases in Algebraic Statistics（共著，Springer, 2012）ほか

理論統計学教程：数理統計の枠組み

代数的統計モデル

Algebraic Statistical Models

2019 年 7 月 30 日　初版 1 刷発行

著　者　青木　敏
　　　　竹村彰通

　　　　原　尚幸

発行者　南條光章

発行所　**共立出版株式会社**

〒112-0006
東京都文京区小日向 4-6-19
電話番号　03-3947-2511（代表）
振替口座　00110-2-57035
www.kyoritsu-pub.co.jp

印　刷　大日本法令印刷

製　本　加藤製本

一般社団法人
自然科学書協会
会員

検印廃止
NDC 417

ISBN 978-4-320-11353-4

Printed in Japan